AF337304

ASTRONOMIE PHYSIQUE,

OU

PRINCIPES GÉNÉRAUX

DE LA NATURE,

APPLIQUÉS

AU MECANISME ASTRONOMIQUE,

ET COMPARÉS

AUX PRINCIPES DE LA PHILOSOPHIE

DE M. NEWTON.

Par M*r*. DE GAMACHES, *Chanoine Régulier de Sainte-Croix de la Bretonnerie, de l'Academie Royale des Sciences.*

A PARIS, RUE SAINT JACQUES,

Chez CHARLES-ANTOINE JOMBERT, Libraire du Roy pour l'Artillerie & pour le Génie, à l'Image Notre-Dame.

M. DCC. XL.

AVEC APPROBATION ET PRIVILEGE DU ROY.

A MONSEIGNEUR

LE COMTE
DE MAUREPAS,

MINISTRE

ET

SECRETAIRE D'ETAT,

COMMANDEUR DES ORDRES

DU ROY.

MONSEIGNEUR,

Si j'ai obtenu de VOTRE GRANDEUR
la permission de faire paroître mon Ouvrage

Sous ses auspices, ce n'a pas été sans peine; c'étoit cependant une sorte de justice qu'Elle me devoit; j'avois son aveu pour entreprendre de développer le Méchanisme Astronomique, VOTRE GRANDEUR m'avoit même ménagé les ressources dont j'avois besoin pour l'exécution de mon projet, Elle avoit facilité mon Entrée dans un Corps, aux lumieres duquel ne peuvent échaper les démarches les plus secrettes de la Nature; il semble donc qu'après avoir ainsi favorisé mon entreprise, VOTRE GRANDEUR ne pouvoit plus se défendre d'accréditer mon travail, en me permettant de faire publiquement connoître qu'Elle ne l'avoit pas jugé indigne de son attention. Peut-être, MONSEIGNEUR, craigniez-vous que, suivant l'usage ordinaire, je n'allasse me répandre en louanges dans une brillante & ennuyeuse Epître Dédicatoire, que je n'y parlasse avec appareil de l'éclat que donne à VOTRE GRANDEUR la Noblesse de son

Extraction, l'Elevation de son Rang, &
plus encore cette supériorité de génie, ce goût
dominant pour les Sciences, dont Elle sent
que les progrès doivent assurer à notre Nation
la gloire la plus solide & la moins équivoque;
mais que dirois-je sur tout cela que le
Public ne sçache aussi-bien que moi; Non,
Monseigneur, je me bornerai à la
protestation que je fais ici d'être avec un
très-profond respect,

MONSEIGNEUR,

DE VOTRE GRANDEUR,

Le très-humble & très-obéissant
Serviteur, GAMACHES.

TABLE
DES DISSERTATIONS
ET DES ECLAIRCISSEMENS.

Fin de la Table des Dissertations & des Eclaircissemens.

FAUTES A CORRIGER.

Pages.	Lignes.	*Fautes.*	*Corrections.*

DISCOURS PRELIMINAIRE.

Pages	Lignes	Fautes	Corrections
j	7	l'œcononie	l'œconomie.
ix	16	$21''$	$31''$.
xv	13	$3 : 72\frac{1}{2}$	$3 : 79\frac{1}{2}$.
xx	15	faſſent	faſſe.
xlij	6	qu'augmente	qu'augmentent.
xliij	24	luue	lune.
xlvij	10	un peu	peu.
ibid.	29	rincipes	principes.

DISSERTATIONS.

Pages	Lignes	Fautes	Corrections
51	7	celles	ceux.
55	18	ſera à $\frac{V}{2N^2}$	ſera à $\frac{V}{2N}$.
59	22	devroit	devroient.
64	17	ſoit C le	ſoit C (*Fig.* 4.) le.
73	29	6^e	7e.
78	14	l'orbitre	l'orbite.
95	12	PCG	pCG.
98	25	cette peſanteur	ſa peſanteur vers le Soleil.
109	20	RSTV une	RSTV (*Fig.* 3.) une.
110	13	de l'axe	du grand axe.
113	17	mêuie	même.
114	12	inégeux	inégaux.
116	28	$\frac{CVVy dy^3}{rX dx^2 + dy^2}$	$\frac{CVVy dy^3}{rX dx^2 + dy^2}$
117	12	$\frac{yy dy^2}{rr - yy^2}$	$\frac{yy dy}{rr - yy}$
163	23	particule a tende	particule a (*Fig.* 22.) tende.
165	1	gh	qh.
166	15	plus grande	plus petite.
172	10	FRT	fRT.
173	10		*Retranchez un zero.*
176	28	$abcd$	$abcd$ (*Fig.* 26.)
177	26	relativement cette	relativement à cette.

FAUTES A CORRIGER.

Pages.	Lignes.	Fautes.	Corrections.
200	11	$\dfrac{prr}{4tt + pr}$	$\dfrac{prr}{4tt - pr}$
208	1	$\dfrac{bb}{a}$	$\dfrac{bb}{a}$
222	21	$\dfrac{\sqrt{2 - R}}{t\sqrt{R}}$	$\dfrac{\sqrt{2x - R}}{6\sqrt{R}}$
239	25	$\sqrt{\overline{AP}}$	$\sqrt{\overline{aP}}$.
252	17	la premiere hyperbole,	l'hyperbole.
ibid.	23	$\dfrac{\pi rr}{b}$	$\dfrac{\pi rr}{b}$.
253	26	5 53 4	5″ 53″ 4‴.
254	26	la circonférence du cercle,	le tems de la révolution.
257	16	cet	cette.
258	9	B*p*	BP.
259	14	540′:	440′:
269	9	de ces fignes	des fignes.
ibid.	11	preffion	preceffion.
273	13	le P	le point P.
277	4	occidentale	orientale.
282	1	R & *r*	*r* & R.
293	14	(*Diff.* 6. *Art.* 32.)	(*Diff.* 4. *Art.* 22.)
309	23	ABCD	ABDC.
ibid.	31	celles,	ceux.
311	17	& le petit axe	& la moitié du petit axe.
320	3	un Orbite	une Orbite.
333	28	la Terre	la Lune.
339	14	qu	que.
ibid.	15	frapper N	frapper M.
ibid.	21	que M	que N.
341	27	S & T	T & S.
357	9	$\dfrac{aabb \times S}{v^3 r^3}$	$\dfrac{aabb \times S^3}{v^3 r^3}$.
ibid.	23	demandroit	demanderoit.

DISCOURS
PRÉLIMINAIRE.

C'EST avec fagesse que l'Académie Royale des Sciences essaye de réveiller en nous le goût du Systême qui sembloit se perdre insensiblement ; la résolution des questions qu'Elle propose de tems en tems, dépend de l'œconomie qui régne dans le Plan général de la Nature ; un seul Phénomene bien expliqué, suppose ce qui doit servir à les expliquer tous. La Nature est simple dans ses voyes, quoique variée dans ses opérations.

Ici j'entreprens de démontrer que les Principes que fournit la Philosophie Cartéfienne, font les seuls qu'on puisse adapter au Méchanisme Astronomique. Quelque succès qu'ait mon travail, je me flate du moins qu'on me tiendra compte de mon zéle à soutenir la cause de Descartes ; c'est défendre la nôtre, & remplir même

a

un devoir de justice. C'est à ce grand Philosophe que nous devons l'habitude de lier nos idées, & de nous suivre dans nos raisonnemens ; Nous nous sommes appropriés ses méthodes ; elles sont devenues notre propre bien, & nous valent l'honneur d'avoir servi de modéles à nos voisins ; car il faut convenir que l'esprit sistématique qui, du tems de Descartes, caractérisoit si avantageusement le génie de notre Nation , fait à présent de rapides progrès chez les illustres Emules des Sçavans que fournit la France ; on se dégraderoit maintenant parmi eux , si pour l'explication d'un Phénomene embarassant , on se permettoit d'avoir recours à quelque principe isolé ; on ne pourroit impunément ni penser, ni raisonner au hazard. Des idées assorties & réduites en corps de sistême , deviennent pour eux la regle invariable de leurs jugemens ; ils se prêtent à tout, mais ils pensent toujours conséquemment ; en un mot, ce sont de grands Hommes qui doivent beaucoup à notre Nation , mais qui à leur tour lui fournissent de grands exemples.

Le sistême que M. Newton oppose à celui de Descartes, est un Chef-d'œuvre dans son genre, son Ouvrage intitulé , *Philosophiæ Naturalis Principia Mathematica* , honorera à jamais sa Patrie. Je ne tiens point compte ici à cet illustre rival de Descartes des richesses immenses qu'il tire des replis les plus cachés de la plus sublime Géométrie , & qu'il prodigue sans ménagement & sans mesure. Un Géométre qui ne seroit que grand Géométre, pourroit à la rigueur être quelque chose de moins qu'un grand homme ; mais ce qu'on doit admirer le plus dans l'Ouvrage de **M.** Newton, c'eſt cet enchaînement de principes d'où ſemblent éclore tous les Phénomenes de la Nature ; c'eſt cette ſage ordonnance qui réduit ſous un même point de vue toutes les parties de ſon ſiſtême ; en un mot, c'eſt ce corps de principes où régne une harmonie ſi ſéduiſante & ſi propre à ſurprendre la raiſon.

Cependant ne diſſimulons rien : le ſiſtême de **M.** Newton, quoique parfaitement lié dans toutes ſes parties, n'eſt point encore exempt de défauts ; ce n'eſt que ſur des principes d'expérience qu'il eſt établi, & l'on ſçait que les inductions qui ſe tirent de ces ſortes de principes ſont toujours équivoques. La loi de Galilée qui rendoit la peſanteur partout égale à elle-même, trompa **M.** Huyghens : cet illuſtre Géométre fit prendre à la Terre une forme qu'elle ne devoit point avoir ; ce que donne l'expérience eſt toujours limité ; l'analyſe géométrique de la loi de Kepler juſtifie que les Planetes peſent vers le Soleil, mais elle ne prouve en aucune façon que le Soleil doive peſer vers les Planetes, le ſuppoſer, comme fait **M.** Newton, c'eſt deviner : je dis plus, c'eſt faire une ſuppoſition illégitime, & contre laquelle tout dépoſe dans la Nature ; je le ferai voir dans mon Ouvrage. Les principes d'expérience portés au-delà des faits dont ils ſont tirés, conduiſent preſque toujours à l'erreur ; la Phyſique ſeule ſçait leur aſſigner des bornes, mais **M.** Newton ne la conſulte nulle part, auſſi qu'eſt-il arrivé ? C'eſt que comme dans ſon ſiſtême il affecte de ne rien rapporter aux loix communes de la mécanique, la plûpart de fes Sectateurs fe font crû autorifés à transformer tantôt en loix primordiales, tantôt en qualités occultes les principes cachés des faits qu'il fuppofe ; felon eux, les Planetes pefent vers le Soleil, & le Soleil pefe vers les Planetes, parce qu'il leur eft également donné d'agir en diftance fur tout ce qui les environne ; & ce principe qu'ils prêtent à M. Newton, & que M. Newton défavoue dans fes derniers Ouvrages, ils le font entrer malgré lui dans fon fiftême, à titre de dépendance néceffaire du vuide qu'il y introduit. Ce fiftême défiguré fait la matiere de ma troifiéme & de ma quatriéme Differtation ; dans l'expofition que j'en fais, je parle le langage de ceux qui s'en déclarent les défenfeurs, leur façon de penfer en fera plus reconnoiffable.

A l'égard du fiftême aftronomique de Defcartes, s'il a quelques défauts, on verra que les principes mêmes fur lefquels il eft appuyé les feront difparoître.

Dans cet Ouvrage, je fuppofe les Phénoménes tels qu'ils fe tirent des obfervations dont a fait choix le fçavant Editeur de l'Aftronomie de Gregori, imprimée à Geneve ; peut-être ne fera-t-il pas hors de propos de les rappeller ici.

Phénomenes Généraux de la Nature.

Le Soleil eft au foyer commun des courbes elliptiques que décrivent les Planetes fuivant l'ordre des Signes ; il tourne lui-même d'Occident en Orient, mais autour de fon centre propre, & fait fa révolution en vingt-cinq jours & demi par rapport aux étoiles fixes, & en vingt-fept jours un tiers ou environ par rapport à la Terre : fon Pôle boréal répond au dixiéme dégré des Poiffons avec une latitude feptentrionale de quatre-vingt-deux dégrés & demi, & conféquemment à cette pofition, fon Pôle auftral répond au dixiéme dégré de la Vierge, avec une latitude méridionale de quatre-vingt-deux dégrés & demi ; il fuit delà que l'inclinaifon de l'Equateur du Soleil fur l'Ecliptique, eft de fept dégrés & demi, que fon nœud afcendant ou boréal eft au dixiéme dégré des Gemeaux, & fon nœud defcendant ou auftral, au dixiéme dégré du Sagittaire.

Lorfque la Terre eft dans un de ces nœuds, les Pôles du Soleil font également vifibles, ils fe trouvent fur le limbe de fon difque, éloignés de fept dégrés & demi des Pôles de l'Ecliptique toujours placés fur ce limbe, & alors la projection de l'Equateur du Soleil & de fes paralleles, forment des lignes droites, avec cette différence, que le Soleil rapporté au dixiéme dégré des Gemeaux, les cercles projettés fur fon difque, & défignés par le cours de fes taches, que nous voyons toujours fe mouvoir d'Orient en Occident, s'abaiffent par rapport à nous, du côté du midi ; & qu'au contraire, les cercles que décrivent ces taches, s'élevent du côté du Septentrion, lorfque le Soleil paroît répondre au dixiéme dégré du Sagittaire.

A mefure que la Terre s'éloigne du dixiéme dégré des Gemeaux, & qu'elle s'approche du dixiéme dégré de la Vierge, en s'abaiffant au-deffous du plan de l'Equateur du Soleil, la projection de cet Equateur &

de fes paralleles, forment des demi-Ellipfes qui ont leur convexité tournée vers le Septentrion, & qui après s'être toujours ouvertes de plus en plus, fe refferrent enfuite lorfque la Terre partant du dixiéme dégré de la Vierge, paffe au dixiéme dégré du Sagittaire. Pendant que nous fommes au-deffous du plan de l'Equateur du Soleil, fon Pôle feptentrional fe cache, & fon Pôle auftral paroît décrire une demi-Ellipfe autour de celui de l'Ecliptique toujours placé fur le limbe de la partie inférieure du difque du Soleil.

A mefure que la Terre s'éloigne du dixiéme dégré du Sagittaire, & qu'elle s'approche du dixiéme dégré des Poiffons, en s'élevant au-deffus du plan de l'Equateur du Soleil, la projeƈtion de cet Equateur & de fes paralleles forme des demi-Ellipfes qui ont leur convexité tournée vers fon Pôle auftral, & qui après s'être toujours ouvertes de plus en plus, fe refferrent enfuite lorfque la Terre partant du dixiéme dégré des Poiffons, paffe au dixiéme dégré des Gemeaux. Pendant que nous fommes au-deffus du plan de l'Equateur du Soleil, fon Pôle auftral fe cache, & fon Pôle feptentrional nous paroît décrire une demi-Ellipfe autour de celui de l'Ecliptique toujours placé fur le limbe de la partie fupérieure du difque du Soleil.

Lorfque la Terre eft de fept dégrés & demi au-deffus ou au-deffous du plan de l'Equateur du Soleil, la demi-Ellipfe que forme la projeƈtion de ce plan, a pareillement fept dégrés & demi d'ouverture la plus grande qu'elle puiffe avoir, & alors l'Ecliptique projettée fur le difque apparent du Soleil, sert de grand axe à cette Ellipse.

Lorsque la Terre s'approche de l'un des points d'intersection des deux plans, ce point s'approche aussi du centre de l'hemisphere qui nous regarde, & dès qu'il joint ce centre, le grand axe de l'Ellipse infiniment rétrecie que forme la projection de l'Equateur du Soleil, se confond avec le diametre que donne alors cette projection.

Les orbites des Planetes sont différemment inclinées les unes sur les autres, & leurs nœuds répondent à différens points du Ciel.

Inclinaisons des Orbites des Planetes rapportées à l'Ecliptique.				Noeuds ascendans pris sur l'Ecliptique pour l'année 1700. complete.			
Saturne	2^d	$33'$	$30''$	♋	21^d	$56'$	$29''$
Jupiter	1	19	20	♋	7	11	44
Mars	1	51	0	♉	17	25	20
La Terre	0	0	0	0	0	0	0
Venus	3	23	5	♓	13	54	19
Mercure	6	52	0	♉	14	53	14

La position des orbites des Planetes rapportée à l'Ecliptique étant connue, il sera facile d'avoir leurs positions respectives sur toute autre orbite à laquelle on voudra les rapporter; car qu'on ait l'inclinaison de deux orbites quelconques sur l'Ecliptique & la distance de leurs nœuds, on aura & la base d'un triangle spherique & les deux angles pris sur cette base; on aura donc aussi & l'angle soutenu, & les côtés de cet angle dont le sommet donnera l'intersection des deux orbites.

Qu'on détermine les positions respectives des orbites

des Planetes par rapport au plan de l'Equateur du Soleil, on les trouvera telles que les donne la Table suivante.

INCLINAISONS DES ORBITES des Planetes rapportées à l'Equateur du Soleil.			NŒUDS DESCENDANS pris sur l'Equateur du Soleil pour l'année 1700 complette.		
SATURNE..........5ᵈ	51′	3″	♉..............22ᵈ	58′	59″
JUPITER..........6	21	10	♓.................4	31	5☉
MARS...........5	50	10	♓................17	0	10
LA TERRE........7	30	0	♓................10	0	0
VENUS.........4	7	46	♓.................6	47	56
MERCURE.......3	10	30	♌................16	19	0

Si les Aftronomes déterminent le lieu des nœuds des Planetes pour un tems marqué, c'eft qu'ils fuppofent que ces nœuds font variables ; du moins auroient-ils un mouvement apparent, en fuppofant qu'ils fuffent réellement immobiles ; car les obfervations des anciens Aftronomes comparées avec celles des Modernes, jufti-fient que l'axe de la Terre tourne d'Orient en Occident autour d'un Pôle voifin de celui de l'Ecliptique ; il faut donc que les nœuds de l'Equateur terreftre rétrogradent, & que les étoiles fixes nous paroiffent avoir un mou-vement en longitude d'Occident en Orient ; donc les orbites des Planetes ne pourroient couper conftamment l'Ecliptique aux mêmes points pris dans le Ciel, fans fuivre leurs mouvemens apparens , fans paroître changer de longitude & de déclinaifon. Afin que les nœuds des Planetes nous paruffent immobiles , il faudroit qu'ils euffent réellement un mouvement rétrograde égal au mouvement apparent de l'Ecliptique, c'eft qu'alors les diftances de ces nœuds au point équinoxial du Printems

feroient

feroient toujours les mêmes : dans ce cas leurs rétrogra-dations annuelles égales à celle du nœud de l'Equateur terreftre feroient de 5 1 fecondes. Il fuit delà que fi les nœuds des Planetes ont un mouvement réel, ce mou-vement eft égal à la différence de leur mouvement apparent & de celui des étoiles fixes ; ainfi que dans l'efpace d'une année ils paroiffent avancer fuivant l'ordre des Signes de plus de 5 1 fecondes, leur mouvement réel fera direct ; qu'ils paroiffent ou moins avancer ou rétrograder, leurs mouvemens feront réellement rétro-grades.

MOUVEMENS ANNUELS & apparens des nœuds des Planetes, pris par rapport au point équinoxial du Printems.		MOUVEMENS RÉELS ou pris par rapport aux étoiles fixes.	
SATURNE	1' 22" *direct.*	21"	*direct.*
JUPITER	14 *direct.*	37	*rétrograde.*
MARS	37 *direct.*	14	*rétrograde.*
LA TERRE	0	0	
VENUS	46 *direct.*	5	*rétrograde.*
MERCURE	1' 25 *direct.*	34	*direct.*

Comme les grands cercles fe coupent tous en deux points diamétralement oppofés, on conçoit qu'il n'y en a aucun auquel on ne puiffe rapporter les nœuds des orbites que décrivent les Planetes ; mais parce que chaque orbite affecte toujours une même inclinaifon par rapport à quelque plan fixe & déterminé fur lequel on fuppofe que fes nœuds ont un mouvement uniforme, il eft clair que fi la pofition de ce plan eft inconnue, les mouvemens de la Planete combinés avec ceux de son orbite, nous mettront continuellement en défaut.

Soit (*Fig.* 1.) S le centre de la superficie d'un hemisphere projetté sur le grand cercle MA*ma*, soient AS*a*, BS*b*, DS*d*, GS*g*, quatre autres grands cercles qui se coupent au point S ; si on suppose que DS*d* représente l'orbite d'une Planete quelconque, & que cette orbite toujours également inclinée sur AS*a*, coupe successivement ce cercle en différens points qui avancent uniformément suivant la direction S*a*, & qu'ainsi le plan DS*d* ait de suite les différentes positions DS*d*, AH*a*, K.S*k*, & A*ha* (*Fig.* 2.) on verra que ce plan changera continuellement d'inclinaison par rapport aux plans BS*b* & GS*g* & que le mouvement du nœud S supposé uniforme sur le cercle AS*a*, ne pourra l'être sur les cercles BS*b* GS*g* ; on verra aussi que ce mouvement deviendra oscillatoire par rapport au plan du cercle GS*g* plus incliné sur AS*a* que le plan de l'orbite DS*d* ; car qu'on partage le tems de la révolution du nœud S sur AS*a* en quatre tems égaux, ce nœud parcourra d'abord l'arc S*i*, ensuite l'arc *i*S, puis l'arc S*l*, & enfin l'arc *l*S ; ainsi son mouvement borné par l'arc *il*, sera tantôt direct & tantôt rétrograde.

On voit que comme les orbites des Planetes se meuvent avec une extrême lenteur, on ne pourra de long-tems avoir assez d'observations, pour être en état de déterminer au juste quels sont leurs mouvemens, d'autant plus qu'il y a de l'apparence que chaque orbite a son plan particulier relativement auquel elle change régulierement de situation : cependant on peut supposer que ce plan est le même que celui de l'Equateur de la couche

ſpherique dans l'épaiſſeur de laquelle ſe trouvent l'Aphelie & le Perihelie de la Planete.

Le changement de poſition des orbites influe ſur les
mouvemens des apſides , mais ces mouvemens ſont toujours plus ſenſibles que ceux des nœuds , & ne paroiſſent
jamais rétrogrades.

MOUVEMENS ANNUELS des apſides rapportés au point équinoxial du Printems.	MOUVEMENS ANNUELS des apſides rapportés au Ciel des étoiles fixes.	LIEUX DES APHELIES rapportés à l'Ecliptique pour l'année 1700. complete.
SATURNE... 1′ 22″	...............31″	♐ ...29ᵈ 14′ 41″
JUPITER... 1 34	43	♎ ...10 17 14
MARS..... 1 7	16	♍ 0 35 25
LA TERRE.. 1 2	11	♋ 8 7 30
VENUS.... 1 26	35	♒ 6 56 10
MERCURE.. 1 39	48	♓ ...13 3 40

Les plus grandes & les plus petites diſtances des Planetes au Soleil , donnent les excentricités des Ellipſes
qu'elles décrivent.

GRANDE, MOYENNE, ET PETITE DISTANCES

*évaluées en 100000ᵉˢ parties de la moitié du grand axe
de l'Orbite de la Terre.*

	GRANDE DISTANCE.	MOYENNE DISTANCE.	PETITE DISTANCE.	EXCENTRICITÉ.
SATURNE	1005207	951000	896793	54207
JUPITER	544708	519650	494592	25057
MARS	166465	152350	138235	14115
LA TERRE	101800	100000	98200	1800
VENUS	72900	72400	71900	500
MERCURE	46955	38806	30657	8149

DISCOURS

Distances évaluées en demi-diamétres de la Terre.

	GRANDE DISTANCE.	MOYENNE DISTANCE.	PETITE DISTANCE.	EXCENTRICITE'.
SATURNE	221145:54	209220:	197294:46	11925:54
JUPITER	119835:76	114323:	108810:24	5512:76
MARS	36622:30	33517:	30411:70	3105:30
LA TERRE	22396:	22000:	21604:	396:
VENUS	16038:	15928:	15818:	110:
MERCURE	10330:10	8537:32	6744:54	1792:78

Ces diftances font celles que donne Kepler.

Cet illuftre Aftronome détermine auffi les tems des révolutions.

	TEMS DES REVOLUTIONS par rapport aux étoiles fixes.					TEMS DES REVOLUTIONS prifes rélativement au point équinoxial & tirés des Tables de M. de la Hire.			
	^{j}	^{h}	^{i}	^{ii}	^{iii}	^{j}	^{h}	^{i}	^{ii}
SATURNE	10759	4	58	25	30	10748	14	8	29
JUPITER	4332	14	49	31	56	4330	14	12	13
MARS	686	23	31	56	49	686	22	22	12
LA TERRE	365	5	49	24	0	365	5	48	50
VENUS	224	17	44	55	14	224	16	40	25
MERCURE	87	23	14	24	0	87	23	14	16

Les Cométes peuvent être mifes au rang des Planetes principales, elles font leurs révolutions autour du Soleil, mais fans affecter aucune direction particuliere ; les unes , fuivant M. Newton, vont d'Occident en Orient , d'autres d'Orient en Occident , d'autres du Septentrion au Midi, d'autres enfin du Midi au Septentrion. Jufqu'à prefent on n'a pu fuivre aucune Cométe dans tout fon cours ; après de courtes apparitions elles nous échapent toutes, nous les perdons totalement de vue, c'est que les Ellipses qu'elles décrivent sont extrémement allongées. Les tems de leurs révolutions ne sont point encore déterminés. Qu'une Comète soit accompagnée d'une vapeur fuligineuse, cette vapeur suivra toujours la direction des rayons du Soleil.

Les Planetes tournent d'Occident en Orient sur leurs centres propres, Jupiter en 9^h 56^l, Mars en 24^h 40^l, la Terre en 23^h 56^l, Venus en 23^h 20^l selon M. Cassini, & en 24^j 8^h selon M. Bianchini. Les tems qu'emploient Saturne & Mercure à faire leurs révolutions sur eux-mêmes ne sont point encore déterminés. L'Equateur de Jupiter & celui de Mars sont presque paralleles aux plans des orbites que décrivent ces Planetes. L'angle que fait notre Equateur avec l'Ecliptique, est maintenant de 23^d 29^l ou environ ; du tems d'Hipparque cet angle étoit de 23^d 51^l. Pour l'Equateur de Venus, il sort presque de la regle commune. L'angle qu'il fait avec l'orbite de la Planete est de 75^d ; c'est-à-dire qu'à proprement parler, Venus en tournant sur elle-même, tourne moins d'Occident en Orient, que du Septentrion au Midi d'un côté, & du Midi au Septentrion de l'autre.

Le volume du Soleil vaut 12.310.523.801.000.000 lieues cubiques, & si on évalue en millioniémes parties de ce volume, ceux des Planetes principales, on aura la proportion suivante.

SATURNE - - - - - - - 980
JUPITER - - - - - - - 1170
MARS - - - - - - - - - - - - $\frac{1}{5}$
LA TERRE - - - - - - - 1
VENUS - - - - - - - - - 1
MERCURE - - - - - - - - $\frac{1}{27}$

RAPPORTS DES DIAMETRES.

LE SOLEIL - - - - - - 100
SATURNE - - - - - - - 10 *un peu moins.*
JUPITER - - - - - - - 10 *un peu plus.*
MARS - - - - - - - - - - $\frac{3}{5}$
LA TERRE - - - - - - - 1
VENUS - - - - - - - - - 1
MERCURE - - - - - - - - $\frac{1}{3}$

Les Planetes ne font pas exactement fphériques, du moins fçait-on que le diametre de l'Equateur de Jupiter eft à fon axe comme 15 à 14.

Saturne offre un fpectacle fingulier, il eft furmonté d'un anneau entierement détaché de fa maffe, & comme on le foupçonne couché fur le grand cercle de fa ré-volution journaliere ; cet anneau eft prefque parallele au plan de notre Equateur, l'angle qu'il fait avec l'orbite de la Planete eft de 23ᵈ 30ˡ. En 1659. il coupoit l'E-cliptique au vingtiéme dégré & demi de la Vierge & au vingtiéme dégré & demi des Poiffons ; il ne devient vifible pour nous que quand la Terre & le Soleil fe trouvent enfemble, ou au-deffus ou au-deffous de fon

Plan. Qu'on partage son rayon en dix-huit parties égales, on en aura huit pour celui de la Planete, cinq pour l'espace vuide compris entre la Planete & le Limbe inférieur de l'anneau, les cinq autres donneront la largeur de la surface annulaire.

THÉORIE GÉNÉRALE DE LA LUNE.

Qu'on évalue les distances de la Lune en demi-diamétres de la Terre, on aura

	Suivant M. de la Hire.	*Suivant la connoissance des Tems.*
Sa plus grande distance de	$63:56$	 62
Sa moyenne distance de	$59:76\frac{1}{2}$	 58
Sa petite distance de	$55:97$	 54
Et son excentricité de	$3:72\frac{1}{2}$	 4

L'Orbite de la Lune change d'inclinaison.

Sa plus grande inclinaison est de 5^d 20^l 30^{ll}

Sa moyenne inclinaison de 5 11 0

Et sa plus petite inclinaison de 5 1 30

La Lune fait sa révolution sinodique en 29^j 12^h 44^l 3^{ll}

Et sa révolution périodique en 27 7 43 5

Les apsides de l'Orbite de la Planete avancent suivant l'ordre des Signes.

Leur mouvement annuel est de 1^s 10^d 39^l 52^{ll}

Les nœuds de cette Orbite sont rétrogrades.

Leur rétrogradation annuelle est de 19^d 19^l 43^{ll}

La Lune tourne sur son centre en 27^j 7^h 43^l 5^{ll} ou environ, c'eſt-à-dire que ſon mouvement de rotation s'a-cheve dans un tems égal au tems qu'elle emploie à faire ſa révolution autour de la Terre.

Son axe eſt perpendiculaire au plan de l'Orbite qu'elle décrit ; mais parce que les mouvemens angulaires qu'a la Lune ſur elle-même ſont uniformes, & que ceux de ſon rayon vecteur ne le ſont pas, la Planete doit pa-roître balancer tantôt d'Orient en Occident, tantôt d'Occident en Orient.

Son volume, ſuivant **M.** de la Hire, eſt à celui de la Terre comme 1 à 49 $\frac{1}{2}$.

Les mouvemens de la Lune ſont extrémement variés.

1°. La Lune va plus vîte dans ſon Perigée que dans ſon Apogée.

2°. Son mouvement, toutes choſes ſuppoſées égales d'ailleurs, s'accelere des quadratures aux Sizigies, & ſe ralentit des Sizigies aux quadratures.

3°. Les nœuds & les apſides de l'Orbite de la Lune changeant promptement de poſition, ont leurs aſpects relativement au Soleil & à la Terre, mais leurs mou-vemens ne ſont point uniformes ; les nœuds de l'Orbite rétrogradent plus dans leurs quadratures que dans leurs Sizigies, ſes apſides avancent plus dans leurs Sizigies que dans leurs quadratures.

4°. Plus la Lune s'approche des Sizigies, plus, toutes choſes ſuppoſées égales d'ailleurs, les mouvemens des nœuds & des apſides de ſon Orbite s'accelerent.

5°. L'Orbite de la Lune a ſa plus grande inclinaiſon lorſque ſes nœuds ſont dans les Sizigies, & que la Planete

nete fe trouve dans les quadratures ; cette Orbite a fa moindre inclinaifon lorfque fes nœuds étant dans les quadratures, la Planete fe trouve dans les Sizigies.

6°. Suivant M. de la Hire la grande diftance de la Lune eft toujours de 63:56 demi-diametres de la Terre, fa petite diftance de 55:97 dans les Sizigies & de 57:69 dans les quadratures ; c'eft-à-dire que plus les apfides de l'Orbite que décrit la Planete s'éloignent des Sizigies, moins cette Orbite a d'excentricité.

7°. Quand la Terre s'approche de fon Aphelie, le tems de la révolution de la Lune en devient plus court, les viteffes qu'a la Planete en paffant des quadratures aux Sizigies & des Sizigies aux quadratures different moins entr'elles, les mouvemens de fes nœuds & de fes apfides fe ralentiffent, la plus grande & la plus petite inclinaifon de fon Orbite fe rapprochent de l'inclinaifon moyenne, & l'excentricité de cette Orbite eft moins fujette à changer.

Tels font les Phénoménes dont j'effaye de rendre raifon dans mon Ouvrage ; on va voir que les Principes qui les lient font également fimples & féconds.

PLAN DE L'OUVRAGE.

J'entame cet Ouvrage par l'Examen des Principes Généraux que fournit la Philofophie moderne ; je fais voir que (1) fi l'efpace & la matiere font une même chofe, tout mouvement eft néceffairement relatif & réciproque, que Dieu feul (2) meut les corps, & que

(1)*Page 1 & fuivantes.*

(2)*Pag. 3*

(1) *Page* 37. (1) l'attraction, comme loi générale, ne peut avoir lieu dans la Nature.

Je démontre enfuite, qu'en fuppofant que le mouvement foit quelque chofe d'abfolu, il y avoit une infinité de loix poffibles fuivant lefquelles il auroit pû fe (2) *Pag.* 49. communiquer ; mais que (2) celles qui font établies *& fuiv.* deviennent néceffaires, dès qu'on fe renferme dans l'hipotèfe du mouvement relatif.

Delà je paffe aux principes d'expérience que donne l'analyfe géométrique de la Loi de Kepler, & qui fervent de fondement au fiftême de **M.** Newton. On voit d'abord que puifque les Planetes décrivent autour du Soleil des aires proportionnelles aux tems employés à les décrire, (3) *Pag.* 70. il faut (3) qu'elles fe meuvent comme fi elles étoient *& fuiv.* dans le vuide, mais que le Soleil les rappellât continuellement à lui ; on voit auffi que puifqu'elles décrivent des Ellipfes aufquelles le Soleil fert de foyer commun, & que les tems de leurs révolutions font comme les racines des cubes de leurs diftances moyennes , il (4) *Pag.* 73. faut (4) qu'elles pefent toutes en raifon inverfe des *& fuiv.* quarrés de leurs rayons vecteurs.

Que les Neutoniens en fuffent demeurés là , on n'auroit eu aucun reproche à leur faire ; comme Géométres, ils étoient difpenfés de rendre raifon des principes d'expérience que fourniffent les obfervations ; mais ne pouvant fe réfoudre à laiffer leur fiftême imparfait, & fe figurant d'ailleurs qu'il n'étoit pas poffible qu'aucun corps pût fe mouvoir librement dans le plein, le parti qu'ils crurent devoir prendre, fut de réalifer le vuide qu'on n'avoit d'abord admis que par fuppofition ; & comme l'impulfion ne peut avoir lieu où manque la matiere, & que les Planetes fe détournent continuellement de leur chemin pour s'approcher du Soleil, ils jugerent qu'il falloit les faire attirer ; ainfi l'attraction & le vuide banis de la nouvelle Philofophie, trouverent place dans leur fiftême.

Mais fi on s'égare lorfqu'on fait mouvoir les Planetes dans le vuide, on ne s'égare pas moins lorfqu'on les abandonne à l'impreffion de la matiere étherée ; c'eft cependant ce que font la plupart des Cartéfiens. Selon eux, les Planetes ne circulent autour du Soleil, que parce qu'elles fe trouvent affujetties à fuivre les mouvemens des couches fphériques de fon tourbillon, ce qui ne peut fe concilier avec les Phénomenes que renferme la Loi de Kepler ; car fi l'on veut que les viteffes tranflatives foient en raifon renverfée des diftances, il eft vrai (1) que les aires que décrira chaque Planete feront (1) *Pag.* 70. proportionnelles aux tems employés à les décrire, mais (2) les tems des révolutions ne feront plus comme les (2) *Pag.* 72. racines des cubes des diftances moyennes ; & fi l'on veut que les viteffes foient en raifon renverfée, non des diftances, mais des racines de ces diftances, les tems des révolutions (3) répondront à la vérité à ceux que demandent (3) *Pag.* 79. les obfervations, mais (4) les aires décrites ne fuivront plus (4) *Pag.* 70. la proportion des tems employés à les décrire.

Les Cartéfiens ont beau faire, jamais ils ne pourront s'écarter impunément des principes qui fe tirent de la Loi de Kepler. Ces principes tiennent néceffairement

au Mécanifme Aftronomique ; mais il s'agit de les juftifier en fe renfermant dans l'hipotèfe de la plenitude univerfelle ; c'eft-à-dire qu'il faut démontrer que dans cette
hipothèfe, 1°. les Planetes peuvent fe mouvoir comme
fi elles étoient dans le vuide, 2°. qu'elles doivent pefer
vers le Soleil & toujours fuivant la direction de leurs
rayons vecteurs ; 3°. enfin que leurs chutes initiales doivent toujours être en raifon inverfe des quarrés de ces
rayons.

Je commence donc par faire voir qu'il peut y avoir
tel fluide où un corps en mouvement ne doit perdre
qu'une partie finie de fa viteffe dans un tems indéfiniment
grand ; ce qui fuffit pour s'affurer qu'il n'eft pas contraire
aux loix de la Nature, que le milieu où fe meuvent les
Planetes ne faffent aucun obftacle fenfible à leurs mou-
1) *Pag.* 120. vemens tranflatifs ; je prouve même (1) que ce n'eft que
dans le plein qu'on peut trouver des fluides non réfiftans.

Il eft vrai que M. Newton effaye de démontrer qu'en
fuppofant que tout foit plein, il ne peut y avoir aucun
fluide où un corps en mouvement ne doive perdre une
partie fenfible de fa viteffe dans un tems fini, quelque
petite que puiffe être la durée de ce tems ; qu'une fphere,
2) *Pag.* 124. par exemple (2), dont la denfité feroit la même que
r *fuiv.* celle du milieu dans lequel on la feroit mouvoir, perdroit la moitié de fa viteffe dans un tems égal à celui
qu'elle employeroit à parcourir huit tiers de fon diamétre
d'un mouvement uniforme ; j'analife le raifonnement de
) *Pag.* 130. ce Géométre, & je fais voir qu'il (3) n'eft appuyé que
3 1. fur une fuppofition illegitime.

Il s'agit encore de juſtifier que les Planetes doivent peſer vers le Soleil, & qu'il faut que leurs chutes initiales ſoient partout en raiſon inverſe des quarrés de leurs rayons vecteurs ; ce que je fais voir être une dépendance néceſſaire du Méchaniſme des Tourbillons ; comme aucun Phénomene n'échappe aux principes que donne ce Méchaniſme, on ne peut le développer avec trop de ſoin.

Que dans le plein on faſſe mouvoir comme au hazard les différentes parties de la matiere, on concevra que de l'aſſociation des particules qui éprouveront les mêmes réſiſtances, & dont les mouvemens ſeront ſemblablement dirigés, naîtront de toutes parts des Tourbillons plus ou moins étendus, ſuivant que les courans qui leur donneront naiſſance, renfermeront plus ou moins de matiere propre ; c'eſt-à-dire que ſi les tourbillons ne ſont point une émanation ſubite de la Toute-puiſſance de l'Auteur de la Nature, ils doivent s'être formés à peu près comme ſe forment ces Tourbillons d'air produits par des courans particuliers, qui, obligés de ſe détourner de leur chemin, avancent du côté où le fluide dans lequel ils ſe meuvent fait la moindre réſiſtance.

Mais afin qu'un Tourbillon s'arondiſſe, il faut qu'il ſoit également pouſſé de toutes parts, ou que de toutes parts il pouſſe également la matiere dont il eſt environné ; & alors rien n'empêche qu'on ne le regarde comme un fluide renfermé dans une ſphere creuſe qui s'oppoſe inceſſamment à ſa dilatation.

Or, parce que toute impreſſion de mouvement que reçoit un corps, eſt toujours dirigée perpendiculairement à la furface par l'entremife de laquelle il eft pouffé, les couches fphériques du Tourbillon arondi n'auront d'action les unes fur les autres que fuivant la direction des rayons de la fphere ; & comme à chaque point de tout parallele la tangente qu'affectera de décrire un corpufcule, fervira pareillement de tangente au grand cercle qui touchera le parallele au même point, il eft aifé de s'appercevoir qu'il faudra que la force centrifuge du corpufcule foit toujours prife rélativement au centre commun des couches fpheriques vers lequel les réactions feront dirigées ; auffi un corps qu'on feroit mouvoir feul au-dedans d'une fphere creufe, décriroit-il toujours un grand cercle. Ce qui fait que les différentes particules d'une couche fpherique qu'une autre enveloppe, continuent de fe mouvoir fur la circonférence des paralleles qu'elles ont une fois commencé à décrire, c'eft que la matiere interpofée entre ces paralleles, & l'Equateur du Tourbillon s'oppofe inceffamment à leur paffage.

Ces obfervations faites, je démontre qu'afin que dans un Tourbillon tout foit en équilibre, il faut (1) que les viteffes foient partout en raifon renverfée des racines des diftances au centre de la maffe du fluide, & que (2) les forces centrifuges fuivent la proportion inverfe des quarrés de ces diftances.

Et delà il fuit (3) que le tems de la révolution d'une particule quelconque du fluide eft proportionnel au rayon du parallele qu'elle décrit, multiplié par la racine du rayon de la couche fpherique qui termine le parallele.

Que dans un grand Tourbillon il vienne à s'en former

1) *Pag.* 142.
2) *Pag.* 143.
3) *Pag.* 144.

d'autres, on démontre (1) que ceux-ci font ordinaire- (1)*Pag.*145
ment déterminés à fuivre la direction des couches entre
lefquelles ils fe forment, que (2) c'eft encore dans le (2)*Pag.*14c
même fens qu'ils doivent tourner fur eux-mêmes, & que
(3) les plus voifins du centre du grand tourbillon ne (3)*Pag.*14
peuvent guéres s'écarter du plan de fon Equateur. & 149.

A l'égard de ceux qui commencent à prendre leur
cours entre les couches fphériques les plus élevées, on
fait voir (4) que nulle loi générale ne peut déterminer (4)*Pag.*14
ni la direction de leurs mouvemens, ni la pofition de & 150.
leurs orbites ; auffi les Cométes qu'enveloppent ces fortes
de tourbillons n'ont-elles point de routes déterminées
qu'elles foient obligées de fuivre.

Que Mercure, Venus, la Terre, Mars, Jupiter &
Saturne circulent autour du Soleil dans le fens que le
Soleil tourne fur fon axe ; que ce foit encore fuivant la
même direction que les Planetes fubalternes tournent
autour des Planetes principales aufquelles elles fervent
de Satellites, ce font des Phénomenes qui échappent
au principe de l'attraction, & qui par conféquent dé- (5)*Pag.*7
cellent fon infuffifance. Il y a plus, je fais voir (5) que & 79.
fi ç'avoit été en conféquence de ce principe qu'un Satellite fe fut d'abord attaché à la Planete qu'embraffe fon
orbite, ç'auroit été contre l'ordre des Signes qu'il auroit
circulé.

On fent bien que l'idée des tourbillons ne s'eft offerte
à Defcartes que parce que les Planetes fe meuvent toutes
du même côté, & qu'il eft naturel de penfer que fi elles
fuivent une même direction, c'eft qu'un grand fluide

les emporte & les oblige de circuler autour d'un centre commun.

Cependant c'est en cela même que se trompent les Cartésiens ; car puisque chaque Planete décrit autour du Soleil des aires proportionnelles aux tems employés à les décrire, il faut, comme je l'ai déja dit, que ses mouvemens translatifs soient à chaque instant en raison inverse de son rayon vecteur ; il faudroit donc aussi que depuis son Aphelie, jusqu'à son Perihelie les vitesses de la matiere suivissent la même proportion, ce qui ne pourroit cadrer avec les loix de la Méchanique, puisqu'alors les forces centrifuges des couches inférieures l'emporteroient sur celles des couches supérieures. Donc si les tourbillons particuliers des Planetes vont tous d'Occident en Orient, ce n'est point que ces tourbillons soient entraînés par les couches spheriques de celui du Soleil, c'est que les particules dont ils sont formés suivoient déja le cours de ces couches avant que de s'associer & de faire corps entr'elles.

De plus, comme il est démontré que de la maniere dont se forment les tourbillons des Planetes, il faut qu'ils tournent aussi sur eux-mêmes dans le sens que circule la matiere autour du Soleil, on voit qu'en supposant que dans un tourbillon, il vienne à s'en former d'autres, ceux-ci conjointement avec leurs masses centrales doivent encore circuler d'Occident en Orient autour des Planetes principales dont ils enveloppent les Satellites.

Au reste, on conçoit aisément qu'un tourbillon une fois formé dans quelque fluide que ce puisse être, doit s'y

conserver

de même que s'il étoit enveloppé d'une couche impénétrable ; car quand les particules qui font corps entre
elles & qui circulent de compagnie, tendent à s'échapper
par les tangentes des arcs qu'elles décrivent, il eſt clair
qu'elles trouvent toujours plus de facilité à remplacer
celles qui les précedent, & qui fuient devant elles, qu'à
ſe faire jour à travers le fluide dont les particules étrangeres s'oppoſent à leurs écarts, ſoit par leur inertie, ſoit
par la contrarieté de leurs mouvemens.

Mais pour donner à l'hipotèſe Cartéſienne toute l'é-
tendue qu'elle doit avoir, je dis qu'aux tourbillons de
Deſcartes il faut ajouter les petits tourbillons dont on
doit la découverte aux Phiſiciens modernes, & que la
loi de l'analogie offre à tout eſprit attentif. Car ſi rien
n'eſt ni grand ni petit que par comparaiſon, & que le
même Méchaniſme qui diſtribue le mouvement dans les
eſpaces finis doive pareillement le diſtribuer dans ceux
que leur petiteſſe nous dérobe, on ſent qu'on ne peut
remplir l'Univers de tourbillons entaſſés les uns ſur les
autres, ſans s'obliger à reconnoître que l'éther n'eſt
autre choſe qu'un aſſemblage de petits tourbillons com-
poſés d'une infinité d'autres plus petits, qui eux-mêmes
en renferment de plus petits encore, & ainſi à l'infini ;
c'eſt qu'on ne peut aſſigner aucunes bornes à la diviſi-
bilité de la matiere, & que le moindre atôme eſt im-
menſe dans ſon genre.

J'ajoute qu'il faut encore ſuppoſer avec M. l'Abbé
de Molieres, que le fluide qui coule entre les pores de
la matiere étherée, n'eſt de même qu'un amas de petits

d

tourbillons d'un autre ordre que ceux de l'éther, mais élastiques comme eux, puisqu'ils ont leurs forces centrifuges.

L'hipotèse des petits tourbillons est pleinement justifié par les lumieres qu'elle répand sur les procédés les plus secrets de la Nature ; l'illustre Philosophe que je viens de nommer en fait tous les jours d'heureux essais qui ne prouvent pas moins la justesse des principes sur lesquels il raisonne, que l'étendue de son génie.

Si les tourbillons sont composés de particules élastiques, il n'en est aucun qu'on ne doive regarder comme un fluide qui pese alternativement du centre vers la circonférence & de la circonférence vers le centre, car comme les petits tourbillons de la matiere étherée changent incessamment de position en circulant, il est clair que leurs ressorts doivent se tendre & se relâcher sans cesse.

Que a, b, c, d, e, f, &c. soient les élémens d'un cercle pris pour un Poligone d'une infinité de côtés, & qu'au dedans du Poligone se meuve un corpuscule infiniment petit, si ce corpuscule manque d'élasticité, & qu'il frappe le côté b, après avoir parcouru le côté a, comme son mouvement suivant la perpendiculaire sur l'élément b s'éteindra, il ne lui restera de son mouvement primitif, que celui qui lui fera parcourir cet élément ; & parce que la même chose arrivera sur chacun des côtés du Poligone, le corpuscule les cotoyera tous ; mais qu'on le rende élastique, chaque élément qu'il ira frapper le fera rejaillir, il ne cotoyera donc plus les côtés du Po-

ligone, il s'en approchera par son mouvement translatif, & s'en éloignera ensuite par l'action de son ressort ;
c'est-à-dire que ce ne sera qu'avec un mouvement oscillatoire qu'il fera sa révolution dans le cercle.

Comme les forces centrifuges des couches sphériques
d'un tourbillon les obligent à se dilater le plus qu'il est
possible, & que le fluide destiné à remplir les pores de
la matiere étherée n'est point assujetti à suivre ses mouvemens translatifs, il est évident qu'il faut qu'autour du
centre du tourbillon soit un espace uniquement rempli
de la surabondance de ce fluide intermédiaire, qu'on
voit être précisément ce qu'est la matiere subtile de
Descartes.

Or ce fluide est à la matiere étherée, ce que la matiere
étherée est aux corps sensibles, ainsi comme l'éther ne
s'oppose en aucune façon aux mouvemens de ces corps,
la matiere subtile ne fait de même aucun obstacle aux
mouvemens des particules de l'éther.

Lorsque les couches sphériques d'un tourbillon se dilatent, leurs ressorts se tendent ; lorsqu'elles rentrent
dans leurs bornes, leurs ressorts se relâchent ; & alors
les petits tourbillons de la matiere étherée reprennent
leur premiere sphéricité.

De ce que les couches sphériques d'un tourbillon ne
se compriment que suivant des directions perpendiculaires sur leurs surfaces, & que c'est sur la trace de ces
directions, mais en sens contraire, que se détendent les
ressorts de l'éther, il suit évidemment que la matiere
étherée reflue, non vers l'axe sur lequel tourne la masse

du tourbillon, mais vers le centre de cette masse.

De ce que le retour des particules qui forment les couches supérieures n'est parfaitement libre que quand les couches inférieures sont parvenues au point de leur plus grande dilatation, il suit encore qu'elles doivent toutes s'assujettir à se dilater & à se resserrer comme de concert & dans les mêmes instans.

Qu'on partage un tourbillon en une infinité de Piramides droites unies par leurs sommets au centre de la masse totale, & que chaque Piramide soit coupée en une infinité de tranches également épaisses, on concevra que la vitesse avec laquelle refluera la matiere dans ces différentes tranches sera nécessairement en raison renversée de leur étendue, ou du quarré de leur distance au centre du tourbillon ; ce qui fait voir que quand un tourbillon se forme, il faut que le mouvement s'y distribue de maniere que les couches inférieures soient réduites à n'avoir ni plus ni moins de forces centrifuges que les couches supérieures, & que de quelque façon que l'équilibre vint à se rompre, il se rétabliroit aussitôt.

Que la matiere étherée pese du centre vers la circonférence, elle a pour appui ce qui s'oppose à la dilatation des couches spheriques du tourbillon.

Qu'elle reflue de la circonférence vers le centre, elle n'a plus besoin d'être appuyée, elle se soutient par l'efficace de sa force centrifuge qui alors la dérobe à toute réaction ; ce seroit par cette force que se soutiendroient les couches spheriques du tourbillon, en supposant qu'au-dessous d'elles fut un espace entierement vuide de matiere.

'Ajoutons à cela, qu'il ne feroit pas même poffible de ménager un appui aux colonnes qui obéiffent à l'impreffion de leur mouvement réactif ; c'eft que le fluide qui environne le centre du tourbillon eft infiniment pénétrable à l'éther, & que la croute * qui enveloppe ce fluide, & dont on démontre l'exceffive porofité, ne peut au plus appuyer qu'une indéfinitiéme partie des filets de matiere qui refluent de la circonférence vers le centre. Il n'y a d'abfolument impénétrable à la matiere propre du tourbillon que celle d'un autre tourbillon qu'elle preffe, foit par fa force centrifuge, foit par fa force réactive ; les tourbillons ne pourróient fe pénétrer fans fe confondre.

Enfin nous voici arrivés au principe général de la pefanteur des Planetes qu'enveloppent leurs tourbillons particuliers. On voit d'abord que quand la matiere propre du grand tourbillon qui leur donne la loi, flue du centre vers la circonférence où fe trouve fon appui, il faut que fuivant la loi de l'Hydroftatique, elle pefe en tout fens fur les tourbillons fubalternes qu'elle embraffe de toutes parts ; mais qu'elle reflue de la circonférence vers le centre, comme rien ne la foutient alors, elle ne charge plus ces tourbillons que du côté de leurs hemifpheres fupérieurs, c'eft qu'elle n'éprouve aucune réaction en réfluant.

Maintenant fi on conçoit que chaque tourbillon foit embraffé par une Piramide droite qui ait le centre du Soleil pour fommet, on concevra auffi que puifque,

* On verra dans la fuite comment fe forme cette croute.

suivant ce qu'on a déja fait voir, toutes les tranches parralleles à la base auront des forces réactives égales, le poids de toutes celles qui chargeront le tourbillon de la Planete, & qui le rabatteront vers le Soleil, égalera le poids d'une colonne qui s'éleveroit jufqu'à l'extremité du grand tourbillon, & qui auroit pour vitesse réactive celle de la tranche inférieure de la Piramide tronquée qui réagira sur la Planete.

Si, comme on le suppose ici, la masse de la colonne est indéfiniment plus grande que celle du tourbillon particulier qui lui servira d'appui, elle communiquera à ce tourbillon toute sa vitesse réactive (1). Donc il suit du Méchanisme des tourbillons que les chutes initiales des Planetes, sont partout en raison inverse des quarrés de leurs distances au Soleil,

(1)*Pag.*57.

On démontre (2) que quand une Planete décrit son orbite, elle ne rencontre à chaque instant que des surfaces dont les parties se dérobant de toutes parts, & toujours parallelement aux plans qui se touchent, ne peuvent recevoir en avant qu'une vitesse infiniment plus petite que celle qu'a la Planete qui les oblige à lui donner passage. La Planete se meut donc à cet égard comme si elle étoit dans le vuide. Mais quand elle tend à s'écarter par les tangentes des arcs qu'elle décrit, la force qui la rabat vers le Soleil est celle d'une masse infinie qui la charge de tout son poids, & cela parce que les parties du fluide qui forme la colonne à laquelle son tourbillon sert d'appui, ne peuvent se répandre ni d'un côté ni d'autre, à cause de l'égalité des forces réactives

2)*Pag.* 104.

que leur oppofent les colonnes latérales.

C'eft auffi de la même façon que pefent les corps que pénétre l'éther, excepté qu'à caufe de leur infinie porofité juftifiée par le raifonnement, & conftatée par l'expérience, ce que leurs parties intégrantes interceptent de filets de matiere, ne vaut au plus que l'indéfinitiéme partie de ceux aufquels ces corps laiffent un libre paffage.

Voilà donc les conditions que fuppofe la loi de Kepler parfaitement remplies.

1°. Les Planetes fe meuvent comme fi elles étoient dans le vuide.

2°. Elles pefent toutes vers le Soleil.

3°. Leurs chutes initiales font partout en raifon inverfe des quarrés de leurs rayons vecteurs.

De cette Théorie, je paffe à l'examen d'une difficulté qu'oppofent les Neutoniens à l'éxiftence des tourbillons.

Qu'un tourbillon foit partagé en une infinité de couches fpheriques de même épaiffeur ; on conçoit auffitôt qu'en donnant aux couches inférieures un mouvement angulaire plus prompt que celui des couches fupérieures, l'ordre des circulations ne peut être confervé, à moins que le mouvement qu'acquert chacune de ces couches par le frottement de fa furface concave, elle ne le perde par celui de fa furface convexe. Sur cela, M. Newton calcule, & croit trouver (1) qu'afin que l'impreffion des frottemens fut partout la même, il faudroit que les tems des révolutions fuiviffent la proportion des quarrés des diftances, proportion (2) bien différente de celle

(1) *Pag.* 180 *& fuiv.*

(2) *Pag.* 75.

que donnent les obfervations ; j'analife fon calcul, &
je fais voir (1) que l'expérience dément les principes
dont il le fait dépendre ; à ces principes déja profcrits
dans les Mémoires de l'Académie, je fubftitue (2) ceux
aufquels doit fe rapporter l'impreffion des frottemens &
je retrouve (3) les tems des révolutions tels que les demande la loi de Kepler.

Ce qui fuit immédiatement le Méchanifme des tourbillons, eft purement géométrique.

Qu'un corps continuellement rappellé vers un même
point fe meuve dans un milieu non réfiftant, on déterminera (4) par une formule fimple & generale, ou (5)
quelle courbe décrira le mobile en fuppofant la loi de
la pefanteur, ou (6) quelle fera cette loi, la courbe étant
fuppofée ; mais (7) parce que dans un tourbillon fpherique les pefanteurs font toujours en raifon inverfe des
quarrés des diftances au centre du tourbillon, un corps
(8) ne pourra jamais décrire qu'une fection conique qui
aura ce centre là même pour foyer. Delà paffant à la
théorie générale des Planetes, on donne la maniere de
déterminer leurs orbites, les tems de leurs révolutions, &
leurs mouvemens tant abfolus que refpectifs.

Confidérant enfuite les Planetes en elles-mêmes, on
cherche les Principes généraux, en conféquence defquels elles auroient pû fe former ; ces Principes ne font
point différens de ceux par lefquels elles fe confervent.

On conçoit que la matiere propre d'un tourbillon eft
toujours mêlée d'une infinité de particules hétérogenes
plus ou moins groffieres, & qui par conféquent ont

plus

1) Pag. 183. & fuiv.
2) Pag. 184. & fuiv.
3) Pag. 186. 87.
4) Pag. 202. 203.
5) Pag. 205.
6) Pag. 203. 204.
7) Pag. 175.
8) Pag. 205.

plus ou moins de facilité à percer le fluide de l'éther.
Or suivant ce qu'on démontre (1) les unes vont se ranger dans le plan de l'Equateur du tourbillon, ce qui en
effet se trouve vérifié par le Phénomene de la lumiere
réflechie à laquelle on donne le nom de lumiere zodiacale. D'autres plus solides & ausquelles la matiere étherée ouvre un libre passage, décrivent des orbites régulieres, mais qui se croisent de toutes parts ; d'où il suit
que plus l'éther renferme de particules hétérogenes,
plus leurs rencontres sont fréquentes, ce qui ralentit à
proportion leurs mouvemens translatifs : ces particules
obéissant donc alors à l'impression générale de la pesanteur, & commençant (2) à décrire des Ellipses allongées,
se rapprochent les unes des autres à mesure qu'elles des-
cendent vers leurs apsides inférieurs voisins du centre
du tourbillon ; qu'elles atteignent ces apsides, elles s'en-
trelacent de maniere qu'il ne leur est plus possible de
suivre leurs cours ; ainsi obligées de s'associer, elles forment une croute plus ou moins épaisse autour de cet
espace central, qu'on a dit devoir renfermer la surabondance du fluide destiné par la Nature à remplir les pores
de l'éther.

On fait voir (3) que ces masses creuses ne peuvent
tourner que lentement sur elles-mêmes, mais qu'elles
tournent toujours dans le sens que circule la matiere
étherée.

Ajoutons à cela que la force avec laquelle se choquent
les particules qui viennent à faire corps entre elles,
peut causer une fermentation capable d'embrâser la masse

(1) *Pag.* 22 *&* 226.

(2) *Pag.* 22

(3) *Pag.* 230

qui les raſſemble. C'eſt ce qui doit arriver dans les grands tourbillons ; on trouve par exemple (1) que le choc des particules qui par leurs rencontres ont formé le Soleil, a dû être plus de cinquante fois plus fort que celui des particules qu'a ramaſſé la Terre.

C'eſt en conſéquence du même Méchaniſme que ſe réparent les pertes continuelles que font le Soleil & les Planetes par l'évaporation de leurs parties.

Obſervons en paſſant que les Partiſans du ſiſtême de Ticho ne ſont plus fondés à nous reprocher l'exceſſive étendue qu'il faut donner au tourbillon du Soleil pour ſauver le défaut de parallaxe des étoiles fixes ; je dé‑montre qu'en ſuppoſant ce tourbillon en équilibre avec ceux dont il eſt environné , nous ne pourrions rappro‑cher ſes bornes ſans faire perdre au Soleil une partie de la lumiere & de la chaleur qu'il doit avoir relativement aux fonctions auſquelles il eſt deſtiné ; c'eſt que (2) ſui‑vant les principes qu'on établit ici , ce que le Soleil a de chaleur & de lumiere , eſt néceſſairement proportion‑nel à la racine du diamétre de ſon tourbillon.

Lorſqu'une maſſe centrale tourne ſur elle-même , il faut que depuis ſes Pôles où les forces centrifuges doi‑vent être nulles , juſqu'à ſon Equateur où ces forces ont leur plus grands accroiſſemens , les peſanteurs ab‑ſolues ſoient toujours altérées de plus en plus , & qu'entre ces deux termes les directions des peſanteurs réduites , s'écartent plus ou moins du centre de la maſſe , le même que celui des tendances.

Or, je fais voir qu'il ſuit delà qu'afin qu'une maſſe

1) *Pag.* 23 r. *& ſuiv.*

) *Pag.* 235.

centrale préſente toujours perpendiculairement ſa ſurface
à la direction des chutes, il faut qu'elle prenne la forme
d'un ſpheroïde applati vers ſes Pôles, & que (1) la courbe (1) *Pag.* 245.
que forme chacun de ſes meridiens ſoit telle, que les
différences des ordonnées à l'axe, ſoient à celles des
rayons, comme les peſanteurs abſolues, aux forces centrifuges.

Que la maſſe devint entierement fluide, elle ne changeroit pas pour cela de forme (2) ; ce que ſuppoſe la (2) *Pag.* 246.
perpendicularité des chutes n'eſt point différent de ce que
demande la loi de l'équilibre.

Si on ſuppoſoit que dans le cas de la fluidité, les den-
ſités ou les peſanteurs aux mêmes diſtances fuſſent différentes dans les différens rayons de la maſſe, on trouveroit (3) que les directions des chutes ne ſeroient plus (3) *Pag.* 246.
perpendiculaires aux ſurfaces ; ou bien (4) il faudroit *& 247.*
qu'il ſe fit alors une compenſation, & que dans chaque (4) *Pag.* 248.
rayon la peſanteur fut exactement en raiſon inverſe de
la denſité ; ce qui, comme on voit, n'altéreroit en rien
la figure de la maſſe.

Il eſt donc conſtaté qu'une Planete à la ſurface de
laquelle les chutes ſont perpendiculaires, a préciſément
la figure qu'elle auroit, en ſuppoſant qu'elle devint entierement fluide, & que ſa denſité fut partout la même.

La loi de la peſanteur étant ſuppoſée répondre à une
puiſſance quelconque de la diſtance au centre commun
des tendances, on aura en général (5) la nature de la (5) *Pag.* 250.
courbe que formera chacun des méridiens de la Planete.

Mais parce que les peſanteurs ſuivent toujours la pro-

(1) *Pag.* 74. portion inverſe des quarrés des diſtances , proportion (1)
& 75. que ſuppoſe la loi de Kepler, & que (2) donne le mé-
(2) *Pag.* 143.
(3) *Pag.* 252. chaniſme des tourbillons , on trouvera (3) qu'un rayon
quelconque de la Planete ſera à ſon demi-axe , comme
deux fois la peſanteur du point auquel aboutira le rayon ,
plus ſa force centrifuge , a deux fois ſa peſanteur, &
qu'ainſi dans chaque méridien la différence des deux axes,
ſera au petit axe , comme la force centrifuge ſur l'Equateur , a deux fois la peſanteur abſolue.

C'eſt ſur ce pied-là que je détermine les rayons de la
Terre en faiſant ſervir le dégré de M. Picard de commune
meſure. Qu'on accourciſſe ou qu'on alonge ce dégré ,
le principe que j'ai ſuivi , déterminera toujours & la grandeur & la proportion des diametres.

La figure que je donne à la Terre , eſt différente de
celle qu'on eſt obligé de lui donner , en ſe renfermant
dans l'hipotèſe de l'attraction réciproque ; c'eſt qu'alors
(4) *Pag.* 256. (4) on doit ſuppoſer que la différence des deux axes de
& 257. la maſſe ſpheroïdale eſt au petit axe , comme cent une
fois la force centrifuge ſur l'Equateur , à quatre-vingt
fois la peſanteur abſolue.

Dans cette hipothèſe les peſanteurs réduites néceſſairement proportionnelles aux différentes longueurs du
(5) *Pag.* 257. pendule , ſont toujours (5) en raiſon renverſée des
rayons ; ce qui ne peut être ſi la peſanteur a l'impulſion
(6) *Pag.* 259. pour principe ; mais auſſi (6) par ce principe le pendule
eſt par-tout tel que le déterminent les obſervations les
plus récentes, ce qu'on ne retrouve plus dans l'hipothèſe de M. Newton. On ſçait que l'attraction ſuppoſée,

il faudroit qu'à l'Equateur le pendule fut d'une demi-
ligne plus long qu'il ne l'eft en effet.

Pour remédier à cet inconvénient M. Newton demande
qu'on épaiffiffe le noyau de la Terre par une addition
réelle de matiere ; c'eft qu'alors comme cette matiere
furabondante aura fa force attractive dont l'action fuivra
la proportion inverfe des quarrés des diftances au centre
de la maffe, & que le noyau épaiffi fera plus proche des
Pôles que de l'Equateur, le rapport de la pefanteur à
l'Equateur & aux Pôles fera plus grand que le rapport
renverfé des rayons ; ce qui rétablira la proportion des
longueurs du pendule à laquelle fe refufoit d'abord le
principe de l'attraction.

De la figure de la Terre, je paffe à celle de Jupiter.
D'abord je fais voir (1) de quelle maniere on détermine
le rapport de la pefanteur à la force centrifuge fur l'E- (1) *Pag.* 261
quateur de la Planete ; & ce rapport déterminé, je trouve
(2) que fuivant nos principes, & conformément à ce (2) *Pag.* 262
que nous donnent les obfervations, il faut que les deux
axes de la courbe que forme chaque méridien, foient
entre eux comme 15 à 14, rapport bien différent de
celui de 7 à 6, tel qu'on le trouveroit (3) en partant (3) *Pag.* 262
du principe de M. Newton.   & 263.

Qu'on épaiffit le noyau de la maffe fpheroïdale, on
ne feroit qu'augmenter la différence des deux axes.
Voilà donc un nouvel inconvénient auquel il faut encore remedier ; c'eft ce que M. Newton effaye de faire
en difant que la maffe de Jupiter eft autrement formée
que celle de la Terre, que dans celle-ci la matiere eft

plus denſe vers le centre que partout ailleurs, & que dans l'autre c'eſt vers le plan de l'Equateur que s'épaiſſit la matiere, qu'ainſi plus les colonnes rangées ſur ce plan auront de denſité, moins faudra-t-il les élever pour les mettre en équilibre avec celle qui ſervira d'axe à la Planete, ce qui en effet eſt vrai ; mais malgré cela diſons à notre tour qu'il eſt toujours un peu fâcheux pour M. Newton que pour faire uſage de ſon principe, il faille autant d'expédiens nouveaux qu'on en fait d'applications différentes.

Avant que d'abandonner l'analiſe des principes dont dépendent la formation & la figure des Planetes, j'examine comme en paſſant dans quel cas une Planete doit être ſurmontée d'un anneau détaché de ſa maſſe, & ce qu'on doit juger de celles qui après de courtes apparitions ſe dérobent à nos regards, & auſquelles on donne le nom de Cométes.

Au reſte, on a vu que pour la facilité des calculs j'ai ſuppoſé juſqu'ici le fluide de l'éther parfaitement fluide, les colonnes qui réagiſſent ſur les maſſes qui leur ſervent d'appui infiniment élevées, & les tourbillons tant principaux que ſubalternes exactement ſpheriques. Mais parce que ces ſuppoſitions ont trop d'étendue, je les limite dans ma derniere Diſſertation, & je fais voir que de leur limitation naiſſent les Phénomenes dont je n'avois pas fait mention dans les Diſſertations précédentes.

Suppoſons d'abord que la matiere qui circule autour du Soleil ne ſoit pas infiniment fluide, & qu'ainſi elle ait quelque priſe ſur les Planetes, ou plutôt ſur les tourbillons particuliers qui les enveloppent ; je dis qu'on aura la precession des équinoxes ; car pour ne parler que de la Terre, comme (1) à son aphelie son mouvement tranf- latif eſt moins prompt que celui de la matiere, & que celui de la matiere (2) eſt en raiſon inverſe des racines des diſtances au Soleil, il eſt évident que l'hemiſphere inférieur du tourbillon de la Terre, eſt plus pouſſé en avant que l'hemiſphere ſupérieur, & qu'au contraire quand la Terre ſe trouve dans ſon Perihelie, où (3) ſa viteſſe tranſlative l'emporte ſur celle de la matiere, l'hemiſphere ſupérieur de ſon tourbillon eſt plus repouſſé que l'hemiſphere inférieur ; donc il faut que dans l'un & dans l'autre cas, la Terre conjointement avec la maſſe totale de ſon tourbillon, tourne contre l'ordre des Si- gnes, & que les nœuds de ſon Equateur rétrogradent; car on fait voir (4) qu'une Planete ne peut ſe refuſer aux mouvemens généraux du tourbillon particulier dont elle eſt enveloppée.

Que l'hemiſphere ſupérieur & l'hemiſphere inférieur du tourbillon d'une Planete, ſoient chacun partagés en deux parties égales, par un plan qui tombe perpendi- culairement ſur celui de l'orbite que décrit le centre du tourbillon, on concevra (5) qu'à la partie la plus baſſe, & qui aura le moins de latitude dans l'un & dans l'autre hemiſphere, répondront toujours les plus longs filets de matiere, ceux qui ſerviront de tangentes aux plus grands cercles décrits. Mais dans la ſuppoſition que l'é- ther ne ſoit pas infiniment fluide, la longueur de ces filets tangens (6) entrera néceſſairement pour quelque choſe

(1) *Pag.* 21 *& 215.*

(2) *Pag.* 142

(3) *Pag.* 21 *& 215.*

(4) *Pag.* 17 *& ſuiv.*

(5) *Pag.* 270

(6) *Pag.* 26 *& ſuiv.*

dans l'action du fluide fur la Planete ; donc puifqu'alors le centre des forces s'abaiffera au-deffous du plan de l'or-bite, la Planete fera inceffamment follicitée à s'élever au-deffus de ce plan ; ce qui comme on le démontre (1) obligera les nœuds de fon orbite à fe mouvoir, & tou-jours fuivant l'ordre des Signes.

Qu'une Planete fe trouvât dans le vuide, & qu'elle fût fimplement attirée vers un point fixe ou déterminé, jamais elle ne fortiroit du plan fur lequel elle auroit d'a-bord commencé à fe mouvoir ; donc le mouvement direct des nœuds des Planetes, eft encore un de ces Phénome-nes que ne peuvent donner les principes de M. Newton. Il eft vrai que la réalité de ce mouvement, quoiqu'ap-puyée fur la foi des obfervations, paroît fufpecte aux Neutoniens ; ils trouvent mieux leur compte à révoquer en doute un fait qui ne les accommode pas, qu'à recon-noître l'infuffifance de leurs principes.

En limitant ma feconde fuppofition, on verra (2) que de ce que les tourbillons font bornés, & qu'ils ter-minent les hauteurs des colonnes qui par leurs réactions, s'appefantiffent fur tout ce qui leur fert d'appui, il fuit que les pefanteurs des Planetes font dans un plus grand rapport que le rapport renverfé des quarrés de leurs diftances au centre commun vers lequel elles font in-ceffamment rabatues ; car les chutes initiales d'une Pla-nete, doivent être proportionnelles au mouvement pri-mitif de la colonne qui réagit fur elle, divifé par la fomme des deux maffes ; ainfi que ces maffes ayent entre elles un rapport fini ; la Planete (3) ne recevra qu'une partie

de

(1) Pag. 276. 277.

2) Pag. 281. fuiv.

) Pag. 157.

de la viteſſe réactive de l'éther ; cependant (1) comme elle participera d'autant plus aux réactions de la matiere, que les différentes colonnes dont elle ſera ſucceſſive-ment chargée auront plus de hauteur , il eſt clair que quand elle paſſera de ſon Aphelie à ſon Perihelie, ſes peſanteurs (2) augmenteront dans un plus grand rapport que ne diminueront les quarrés de ſes diſtances au So-leil ; ce qui, comme on le démontre (3) obligera les abſides de ſon orbite à ſe mouvoir ſuivant l'ordre des Signes.

Mais que la peſanteur eut l'attraction pour principe, la Planete peſeroit partout exactement en raiſon inverſe du quarré de ſon rayon vecteur ; donc les abſides de ſon orbite ſeroient immobiles ; donc s'ils ſe meuvent, leur mouvement met le principe de l'attraction en dé-faut.

On voit bien que plus une Planete eſt éloignée du Soleil, plus les colonnes qui répondent aux différens points de ſon orbite ſont inégales ; donc (4) toutes pro-portions gardées, les apſides des Planetes ſupérieures doivent plus avancer dans le tems d'une révolution en-tiere que ceux des Planetes inferieures ; ce qu'on fait voir être conforme à ce que nous apprennent les ob-ſervations.

Puiſque les colonnes qui peſent ſur les Planetes ſu-périeures ſont les plus courtes, ces Planetes (5) doivent moins participer que les autres aux réactions de la ma-tiere étherée ; or on fait voir (6) qu'à une diſtance don-née, le tems qu'employe une Planete à faire ſa révo-

(1) *Pag.* 28

(2) *Pag.* 28
282.

(3) *Pag.* 28
285.

(4) *Pag.* 28

(5) *Page* 28
281.

(6) *Pag.* 28
290.

f

lution, eſt en raiſon inverſe de la racine de ſes chutes initiales. Donc 1°. non-ſeulement les tems des révolutions des Planetes ſont plus longs que ceux des révolutions de la matiere, déterminés par la loi de Kepler ; Mais 2°. le rapport de ces tems s'éloigne encore du rapport d'égalité, à meſure qu'augmentent les diſtances, ce qu'a reconnu Kepler lui-même ; auſſi ne donne-t-il ſa loi que comme une loi approchée de celle que ſuit la Nature.

Qu'on eſſaye le principe de M. Newton ſur ces Phé- (1) *Page* 294. nomenes, on trouvera (1) que loin que les tems des révolutions des deux Planetes ſupérieures Jupiter & Saturne, duſſent être plus longs que ceux qui répondroient à leurs diſtances, ces tems ſeroient néceſſairement plus courts dans le rapport de la racine de la diſtance du centre commun de gravité de la maſſe du Soleil & de celle de l'une ou de l'autre Planete, à la diſtance totale des deux maſſes. Ainſi rien ne ſe prête au principe de l'attraction mutuelle.

Obſervons maintenant qu'à cauſe du peu d'élévation qu'ont les colonnes qui réagiſſent ſur le tourbillon de la Lune, le rapport de ſes chutes initiales à celles des corps qui ſont voiſins de la ſurface de la Terre, doit (2) *Pag.* 280. s'écarter ſenſiblement (2) du rapport renverſé des quar-281. rés des diſtances. Je fais voir qu'en ſuppoſant qu'à notre latitude les corps ne parcouruſſent en tombant que l'eſpace qu'ils devroient parcourir rélativement aux chutes de la Lune, & déterminant la diſtance de cette Planete comme la détermine M. de la Hire, il fau-

droit (1) que le pendule fut accourci d'environ huit (1) *Pag.* 297
lignes & demie ; ou que si on vouloit que dans le tour- 298.
billon de la Terre les pesanteurs fussent partout relatives
à celles des corps qui sont proches de nous , il faudroit
(2) que le tems de la révolution de la Lune fut de six (2) *Pag.* 306
heures dix-huit minutes cinq secondes plus court que 307.
le tems réel.

On voit donc que conformément aux principes sur
lesquels nous nous appuyons , le rapport des pesanteurs
l'emporte sur le rapport renversé des quarrés des distances , ce qui ne pourroit être , si le principe de l'attraction avoit lieu dans la Nature. Ainsi pendant que
tout justifie notre sistême, tout dépose contre celui de
M. Newton.

Donnant encore peu d'élévation aux colonnes qui
réagissent sur le tourbillon de la Lune, & supposant
que ce tourbillon soit renfermé dans des bornes étroites,
on concevra comment il se peut faire que la Planete
en tournant autour de nous , soit déterminée à nous
présenter toujours la même face, mais en balançant à
notre égard , tantôt d'Occident en Orient, tantôt d'O-
rient en Occident.

Qu'à cause de l'irrégularité des particules qui com-
poseront la masse de la Lune, son centre de gravité s'é-
carte du centre de son volume, le centre commun de
gravité de cette masse & de celle de son tourbillon ne
se trouvera pas non plus au centre de la figure de la
masse totale ; cette masse aura donc un hemisphere plus
chargé de matiere que l'autre ; donc si elle affecte d'abord

de garder son parallelisme en tournant autour de la Terre, & qu'ainsi elle se présente successivement par différens côtés à l'action des colonnes dont elle portera le poids, l'hémisphere le moins dense sera toujours celui qui participera le plus aux vitesses réactives de l'Ether ; donc après quelques oscillations variées ausquelles la Lune (1) sera obligée de se prêter, & qui détruiront son mouvement propre, il faudra que cet hemisphere s'assujettisse à regarder constamment la Terre ; donc l'ordre des circulations des couches spheriques du tourbillon de la Lune restant toujours le même, la masse totale tournera enfin sur son centre de gravité dans un tems égal à celui qu'elle employera à faire sa révolution périodique autour de la Terre ; & parce que tout corps qui tourne sur lui-même, tire de sa force primitive celle qui le maintient dans l'état où il se trouve, ce sera d'un mouvement uniforme que circulera la Lune sur son axe ; or puisqu'en même-tems elle décrira son orbite elliptique, & que le mouvement angulaire de son rayon vecteur ne répondra point à celui qu'aura la Planete sur elle-même, il est clair qu'elle nous paroîtra balancer tantôt d'Occident en Orient, tantôt d'Orient en Occident.

1) *Pag.* 178.

Supposant toujours que les masses des colonnes qui pesent sur les tourbillons des Planetes, ne puissent leur communiquer toute la vitesse réactive de l'éther, je dis qu'en mettant deux Planetes en conjonction par rapport au Soleil, la Planete superieure interceptera nécessairement une partie de l'impression que devroit recevoir la Planete la moins élevée, & que par conséquent celle-ci, en obéissant à sa force centrifuge dont l'action sera moins balancée qu'elle ne l'étoit, s'écartera du centre commun des tendances ; aussi les Astronomes remarquent-ils que quand Jupiter & Saturne se trouvent sur un même rayon vecteur, le mouvement de Jupiter éprouve toujours quelque altération sensible.

Pour limiter ma troisiéme supposition, j'observe que si le tourbillon du Soleil & ceux des étoiles fixes sont sphériques, c'est qu'ils se compriment également de toutes parts ; mais les tourbillons des Planetes ne sont point dans ce cas. Car comme l'hemisphere inférieur de chacun de ces tourbillons est poussé par les rayons du Soleil, ausquels mille expériences nous obligent de donner de la force, & qu'en même-tems l'hemisphere supérieur est repoussé par les colonnes dont il porte le poids, il est clair que ces forces rompant l'équilibre, la masse du tourbillon doit nécessairement prendre la forme d'un spheroïde applati, qui ait son petit axe tourné vers le Soleil.

Dans ce cas, non-seulement les rayons de la masse deviennent inégaux, mais, comme on le démontre, il arrive encore que plus ces rayons s'alongent, plus (1) les pesanteurs augmentent (les distances au centre (1) *Pag.* 32 supposées les mêmes.)

C'est en développant le méchanisme du tourbillon spheroïdal de la Terre que je rends raison des différentes irrégularités qu'offre la théorie de la Lune. Un détail circonstancié justifie que ces irrégularités naissent toutes de l'augmentation de la pesanteur dans les plus grands rayons, dans ceux qui font les plus grands angles avec le petit axe du fpheroïde.

Suivons nos principes, nous trouverons encore la caufe du flux & du reflux de la mer.

Que le tourbillon de la Lune intercepte une partie de l'impreffion de la piramide tronquée à laquelle il fer-vira d'appui, la piramide entiere pefera moins fur la terre que celle qui lui fera diamétralement oppofée. Donc l'équilibre étant rompu, la Terre s'approchera de la Lune, mais un peu moins que les eaux de la mer, qui, fuivant la loi de l'hydroftatique, s'éleveront au-deffus de leur niveau en obéiffant à l'impreffion des piramides laterales dont rien n'affoiblira la réaction ; & comme du côté oppofé les eaux feront pareillement foutenues en con-féquence de la même impreffion, elles ne pourront avancer autant que la Terre ; il fe formera donc alors deux promontoires d'eaux, qui feront prendre à la mer la forme d'un fpheroïde alongé, dont le grand axe fera dirigé vers la Lune.

Or, parce que la Terre en tournant fur elle-même emportera avec elle les deux promontoires, qui en fe formant auront produit le reflux, il eft évident que quand ces promontoires viendront à fe dégager de def-fous le meridien où fe trouvera la Lune, les eaux qui ne feront plus ni pouffées ni foutenues au-deffus de leur niveau retomberont néceffairement par leur propre poids, & flueront vers les endroits dont elles avoient été chaf-fées.

Puifque dans un tourbillon applati les piramides les

plus voisines du petit axe sont les plus pesantes, il est
clair qu'en supposant que la Lune fut anéantie, l'inégalité des compressions obligeroit toujours les eaux de
la mer à former deux promontoires opposés qui auroient
pour axe commun celui du spheroïde, & alors les marées suivroient les retours du Soleil dans les mêmes
méridiens.

On voit donc que si dans le tems des quadratures
les eaux de la mer s'enflent encore du côté de la Lune,
c'est que notre tourbillon étant peu applati, ce que
la Planete retranche du poids de la colonne qu'elle partage, l'emporte sur la différence de ce poids & de celui
de la colonne qui s'éleve vers le Soleil, suivant la direction du petit axe de la masse spheroïdale.

Dans le tems des quadratures la présence de la Lune
ne produit son effet qu'aux dépens de celui qui résulte-
roit de la figure du tourbillon de la Terre. Dans le tems
des nouvelles & des pleines Lunes, ces deux effets se
réunissent.

Les eaux à cause de leurs forces centrifuges pesent
moins vers l'Equateur que vers les Tropiques ; mais
moins elles pesent, plus elles doivent obéir aux impressions qui les obligent à s'élever ; il faut donc que ce
soit aux nouvelles & aux pleines Lunes des Equinoxes
qu'arrivent les plus grandes marées, c'est qu'alors les
promontoires d'eaux d'où naissent le flux & le reflux
portent sur l'Equateur.

Maintenant il est aisé de voir que l'enchaînement des
principes que j'ai suivis, fait celui des Phénomenes.

Mais ne nous flatons pas , quelque heureux que puiſſe être un fiſtême , jamais nous ne lui concilierons tous les ſuffrages. La plupart des hommes ne ſçavent ſe prêter qu'aux idées dont ils ſont déja prévenus ; le hazard a fixé leur choix, ils ſont décidés.

D'autres plus propres à ſaiſir des faits détachés, qu'à démêler les principes qui les aſſortiſſent, bornent leurs recherches aux opérations ſenſibles de la Nature ; ſes procédés ſecrets ne les regardent pas ; & parce que rien de réflechi ne nous vient de leur part, ils affectent de ſe défier de tout ce que donne le raiſonnement. Selon eux, pour devenir Phiſicien , il ne faut plus ſçavoir remonter des effets à leurs cauſes, il ne faut qu'avoir des yeux , & les ouvrir ; façon de philoſopher qui ne pouvoit gueres manquer d'avoir cours, trop de gens étoient intéreſſés à l'accréditer. Cependant raſſurons-nous, rien ne preſcrit contre la raiſon , tôt ou tard elle ſera conſultée, & le génie de la Nation reprendra le deſſus ; oui, nous verrons renaître parmi nous ce gout de réflection, cet eſprit ſiſtématique , qui ſeul a formé les grands hommes auſquels les Sciences doivent tout leur éclat.

PRINCIPES

Page xlviij.

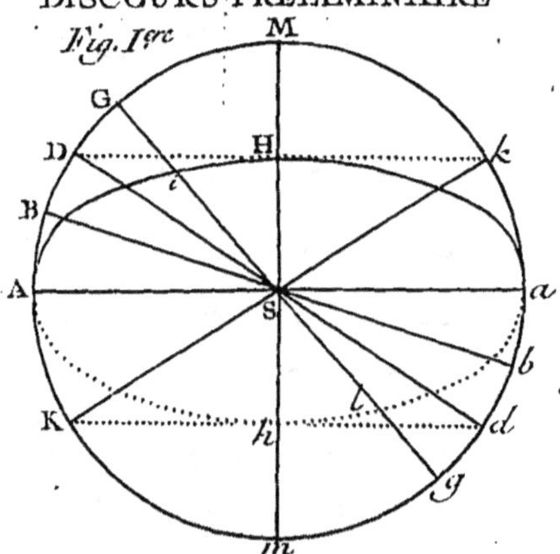

Fig. 1re.

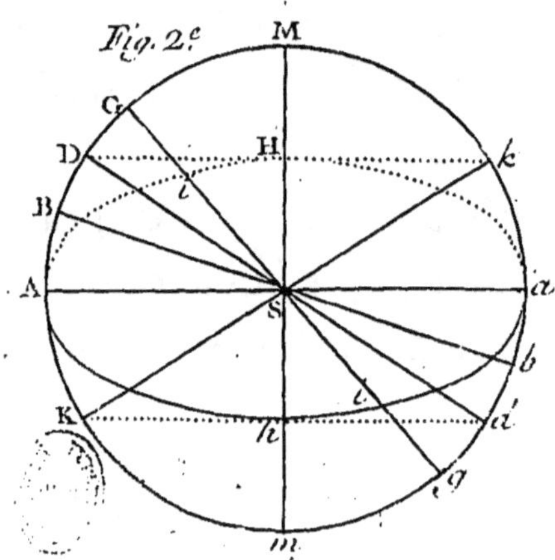

Fig. 2e.

PRINCIPES GÉNÉRAUX
DE LA NATURE,
APPLIQUÉS
AU MECANISME ASTRONOMIQUE,
ET COMPARÉS
AUX PRINCIPES DE LA PHILOSOPHIE
DE M. NEWTON.

PREMIERE DISSERTATION.

La Nature du Mouvement.

LES Questions qui regardent le Mouvement en général, sont très-difficiles à résoudre, du moins quand on ne veut raisonner que sur des idées claires, & ne dire que ce qui péut être dit avec preuve; ce qu'on croit le mieux sçavoir, est souvent ce qu'on

---

* Ceux à qui les idées Métaphysiques ne sont point familieres, peuvent se dispenser de lire cette premiere Dissertation.

A

auroit le plus de peine à juſtifier. Je ſuis ſûr, par exemple, qu'on ſe trouveroit fort embarraſſé ſi l'on avoit à faire voir qu'il y a du mouvement. C'eſt qu'avant toutes choſes il faudroit prouver l'exiſtence des corps: exiſtence dont nous ne pouvons guéres nous aſſûrer que par proviſion ; que cela ſoit dit cependant ſans déplaire à ceux à qui l'autorité des ſens tient lieu de preuve. Il s'agit ici de philoſopher, & de philoſopher ſur des idées claires. Je demande donc, comment pouvons-nous être ſurs que les corps exiſtent ? Eſt-ce parce que nous les voyons ? Mais pour cela il faudroit que nous les viſſions en eux-mêmes ? Or tout Philoſophe conviendra que nous ne les ſçaurions voir que par les Images, ou par les idées qui nous les repréſentent. Eh ! qui peut nous aſſûrer que ces idées, ou ces images ne ſe préſentent point à faux à notre eſprit?

Accordons cependant qu'il y a des corps ; faiſons plus, ces corps dont nous voulons bien paſſer l'exiſtence, ſuppoſons-les viſibles par eux-mêmes ; je dis qu'avec cela nous ne pourrions encore rien conclure de certain ſur la réalité du mouvement. Voici pourquoi : que les objets qui ſe préſentent à nous, ſoient de ſimples apparences, ou que ce ſoient les corps mêmes que les Philoſophes ſuppoſent ne pouvoir être que repréſentés ; quelque ſuppoſition que l'on faſſe, il faudra toujours convenir que les qualités ſenſibles qui nous font diſtinguer ces objets, ne ſont en eux que des qualités apparentes, dont nous poſſedons toute la réalité. Ainſi quand il nous paroît qu'un corps eſt en mouvement, que ſçavons-nous ſi cela ne vient point de ce que différentes parties de la matiere nous préſentent ſucceſſivement les mêmes qualités ſenſibles ? Peut-être ſont-ce nos ſentimens qui ſe promenent dans les eſpaces que les corps nous paroiſſent

parcourir. Ce n'eſt pas tout, je dis que dans quelque ſyſtême que ce ſoit, le mouvement ne peut être viſible ; car
un corps ne ſe meut que quand il ſe trouve ſucceſſivement en différens endroits, que quand il paſſe d'un lieu
dans un autre : Or il eſt évident que nous ne ſçaurions
le voir que dans un ſeul endroit à la fois : Nous ne le
voyons donc point changer de place, nous nous reſſou-
venons ſeulement qu'il en a changé ; mais comment
nous en reſſouvenons-nous ? C'eſt par une idée préſente,
qui à la rigueur pourroit exiſter, ſans qu'il y eût jamais
eu rien de ſemblable à ce que nous croyons qu'elle nous
rappelle.

Après tout, je conviens que ce ne ſont là que des doutes philoſophiques, on ſe mocqueroit de quiconque voudroit s'y arrêter. Auſſi pour éviter le ridicule, vaut-il ſouvent mieux croire ſans preuve, que de douter avec raiſon. Sur ce pied-là, je paſſe la réalité du mouvement ;
mais on demande quelle eſt ſa nature, quelle eſt ſa
cauſe, & comment il ſe communique : ce ſont trois
queſtions que je vais eſſayer de réſoudre. Si je m'éloigne
en quelque choſe des ſentimens reçûs, ou même juridi-
quement approuvés ; ce ne ſera point par affectation : J'u-
ſerai ſeulement de la liberté qu'ont les Philoſophes, de
ne prendre que la raiſon pour guide lorſqu'il s'agit de
philoſopher ; c'eſt un privilége qui leur eſt acquis, &
peut-être ne trouvera-t-on pas mauvais que j'en veuille
jouir avec eux. Quoiqu'il en ſoit, je crois devoir aver-
tir qu'il eſt néceſſaire de ſe rendre attentif, il faut que
j'entre dans des raiſonnemens métaphyſiques, & l'on
ſçait que ces ſortes de raiſonnemens ſont moins faciles à
ſuivre que ceux qui roulent ſur les choſes dont on eſt
frappé, ou ſur les idées palpables de ce qui ſe compte,

ou de ce qui se mesure. Il nous en coûte pour nous fixer à ce qui se dérobe à nos sens, & à notre imagination : ce qui n'est que l'objet de l'esprit pur , semble n'avoir point de prise pour nous. Cela ne nous fait en vérité pas d'honneur , & il est étonnant qu'après d'aussi grands maîtres que ceux que nous a fourni notre siécle , nous n'ayons point encore acquis la facilité de nous élever au-dessus des conceptions communes : Si ce n'est pas notre faute , nous en sommes plus à plaindre ; mais du moins notre attention dépend-t'elle de nous : donnons-là donc à ce que nous avons à rechercher ici.

Comme les principes de la nature ont un enchaîne-ment nécessaire , je crois qu'avant que d'entamer les questions qui regardent le Mouvement , il est à propos que nous examinions ce que c'est que la matiere , & quelle est son essence. Les premiers principes sont tou-jours les plus féconds , & ceux qu'il importe le plus d'é-claircir. On refuse quelquefois de s'y arrêter ; c'est un effet de l'impatience naturelle de l'esprit humain. Quel-quefois aussi affecte-t-on de les négliger , parce qu'ils sont difficiles à saisir ; c'est un détour de l'amour pro-pre. Pour nous , prenons la voye la plus sûre , & con-duisons ici nos réflexions avec ordre.

On convient déja de ces deux principes ; l'un , que tout ce qui est, est ou substance, ou mode ; l'autre , que comme une substance est , ainsi que le mot le porte , ce qui subsiste par soi-même, on peut toujours la concevoir seule , & comme isolée ; au lieu qu'une modalité n'é-tant que la maniere d'être d'une substance, l'idée qui la re-présente renferme nécessairement celle de la substance dont elle est la modalité. Or voilà tout ce qu'il nous faut pour découvrir quelle est l'essence des corps ; car com-

me il n'y a point de matiere qui ne foit étendue, il faut néceffairement que l'étendue foit un mode des corps, ou
qu'elle en foit elle-même la fubftance ; mais il eft certain
d'un autre côté que l'étendue peut être apperçûe feule,
qu'on peut penfer à des efpaces, qu'on peut fe les
repréfenter, fans que l'idée qu'on s'en forme tienne
par elle-même à aucune autre idée : l'étendue ne doit
donc point être mife au rang des fimples modalités ;
c'eft donc une fubftance ; c'eft donc la fubftance même
des corps.

Mais fi les corps ne font que de l'étendue, il faut que
toutes leurs propriétés fe réduifent à des figures, & à
des changemens de rapports de diftance ; car l'idée de
l'étendue ne nous offre rien de plus. Ainfi nous nous
trompons, quand nous croyons que la lumiere, les
couleurs, les fons, les odeurs, appartiennent en propre à la matiere : ce ne font que les impreffions fenfibles, que les objets extérieurs font fur nous, & que
nous leur rapportons par un jugement naturel. Je dis la
même chofe de la pefanteur, de la force & des tendances ; ce ne font que les fentimens pénibles qui nous font
occafionnés par les corps que nous voulons faire changer de fituation, ou qui nous en font changer nous-mêmes : fentimens que notre imagination transforme en
qualités fenfibles ; auffi éprouvons-nous que ces fortes de
qualités fe fortifient ou s'affoibliffent felon que les parties
organiques de notre corps ont plus ou moins de foli-
dité, felon que les efprits qui les animent y coulent ou
plus ou moins abondamment.

Mais une erreur encore plus groffiere, c'eft celle où
nous tombons, quand de nos fentimens ainfi transfor-
més, nous en faifons un principe actif dans la matiere.

Cette erreur toute groſſiere qu'elle eſt , ne laiſſe pourtant pas d'être difficile à éviter : c'eſt que nous appercevons le mouvement ſans que ſon principe ſe manifeſte : Or nous voulons tout ſçavoir & tout entendre ; ainſi quand la cauſe d'un effet qui nous frappe ne ſe préſente point à nous , nous aimons mieux riſquer de la mettre où elle n'eſt pas, que de nous réſoudre à l'ignorer.

Tâchons donc de ne nous point méprendre ici par un jugement précipité : conſultons avec attention l'idée de la matiere , nous nous apperçevrons bien-tôt qu'elle ne nous offre rien que de paſſif , & que nous n'avons droit d'attribuer aux corps qui s'arrangent entr'eux dans un ordre déterminé , que la même vertu que nous attribuerions à leurs images apperçûes dans un miroir où nous leur verrions prendre les mêmes arrangemens ; ne nous trompons point , la loi ſur laquelle ces arrangemens ſeroient réglés, eſt tout ce qu'on peut raiſonablement appeller force ou vertu dans les corps : c'eſt que, comme je l'ai déja dit, nous ne pouvons trouver dans la matiere que des figures & de ſimples changemens de rapport de diſtance : c'eſt là à quoi ſe réduiſent toutes les qualités que nous ſçavons ſûrement lui appartenir ; mais ſuppoſé qu'il fut poſſible que quelque choſe de plus lui appartînt à notre inſçû , du moins ſerions-nous ſûrs que ce ne ſeroit rien de ſemblable à ce que nos ſens & notre imagination y mettent ; car prenons-y garde, il n'eſt nullement néceſſaire de connoître toutes les qualités qu'une choſe peut avoir, pour être fondé à donner l'excluſion à celles que ſa nature lui refuſe. Suppoſons, par exemple, qu'on ne connût pas toutes les propriétés du Cercle , cela empêcheroit-il qu'on ne pût s'aſſurer que la penſée n'eſt pas du nombre de celles qui lui conviennent ? Nullement ; pourquoi cela ? C'eſt que toutes les propriétés qu'une choſe peut avoir, étant ſon eſſence même conſidérée ſous différens regards, il faut de néceſſité qu'elles ſoient toutes du même genre : Or il eſt évident que la penſée eſt d'un genre tout différent de ce que nous voyons couler de l'eſſence du Cercle. Je raiſonne de même ſur ce qui regarde la matiere ; je dis que, puiſque la force & les efforts n'ont rien de commun avec les qualités que nous lui connoiſſons, nous ne devons leur donner aucun rang parmi elles; & ce que je dis, je l'étends à toutes les qualités ſenſibles, qu'on ſçait n'avoir aucun rapport ni avec des figures, ni avec des mouvemens, ſeules propriétés que nous offre l'idée de l'étendue.

Voilà donc la matiere entierement dépouillée de tout ce qui en diſtingue, ou en caractériſe les différentes parties ; Mais dans cet état que devient-elle ? Ne feignons point de le dire, elle devient préciſément ce que le commun des Philoſophes déſigne par le mot de *vuide :* car le vuide, de la maniere même dont ils le conçoivent, eſt réellement un eſpace qui a des parties de différentes figures & de différentes grandeurs ; des parties réellement diſtinguées les unes des autres, & qui ſubſiſtent par elles-mêmes, ce qui reſſemble déja fort à la matiere. Ajoûtons à cela que ces parties n'ayant entr'elles aucun arrangement qu'on puiſſe ſuppoſer néceſſaire, rien n'empêche que l'Auteur de la nature ne les dérange, quand bon lui ſemble ; ainſi le mouvement convient encore aux eſpaces qu'on prend pour le vuide. Que manque-t-il donc à ces eſpaces pour nous paroître des corps ? Il leur manque de ſe préſenter à nous revêtus de qualités ſenſibles ; mais c'eſt à nos ſens & à notre imagination à les en revêtir.

Tout eſt maſqué pour nous dans la nature : l'Univers eſt un ſpectacle où tout nous fait illuſion ; & ce qu'il y a de fâcheux , c'eſt que la premiere forme ſous laquelle nous le voyons, fait en quelque maniere l'unique régle de nos jugemens. Dans l'enfance , il nous ſemble que l'eſpace qui nous ſépare des corps céleſtes , eſt un grand vuide , qui peut ſe meſurer, & qui a des parties ; mais nous ne prenons point cela pour de la matiere. Il eſt vrai que l'expérience nous oblige enſuite à revenir un peu de ce préjugé : Nous voyons que l'air qui nous environne , agite ſouvent les corps ſenſibles ; & puis il nous paroît qu'il a du reſſort. Nous voyons outre cela que les rayons de la lumiere s'étendent ſans interruption depuis les corps qui les pouſſent juſqu'à nous , qu'ils ſe réfléchiſſent ſur ceux qui s'oppoſent à leur paſſage , & qu'ils ſe rompent dans les différens milieux par où ils paſſent. Nous voyons auſſi que, lorſque nous les raſſemblons , ils ébranlent , ils agitent même violemment les parties des corps qui ſe trouvent au point de leur réunion. Ainſi il nous a fallu admettre de la matiere où nous n'en ſoupçonnions pas ; mais ç'a été comme malgré nous ; & même à préſent nous ne l'admettons que le moins qu'il nous eſt poſſible. Nous ne ſçaurions nier que les corps ſur leſquels nos ſens n'ont point de priſe, ne nous paroiſſent toujours un peu moins corps que les autres: Il ſemble que nous ne leur accordions qu'une demi-réalité. Il n'y a guéres que ce qui nous frappe que nous regardions volontiers comme ſubſtance. Quelque déſabuſés que nous penſions être , il eſt certain qu'un bloc de marbre nous paroîtra toujours quelque choſe de plus qu'un pareil volume de matiere éthérée. J'avoue que cette erreur n'eſt que dans notre imagination ; notre eſ-

prit

prit la rejette ; mais de quelle maniere ? C'eſt en nous
fourniſſant d'autres fauſſes idées, qui, à la honte de la
Philoſophie , ont trouvé grace dans l'école. On admet
le vuide comme poſſible , ou bien même on le ſuppoſe
exiſtant , & l'on en fait le lieu des corps , comme ſi
deux étendues pouvoient ſe pénétrer , & être réduites à
n'en faire plus qu'une.

Ces deux erreurs étoient pourtant généralement ré-
pandues , quand M. Deſcartes parut. Ce grand homme
entreprit de dévoiler la nature ; ce ne fut pas une petite
entrepriſe. Il falloit convaincre le genre humain d'igno-
rance : Auſſi quelle contradiction n'eut-il pas à eſſuyer ?
Ce ne fut pas ſimplement parmi le peuple qu'il trouva
des obſtacles à l'établiſſement de la vérité , ce fut principalement parmi les ſçavans , parmi ceux qui ſe trouvoient en poſſeſſion d'inſtruire les autres , & qui avoient
réduit en Dogmes les préjugés vulgaires. Ce ſont preſque toujours les ſçavans , ceux qui le font de profeſ-
ſion , qui retardent le plus le progrès des Sciences : Ils
ne veulent rien apprendre de leurs Contemporains ; il
en coûteroit à leur vanité : ceux dont ils ſont trop proches , leurs font ombrage ; & puis le moyen de recommencer à penſer ſur nouveaux frais ? On veut jouir de
ce qu'on a acquis , & quand une fois on a ſa proviſion
d'idées , on cherche à ſe repoſer ; on a trop de peine à
déſaprendre ; ceux qui ne ſçavent encore rien , en ont
moins à s'inſtruire : Auſſi la Philoſophie de M. Deſcartes
ne commença-t-elle à s'accréditer que quand les Sçavans déja formés , commencerent à faire place à ceux
qui ſe formoient. Il ne jouit point du fruit de ſon travail ; la vérité ne triompha que par le zéle de ceux qui
le ſuivirent ; il ne fut pas témoin du deshonneur de ceux

B

qui l'avoient combattue : car les faux ſçavans furent dé-
gradés : quel nom en effet leur reſte-t-il parmi nous ? Si
M. Deſcartes eût prévû cela, je ſuis ſûr qu'il n'eût fait grace à aucune erreur philoſophique ; mais ceux à qui il avoit
affaire, l'intimidoient ; il craignoit leurs préventions, &
peut-être leur manque d'intelligence ; il en convient
lui-même dans une de ſes Lettres : il lui paroiſſoit qu'il
n'avoit déja que trop choqué les préjugés ; ſelon lui, il
n'étoit pas à propos de tout dire, il falloit uſer de mé-
nagemens : il en uſa donc, & ce fut principalement
ſur ce qui regarde le mouvement qu'il ſçavoit être purement relatif, & ne pouvoir rien renfermer d'abſolu ;
mais qu'arriva-t-il ? C'eſt qu'en déguiſant aux autres la
vérité, il ſe la déguiſa inſenſiblement à lui-même, & il
en fut puni : car dès l'entrée de ſa phyſique, il tomba
dans des erreurs marquées ſur les Loix de la communication des mouvemens : erreurs qu'il eût évitées ſans
peine, s'il eût rappellé ſes propres principes, & qu'il
eût oſé les ſuivre.

Ce qui m'étonne, c'eſt qu'entre ceux qui ſe déclarent ſes Partiſans, à peine en trouve-t-on qui ayent
voulu lui tenir compte des ouvertures qu'il nous donne
ſur la nature du mouvement. Cependant les déguiſe-
mens ne ſont plus néceſſaires, la raiſon jouit préſentement de tous ſes droits ; on n'eſt plus ſcandaliſé de
voir les Philoſophes faire tête aux erreurs populaires.
D'où peut donc venir l'infortune du mouvement relatif ?
Pourquoi n'eſt-il pas encore en honneur dans la Philoſophie Cartéſienne ? Je n'en ſçais rien ; tout ce que je
ſçais, c'eſt qu'avec un peu de juſteſſe d'eſprit on s'apperçoit aiſément que les principes qui ſervent de fondement à cette Philoſophie, ſont directement contrai-

res à l'opinion du mouvement abfolu.

En effet , afin qu'un corps pût être abfolument en mouvement, il faudroit qu'il eût quelque *qualité intime* , ou du moins quelque *relation externe* , qui le diftinguât de ceux qu'on regarde comme en repos ; mais c'eft ce qu'on ne peut fuppofer dans le Syftême établi par M. Defcartes ; car premierement, s'il n'y a dans la matiere nulle force , nul effort , nulle tendance, en un mot nul principe actif, quelle efpece de qualité pourroit-on mettre dans les corps qu'on dit fe mouvoir d'un mouvement abfolu ? Quelle vertu , quelle entité recevroient-ils à l'exclufion des autres ? On dit qu'ils reçoivent l'action de Dieu , car préfentement on convient affez volontiers que Dieu feul peut mouvoir les corps , & ce n'eft pas peu qu'on veuille bien fe réfoudre à profcrire les caufes fecondes ; mais je demande , qu'entend-t-on par l'action de Dieu reçûe dans les corps ? Cela ne fe dit pas de fa volonté par laquelle feule il agit ; cela ne fe peut dire que de l'effet que produit fa volonté : Or cet effet, les Cartéfiens en conviennent, ne peut être ni une *qualité intime* , ni une nouvelle entité ajoûtée à la fubftance des corps mûs ; ce n'eft donc qu'un fimple changement de rapport de diftance ; changement néceffairement réciproque. Mais on infifte, & l'on dit que quand ces fortes de changemens s'opérent, la volonté de Dieu s'applique directement à de certains corps , pendant qu'elle n'eft appliquée qu'indirectement aux autres. Si je détaille ici une pareille objection , on me le doit pardonner ; il faut bien donner quelque chofe à la réputation de ceux qui la font ; je dois les fervir à leur mode, & fi je ne le faifois pas , peut-être s'en feroient-ils un titre pour autorifer leurs préventions. Je réponds donc que ce que difent ceux qui philofophent ainfi, ne peut au plus être regardé que comme une fimple hypotèfe, dont ils n'ont nul droit de fe prévaloir; ils devinent; à moins qu'ils n'ayent fur ce point quelque révélation qui nous manque. Je dis de plus que ce qu'ils veulent que nous croyons fur leur parole, ou fur la foi de leurs préjugés, eft injurieux à la divinité. Ils humanifent Dieu dans fes opérations. Nous, parce que nous fommes bornés, & que nous n'opérons rien fur la matiere, comme caufes véritables, nous pouvons vouloir qu'un corps change de rapport de diftance avec un autre fans appliquer notre volonté, fans même fixer notre efprit à tous les différens rapports qui naiffent du changement que nous voulons opérer. Mais il n'en eft pas ainfi de Dieu; nous devons croire qu'il apperçoit d'une fimple vûe tout ce qu'il fait, & que fa volonté s'applique directement à tout ce qu'elle opére: & puis ce n'eft point du tout là de quoi il eft queftion préfentement. Il ne s'agit point ici de la caufe du mouvement, il s'agit de fa nature; il s'agit de fçavoir fi le mouvement confidéré en lui-même fuppofe quelque *qualité intime* dans les corps qui font cenfés fe mouvoir: mais on voit bien que c'eft ce que les Philofophes modernes n'auroient garde d'admettre; ils démentiroient l'idée qu'ils nous donnent eux-mêmes de la matiere. Il ne faut ni vouloir fe tromper de gayeté de cœur, ni prétendre nous donner le change. Il eft manifefte que chercher ce que c'eft que le mouvement, c'eft chercher ce qu'il eft dans les corps mêmes, c'eft chercher quel eft l'effet que produit la caufe motrice quelle qu'elle puiffe être, & de quelque maniere qu'on la fuppofe déterminée: or dès qu'on reconnoît que cet effet n'eft dans la matiere qu'un fimple changement de rapport de diſtance , on eſt obligé de convenir qu'il n'y a rien que de relatif & de réciproque dans ce qui conſtitue la nature du mouvement. Tout faux-fuyant ſeroit inutile ici , & même il ſieroit mal à des Philoſophes de bonne foi de vouloir ſauver une mépriſe aux dépens de ce qu'ils doivent à l'évidence.

Mais il me reſte à faire voir qu'on ne peut pas non plus déterminer l'état des corps par aucune *relation externe*, quand une fois on ſuppoſe qu'il n'y a point d'autre étendue que celle de la matiere ; ainſi c'eſt encore aux Cartéſiens , * que je parle : car pour les autres Philoſophes , qui ſe figurent que la matiere eſt renfermée dans des eſpaces immobiles , ils ſe repréſentent les corps qu'ils diſent ſe mouvoir , comme répondant ſucceſſivement à différentes parties de ces eſpaces , & ceux qu'ils ſuppoſent en repos comme répondant toujours aux mêmes. Ainſi voilà , ſelon leur maniere de penſer , des relations externes , propres à déterminer l'état de chaque corps en particulier : il n'eſt donc pas étonnant que ces gens-là admettent le mouvement abſolu ; ils ont de quoi le déſigner : ſi leurs idées ſont fauſſes , du moins ſont-elles aſſorties ; mais ceux qui ſçavent que le lieu des corps ſont les corps mêmes , de quelles relations , de quels rapports ſe ſerviront-ils pour nous faire trouver quelque choſe d'abſolu dans le mouvement? Car enfin on ne ſçauroit diſconvenir que l'idée du mouvement abſolu ne renferme celle d'un lieu fixe & immobile , aux différentes parties duquel les corps mûs ſont ſucceſſivement

---

* Ceux que j'appelle Cartéſiens , ce ne ſont pas les gens ſervilement attachés à tous les ſentimens de M. Deſcartes ; ce ſont les Philoſophes qui reconnoiſſent que la matiere n'eſt capable que de figures , & de changemens de rapports de diſtance.

appliqués ; mais ce lieu immobile, ce lieu fixe, où le trouver dans la nature, s'il n'y a point d'autre étendue que celle de la matiere ? Les Cartéfiens n'ont apparement pas fait attention à cela ; mais ceux qui y ont penfé, & qui l'ont fait fans abandonner l'opinion commune fur la nature du mouvement ; je le dis, ces gens-là n'ont en vérité aucun reproche à faire aux Partifans de l'ancienne Philofophie. Il eft moins honteux d'avoir de faux principes, quand on peut les fuivre, que d'en avoir de bons, & de n'en fçavoir pas faire ufage : fouvent on penfe bien par hazard ; mais il faut avoir l'efprit jufte pour raifonner conféquemment. Nous aurions cependant tort de nous décourager : les mêmes idées ne prennent pas toujours avec la même facilité dans tous les efprits ; mais le tems amene tout, & tôt ou tard la vérité diffipe les préjugés qu'on lui oppofe. Continuons donc à éclaircir les raifons qui juftifient le mouvement réciproque & relatif.

Les corps qu'on dit en mouvement, & ceux qu'on dit en repos, ont toujours la même relation au *lieu intérieur* qu'ils occupent ; car ce lieu, c'eft leur propre fubftance, c'eft l'étendue même qui conftitue leur nature. Un corps ne peut donc avoir d'état déterminé que relativement aux autres corps qui l'environnent, & qui lui fervent de *lieu extérieur*, ou fi l'on veut de lieu Phyfique. Cela eft clair pour les Philofophes à qui je parle : c'eft leur principe même que j'expofe ; ils ne peuvent pas le méconnoître : je n'ai donc plus qu'à montrer que de-là fe tire néceffairement le mouvement relatif & réciproque : Mais rien n'eft plus facile. On voit d'abord que la maffe totale de la matiere ne peut être ni en mouvement, ni en repos ; car qui dit repos ou mouvement, dit comme on en convient, relation à quelque chofe d'extérieur : Or que pourroit-on suppofer au-delà de l'étendue ? Mais fi l'état de la maffe de la matiere n'eft point déterminé, celui de fes parties ne peut l'être non plus ; l'un eft une fuite néceffaire de l'autre. Il eft vrai que chaque corps particulier comparé à chacun de ceux qui l'environnent, & qui lui fervent de lieu Phyfique a néceffairement différens états relatifs, & cela tout à la fois ; il n'y en a point qu'on ne puiffe dire être en même tems, & en repos, & en mouvement, & avoir toutes les directions & tous les différens degrés de viteffe déterminés dans l'ordre de la nature. Ce n'eft pas tout, car les corps fe fervant mutuellement de lieu extérieur la détermination de leur état doit auffi être mutuelle : Ainfi quand ils changent entre eux de rapports de diftance, le mouvement eft néceffairement réciproque, & ne peut être attribué aux uns plûtôt qu'aux autres que par fuppofition. Tout cela fuit néceffairement des principes que j'ai d'abord établis, & qu'on fçait être le fondement de la nouvelle Philofophie.

Je reviens donc à ma propofition générale, & je dis qu'avec un peu de jufteffe d'efprit, on s'apperçoit aifément que les principes de cette Philofophie une fois reçûs, il n'eft plus permis d'admettre le mouvement abfolu : pourquoi les Philofophes de l'ancienne école l'admettent-ils ? C'eft qu'ils croyent que les corps qu'ils fuppofent fe mouvoir, ont en eux une force que n'ont pas les autres, ou bien ils fe figurent que ces corps font fucceffivement appliqués à différentes parties d'un efpace fixe & diftingué de la matiere ; mais fuppofons que fans changer de principes, ils allaffent s'avifer de conclure que tout mouvement eft relatif & réciproque ; je fuis fûr que nous ne trouverions pas que cela dût faire

honneur à leur jugement. Or mettons-nous préſentement à leur place , & voyons ce qu'eux-mêmes peuvent
penſer , quand ils voyent un Cartéſien priver les corps
de toute vertu, de toute force, & puis ne vouloir aucune étendue diſtinguée de la matiere , & par conſéquent ne reconnoître aucun lieu fixe dans la nature , &
malgré cela admettre le mouvement abſolu , & pronon-
cer en ſa faveur : on voit bien qu'il n'eſt pas poſſible que
les Partiſans de l'ancienne Philoſophie ne ſoient alors
ſurpris de cette nouvelle maniere de philoſopher ; car
c'eſt penſer le pour & le contre tout à la fois ; c'eſt vouloir qu'il n'y ait rien ni *dans les corps* ni *hors des corps* qui
détermine leur état , & décider en même tems que leur
état eſt déterminé.

Les Cartéſiens qui s'accommodent d'une pareille diſ-
parate , ne contribueront certainement pas à relever le
mérite de la Philoſophie de M. Deſcartes : Nous nous
paſſerions volontiers d'avoir de tels ajoints: par eux les
ſectateurs d'Ariſtote & d'Epicure ont préſentement de
l'avantage ſur nous; nous leur reprochons des préjugés ,
mais ils peuvent nous reprocher des contradictions ; &
le malheur , c'eſt que quand un Philoſophe a de fauſſes
idées , on ne peut pas le convaincre abſolument qu'il
penſe mal , au lieu que quand il tire des conſéquences
contraires à ſes principes , dès-lors il eſt convaincu de
ne ſçavoir pas philoſopher.

Déſavouons donc pour notre honneur ceux qui ſe
mettent au rang des nouveaux Philoſophes , ſans rejetter le mouvement abſolu ; renvoyons-les à l'ancienne
Philoſophie de l'école ; il eſt même de leur intérêt d'en
adopter les principes ; ils ne peuvent ſe juſtifier que par
là. Il eſt vrai que d'illuſtres défenſeurs du Cartéſianiſme

ſe

se sont quelquefois prêtés aux idées communes en parlant du mouvement, & je n'en suis point surpris : il se peut fort bien faire que des personnes d'esprit, que de grands hommes même, ne tirent pas toujours de leurs principes tout ce qu'il est possible d'en tirer. On ne peut éclaircir que ce qu'on examine, & il y a souvent des choses qu'on ne s'avise pas d'examiner. Mais ce qui doit nous surprendre, c'est que des Philosophes, après s'être suffisamment instruits des deux opinions qui nous partagent sur la nature du mouvement, se soient eux-mêmes trahis en prononçant en faveur de celle qui renverse manifestement leur système : quel besoin avoient-ils de se commettre en risquant leur jugement ? Personne n'exigeoit d'eux cet essai d'insuffisance. Je conviens qu'on a de la peine à se représenter les corps dans un état indéterminé : cela étonne l'imagination, cela la blesse même ; mais l'idée, dont celle-ci est une dépendance nécessaire, est-elle moins difficile à saisir ? En coûte-t-il moins pour gagner sur soi, de ne mettre aucune différence entre l'espace & la matiere ? Cependant ceux de qui nous parlons se sont rendus sur ce point : on ne doit pas à la vérité leur en faire un mérite ; ils ont trouvé la Philosophie de M. Descartes en crédit, & ils ont sçû en apprendre les principes. Quand ces gens-là se déterminent à croire, c'est toujours sur la foi du grand nombre, encore leur faut-il des garants accrédités : toute nouvelle induction de la doctrine même qu'ils professent, leur paroîtra toujours suspecte : c'est qu'ils n'ont que des idées empruntées, dont ils ne sçavent pas se rendre maîtres. Mais tous les Cartésiens ne leur ressemblent pas : il s'en trouve à qui il est donné de pouvoir penser par eux-mêmes, & il n'est pas possible qu'auprès

C

de ceux-ci le mouvement relatif ne foit pleinement ju-
ftifié. Ne laiffons pourtant pas de l'éclaircir encore, &
d'en développer la nature.

Tout bon Philofophe convient préfentement avec les
Théologiens, que la confervation des Eftres créés, eft
une émanation de la toute-puiffance de Dieu, que c'eft
une fuite non interrompue de réproductions, une création continuellement réitérée : Or ce principe pofé,
repréfentons-nous la matiere dans le premier inftant où
il plaît à Dieu qu'elle exifte; tout ce que nous voyons
alors, c'eft que les parties qu'elle renferme fe trouvent
rangées dans un ordre purement arbitraire. Auffi à cet
ordre en voyons-nous bien-tôt fucceder un autre, &
puis un autre encore, & ainfi de fuite : c'eft-à-dire qu'il
nous paroît que chaque nouvelle création nous donne
un nouvel arrangement, & qu'il n'y a point d'inftant
où l'action de Dieu ne tombe fur toutes les parties de
la matiere à la fois. Mais que nous faudroit-il de plus
pour fixer nos idées ? Il me femble que nous voilà préfentement en état de fentir que les corps qu'on dit en
mouvement, n'ont rien qui les diftingue de ceux qu'on
regarde comme en repos, ou bien il faudroit que nous
nous figuraffions que pendant que les uns feroient fucceffivement créés dans différens endroits d'un efpace
fixe & immobile, & par conféquent diftingué de la matiere, les autres fe trouveroient continuellement recréés
dans les mêmes endroits de ces efpaces ; ce qui ne cadre-
roit plus avec les faines idées de la nouvelle Philofophie :
car felon nous, la matiere confidérée dans fa totalité,
n'eft placée nulle part ; elle n'eft renfermée qu'en elle-même. Tout nous oblige donc de reconnoître que les corps
ne peuvent avoir d'état déterminé que relativement les

uns aux autres, & qu'ainſi tout mouvement eſt par lui-même reſpectif & réciproque.

En effet, il eſt évident que dès que Dieu reproduit un corps en le mettant dans une nouvelle ſituation à l'égard du reſte de la matiere, il faut, ſelon le principe reçû, qu'il reproduiſe auſſi le reſte de la matiere, en lui faiſant changer de ſituation à l'égard de ce corps. Enſorte que tout ce qu'on peut alors ſuppoſer d'un côté, on peut également le ſuppoſer de l'autre.

Mais je ne dois pas diſſimuler deux difficultés ingé-nieuſes, dont on demande la ſolution, pour éclaircir davantage la nature du mouvement; voici la premiere: elle eſt un peu métaphyſique. On dit, tout changement de rapport ſemble ſuppoſer un changement abſolu. Il eſt ſûr, par exemple, qu'aucun rapport de grandeur ne peut changer qu'il n'y ait ou une augmentation réelle, ou une diminution effective du côté des quantités com-parées; il ſemble donc auſſi que quand les corps chan-gent entr'eux de rapports de diſtance, il doive arriver quelque changement abſolu dans leur état. On ne peut pas nier que ce raiſonnement n'ait quelque choſe de ſpé-cieux. Cependant en y regardant de près on s'apperçoit aiſément que la parité qu'il renferme n'eſt point exacte, & qu'elle impoſe. En effet, dans un changement de rap-port de grandeur, on n'a que les quantités comparées, ſur quoi puiſſe tomber le changement abſolu qui ſert de fondement à la nouvelle relation; mais dans un change-ment de rapport de diſtance, ſi l'on a deux corps qui qui s'approchent ou qui s'éloignent l'un de l'autre, on a auſſi l'eſpace qui les ſépare, & qui par ſes extentions & par ſes rétréciſſemens détermine leurs différens états relatifs. Ainſi ce n'eſt point du côté des corps, c'eſt du côté de cet espace qu'il faut chercher le changement absolu qu'on veut trouver dans le mouvement. Représentons-nous deux corps éloignés l'un de l'autre ; & puis suppofons que l'efpace par lequel ils feroient féparés fût tout d'un coup anéanti : on voit bien qu'alors les deux corps venant à fe toucher , changeroient d'état relatif fans que leur nouvelle relation fuppofât de leur côté aucun changement abfolu. On voit auffi qu'il en feroit de même fi après leur union un nouvel efpace créé venoit tout-à-coup à les féparer. Or je dis que cela repréfenteroit parfaitement l'état où font les chofes ; car la matiere eft anéantie pour tout lieu où elle ceffe d'être , & elle eft créée pour chaque lieu qu'elle vient occuper ; mais qu'on voulût avoir la caufe des différentes relations fucceffives que les corps ont entr'eux, je dis qu'il faudroit la chercher dans l'action de Dieu, qui, felon nos principes, tombe à chaque inftant fur toutes les parties de la matiere à la fois , & les affujettit à une fuite d'arrangemens variés , d'où naiffent leurs différens états relatifs.

Venons préfentement à la feconde difficulté : Elle tombe fur le mouvement confidéré comme réciproque ; la voici telle qu'on la propofe : que nous nous déterminions à changer de fituation par rapport à notre lieu phyfique , auffi-tôt nous en changeons ; mais que ce foit notre lieu phyfique que nous voulions faire changer de fituation par rapport à nous , l'acte de notre volonté n'eft alors fuivi d'aucun effet : pourquoi donc cette différence ? D'où peut-elle venir ? Car enfin fi le mouvement eft réciproque, tout doit l'être du côté de fa caufe. De pareilles difficultés méritent d'être propofées ; auffi méritent-elles d'être éclaircies. Je réponds donc qu'à la vérité tout doit être réciproque dans la cause qui produit le mouvement ; mais notre volonté ne le produit pas ; elle ne peut que l'occasionner : or toute cause occasionnelle est d'une institution purement arbitraire ; & il est établi qu'afin que nous puissions figurer à notre gré, avec les parties de notre lieu physique, il faut que notre volonté s'applique directement à nous.

Au reste, quand des corps changent entr'eux de relation, il ne faut pas croire que ceux du côté desquels est la cause du changement , soient les seuls qui puissent être censés se mouvoir : cela seroit bon , si les causes secondes étoient efficaces par elles-mêmes ; car il paroît que ce qui agit par sa propre vertu, ne peut jamais agir en distance ; mais pour nous nous ne connoissons dans la nature que de simples causes occasionnelles, & nous sçavons qu'il n'est nullement nécessaire que ce qui occasionne la détermination d'une cause réelle, se trouve du côté de chacun des sujets sur lesquels tombe l'effet que produit cette cause. Ajoûtons à cela que rien ne peut agir sur la matiere , sans la faire passer dans différens états à la fois. Imaginons-nous , par exemple , que je me trouvasse dans un Batteau , & que pendant que j'avancerois en suivant l'impression que je suppose qu'il me donneroit , je me déterminasse à aller de la Proue à la Poupe avec une vîtesse égale à celle que j'aurois en sens contraire : Il est évident qu'en même tems que je changerois de place par rapport à mon lieu Physique , je me mettrois en repos par rapport à ceux qui pourroient me voir du rivage : c'est qu'à leur égard ce seroit le Batteau qui fuiroit sous mes pas. Il arriveroit donc alors que par le même acte de ma volonté , je passerois dans deux états non-seulement différens , mais qui paroîtroient même incompatibles, s'ils n'étoient purement relatifs.

Les doutes que nous pouvons avoir sur le mouvement relatif, ne doivent point nous embarrasser ; il nous sera toujours facile de les éclaircir : mais ce qui peut nous faire de la peine , ce sont nos préjugés. Ce que nous avons une fois crû , nous cessons difficilement de le croire. Ainsi jugeons-nous qu'il y a dans les corps qui sont censés se mouvoir, quelque chose de plus que dans ceux qu'on suppose en repos ; nous nous persuadons qu'il y a en eux une force qui ressemble à l'impression sensible que font sur nous les corps étrangers qui rencontrent le nôtre ; c'est-à-dire qu'il en est à peu près de cette force comme de la pesanteur que nous nous figurons être de même nature que l'effort qu'il nous en coûte pour nous mettre en équilibre avec les corps que nous voulons suspendre ; effort qui cependant ne peut appartenir qu'à notre ame ; mais nous sommes accoutumés à donner à tous les objets qui nous environnent des qualités semblables aux sentimens dont nous sommes affectés à leur occasion ; & ce qu'il y a de fâcheux , c'est que les erreurs des sens sont toujours celles dont il est le plus difficile de revenir. Qui ne consulteroit que la raison , n'auroit nulle peine à se persuader qu'il n'y a point d'autre force dans la matiere que la loi selon laquelle ses différentes parties doivent changer entr'elles de rapport de distance : c'est ce que peut rendre sensible une comparaison dont j'ai déja fait naître l'idée : imaginons-nous deux corps représentés dans un miroir, où leurs images après s'être rencontrées , se sépareroient , ou bien iroient de compagnie, conformément aux loix de la communication des mouvemens ; il est clair qu'il n'y auroit ni force ni effort dans tout cela, mais je dis qu'il n'y en auroit pas davantage du côté des deux corps repréfentés, auxquels je fuppofe qu'arriveroit ce que nous feroient voir leurs apparences.

Une autre fource d'erreur, c'eft que d'ordinaire nous jugeons de l'état des corps par rapport à la terre qui nous fert de lieu phyfique ; & en cela nous avons tort: car fuppofons qu'il y eût des Spectateurs dans quel-qu'une des Planettes, & que de l'endroit où ils feroient, ils puffent appercevoir les mêmes objets que nous ; il eft aifé de comprendre que fouvent ils verroient en repos ce que nous jugerions en mouvement, & qu'ils juge-roient en mouvement ce qui nous paroîtroit en repos.

On ne peut donc, fans fe tromper, juger de l'état des corps par rapport à quelque lieu phyfique que ce foit. En effet, qu'un boulet de Canon en obéiffant à l'impreffion de la poudre, ceffât de fuivre celle du mou-vement de la terre ; il eft certain que le boulet dans cet état nous paroîtroit fe mouvoir, & cela, parce que nous le verrions répondre fucceffivement à différentes parties d'un efpace que nous jugerions ne point chan-ger de place ; mais un Aftronome penferoit autrement que nous ; accoûtumé à former fon lieu phyfique de l'af-femblage des étoiles fixes, il jugeroit le boulet arrêté, & fuppoferoit qu'au-deffous fe déroberoit la furface de la terre. Or je dis que fa méprife feroit égale à la nôtre ; car ce qu'il regarderoit comme fixe, n'a nul caractere de ftabilité qui le diftingue du lieu que nous occupons. Nous ne fommes pas fûrs que toutes les étoiles foient toujours dans la même fituation les unes à l'egard des autres ; mais quand elles conferveroient toujours entre elles les mêmes rapports de diftance, je ne vois pas qu'on

en pût conclure autre chofe , finon qu'elles fe trouveroient dans le cas où fe trouvent les parties de tout corps
folide ; leur repos feroit relatif. On aura donc beau prendre leur affemblage pour le lieu phyfique de tous les
corps qui font à la portée de nos fens , nous ferons toujours en droit de regarder ce lieu , comme un corps particulier , capable lui-même de changer d'état par rapport à quelqu'autre efpace plus étendu , dans lequel, fi
bon nous femble , nous le fuppoferons renfermé ; car
quelles bornes peut-on donner à l'Univers ? Ajoûtons à
cela que quelque fuppofition que l'on faffe , l'état d'aucun lieu phyfique ne peut jamais être déterminé ; car s'il
eft vrai , comme je l'ai déja fait voir, que la maffe totale
de la matiere ne foit ni abfolument en repos , ni abfolument en mouvement , on doit convenir que quand
toutes fes parties fe trouveroient dans un parfait repos
relatif, le tout n'en deviendroit pas plus propre à former un lieu phyfique fur l'état duquel on pût rien fta-
tuer. Ainfi que dans cette fuppofition un feul Atome
vint à fe mouvoir par rapport à tout le refte ; on pourroit dire, fi l'on vouloit, que tout le refte feroit en mouvement par rapport à l'Atome ; De même en reprenant le boulet qui , felon la fuppofition que j'ai faite ,
nous paroîtroit aller d'Orient en Occident avec la même vîteffe qu'un Aftronome donneroit à la terre d'Occident en Orient , on voit bien que fi dans ce cas le
boulet rencontroit un autre corps auquel il communiquât toute fa vîteffe , alors l'Aftronome pourroit dire
que ce feroit ce corps-là même qui communiqueroit
toute la fienne au boulet , & qu'après il ne changeroit
de rapport de diftance avec les parties de la furface de la
terre , que parce que la terre continueroit de fe mouvoir.

T o u t

Tout cela doit entrer aifément dans l'efprit de ceux qui font accoutumés à penfer; ils voyent bien que puifque le mouvement n'eft dans les corps qu'un fimple changement de rapport de diftance, il faut de néceffité qu'il y foit réciproque.

Pour ne nous point tromper, il faudroit que nous ne regardaffions les différentes parties de la matiere, que comme feroit une pure intelligence fpectatrice de l'Univers entier, & qui ne feroit attachée à aucun lieu phyfique; c'eft qu'alors, comme rien ne nous ferviroit de point fixe, nous n'aurions nulle peine à concevoir que tout eft refpectif dans le mouvement; je veux dire que nous jugerions, par exemple, qu'on pourroit également penfer que c'eft la terre qui fe meut, ou que ce font les Cieux qui tournent autour de la terre: toute hypothefe, toute fuppofition nous paroîtroit également fondée: c'eft ce que femble vouloir nous faire entendre M. Defcartes, quand il nous dit que le *mouvement eft l'éloignement d'un corps du voifinage de ceux qui le touchent immédiatement, & qu'on regarde comme en repos.* En effet, pourquoi veut-il que pour juger de l'état d'un corps, on ne faffe pas attention à ceux qui font éloignés de lui, comme à ceux qui lui font immédiatement appliqués? C'eft qu'il arrive fouvent que lorfqu'avec les uns il a des rapports de diftance fucceffifs, il en a de permanens avec les autres. Pourquoi veut-il encore qu'on fuppofe en repos le lieu extérieur qu'il lui plaît de donner aux corps qui fe meuvent? C'eft que l'étendue & la matiere étant une même chofe, on ne peut admettre aucun point fixe dans la nature, & qu'ainfi quand les corps ont entr'eux des rapports de diftance fucceffifs, le mouvement ne peut être attribué aux uns

D

plûtôt qu'aux autres que par suppofition.

C'eſt ainſi que raiſonnera tout Philoſophe exact, & qui ſçaura ſe rendre maître du principe fondamental de la nouvelle Philoſophie ; car ſi l'étendue créée eſt la ſeule qu'on puiſſe ſuppoſer dans la nature, il faut de néceſſité convenir qu'un corps ne peut être ni en repos, ni en mouvement, que relativement aux autres corps dont chacun lui ſert de lieu phyſique, comme il en ſert lui-même à chacun des autres.

Et dans le fond, quel autre lieu pourroit-on raiſonnablement donner à la matiere ? Que ſeroit-ce que ces eſpaces où l'ancienne Philoſophie prétend la renfermer ? On auroit aſſez de peine à le dire ; il eſt vrai que ceux qui les admettent eſſayent de les définir. Les uns diſent que c'eſt un rien étendu dont les dimenſions ſont poſitives, d'autres que c'eſt un Eſtre réel qui n'eſt pourtant pas une ſubſtance, d'autres que c'eſt l'immenſité même de Dieu : & tout cela ſe dit ſérieuſement ; mais que nous importe ? Qu'on définiſſe comme on voudra l'eſpace incréé, il reſtera toujours à nous faire voir que cet eſpace exiſte ; car enfin, rien ne manifeſte ſon exiſtence. On ſçait que les Philoſophes qui ſe déclarent pour la plénitude univerſelle, ſont obligés de reconnoître qu'ils n'ont jamais apperçû que l'étendue de la matiere ; on ſçait de plus que nulle opération de la nature n'annonce le vuide ; il ſeroit donc inutile de le produire ici contre nous, nous ne l'admettrons que quand on fournira ſes titres : peut-être auſſi ceux qui l'admettent ne le font-ils que parce qu'ils ſont déja prévenus que l'état des corps doit être déterminé : car s'il faut que les corps ſoient ou abſolument en repos, ou abſolument en mouvement, il eſt néceſſaire de leur trouver un lieu fixe, &

distingué de la matiere, dont les parties n'ont nulle stabilité. Les erreurs se tiennent comme les vérités ; aussi est-ce par-là qu'il est aisé de les reconnoître. On s'assure qu'il n'y a rien d'absolu ni dans le mouvement , ni dans le repos , parce qu'il est manifeste que l'étendue fixe qu'on suppose renfermer les corps, & qui seule pourroit déterminer leur état , ne peut être raisonnablement admise de quelque maniere qu'on la conçoive. En effet, vouloir que cette étendue soit un néant, ou un rien qui puisse se mesurer, & où l'on puisse distinguer des parties de différentes figures , ou de différente grandeur , ou bien vouloir que ce soit un Estre qui subsiste par lui-même , & refuser en même tems de le mettre au rang des substances , ce sont deux opinions dont on sent d'abord le ridicule. Mais ce seroit bien pis de confondre cette étendue incréée avec l'immensité Divine : C'est que comme chaque corps a son lieu particulier, il s'enfuivroit qu'il y auroit en Dieu des parties distinguées les unes des autres ; ce qui le dégraderoit, ce qui le feroit déroger à sa simplicité.

Attachons-nous à des principes moins dangereux & plus solides. Reconnoissons que tout espace est espace créé. Ce sera sur ce pied-là que nous admettrons le vuide : car , comme je l'ai déja dit , le vuide conçû sous l'idée qu'on doit s'en former , n'est que la matiere dépouillée de qualités sensibles , & réduite à n'avoir que ce qu'elle tire de son propre fond. En effet , ôtons-en les couleurs, les sons, les odeurs, la force , les tendances, en un mot tout ce qui nous en fait distinguer les différentes parties, que nous offrira-t-elle alors ? Une simple étendue , un espace divisible & mesurable.

Il semble qu'on soit à l'égard du vuide dans le même

préjugé, où l'on eſt à l'égard du tems, quand on le regarde comme renfermant l'exiſtence ſucceſſive des Eſtres
créés : c'eſt qu'à proprement parler, le tems eſt la ſucceſſion même attachée à l'exiſtence de la créature : * car
le tems a commencé, & il finiroit auſſi dans la ſuppoſition que la créature fut anéantie. De même on s'imagine
que le vuide eſt le lieu des corps, qu'il les renferme, quoique les corps & le vuide ſoient préciſément la même
choſe : car l'Univers anéanti, s'il reſtoit encore quelque lieu, quelqu'eſpace, ce qui reſteroit, ſeroit immua-
ble & néceſſaire, ce ſeroit quelque choſe que Dieu ne
pourroit détruire, & qui ſe déroberoit à ſa ſouveraine
puiſſance : dépendance fâcheuſe de l'idée qu'on ſe forme du vuide ; auſſi cela ſeul ſuffiroit-il pour nous faire
rejetter l'opinion commune. Ne feignons donc point de
reconnoître que tout lieu, que tout eſpace eſt créé ;
mais ce principe une fois admis, nous concluerons ſans
peine que les corps ſe ſervant mutuellement de lieu
phyſique, il faut que tout mouvement ſoit par lui-même
reſpectif & réciproque.

Ce qui devroit faire impreſſion ſur l'eſprit de ceux
qui défendent le mouvement abſolu, c'eſt l'embarras
où ils voyent que ſont les Philoſophes, quand ils veulent déterminer l'état de chaque corps en particulier. On
voit même que les Défenſeurs du vuide ne ſçavent alors

---

* On ſe figure par une erreur d'i-
magination qu'indépendamment de
l'exiſtence des créatures, il y a une
certaine durée ſucceſſive, qui n'a
point eu de commencement, & qui
ne peut avoir de fin. C'eſt même de
cette durée qu'on forme l'Eternité de
Dieu ; comme ſi l'Eſtre infiniment
parfait pouvoit éprouver quelque
ſucceſſion, lui qui poſſede ſon Eſtre
tout à la fois. Ayons des idées plus
ſaines, Dieu n'a point été, il ne ſera
point, mais il eſt. Pour la créature,
elle ne jouit de ſon exiſtence qu'en
détail : nous n'exiſtons pas encore
pour l'avenir, & nous ne ſommes
pour le préſent, qu'en ceſſant d'être
pour le paſſé ; nous nous ſuccedons
continuellement à nous-mêmes.

comment s'y prendre; ils ont beau se représenter la matiere comme renfermée dans des espaces immobiles, ils n'en sont pas plus avancés pour cela : car comment peuvent - ils connoître la nature des rapports que les corps ont avec les parties de ces espaces, sur lesquels nos sens n'ont point de prise ? Comment peuvent-ils s'assurer si ces rapports sont permanens ou successifs ? Cela ne leur est nullement possible; mais les nouveaux Philosophes ne sont pas même dans le cas de l'incertitude à cet égard, car dès qu'ils sçavent qu'il n'y a point d'autre étendue que celle de la matiere; il est clair que s'ils veulent s'en rapporter à leurs propres idées, il faut qu'ils reconnoissent que l'état des corps est non-seulement indéterminé par rapport à nous ; mais qu'il est encore indéterminable en lui-même.

Je suis sûr qu'il n'y a point de Cartésien dévoué à l'erreur du mouvement absolu, qui ayant fait cette réfléxion, n'ait souvent été tenté de reconnoître un espace distingué de la matiere ; mais l'embarras, c'est qu'on sent bien que si la matiere est autre chose que de l'étendue, il ne faut plus la restraindre à n'avoir pour propriétés que des figures & de simples changemens de rapports de distance, & dès-lors on n'est plus en droit de lui refuser ni les forces, ni les vertus, ni les qualités sensibles dont le Cartésianisme la dépouille. Il faut même souffrir qu'on réhabilite les causes secondes, les qualités ocultes, & les formes substantielles : car tout cela peut fort bien être l'appanage de ce qui constitue l'essence de la matiere, si la matiere & l'étendue ne sont plus une même chose. Vous trouveriez à la vérité des Cartésiens que cela n'embarrasseroit pas beaucoup, les idées philosophiques se trouvent pêle mêle dans leur esprit ; c'eſt le hazard qui les y aſſemble ; tout ſyſtême lié dans ſes parties les fatigueroit ; ils philoſophent commodément ; ils reçoivent volontiers les principes qui leur conviennent ; mais auſſi ont-ils ſoin d'en rejetter les conſéquences, quand elles ne les accommodent pas. Suppoſons donc que des Philoſophes de ce caractere admiſſent une autre étendue que celle des corps, je ſoutiens qu'ils n'y trouveroient pas encore leur compte : car j'ai trop accordé à ceux qui défendent le vuide, quand j'ai dit qu'en admettant un eſpace diſtingué de la matiere, ils avoient de quoi caractériſer le mouvement abſolu. En effet, quand on leur paſſeroit leur ſuppoſition, cela ne les avanceroit de rien : Il eſt clair qu'afin qu'ils puſſent trouver quelque choſe d'abſolu dans l'état des corps, il ne ſuffiroit pas que toutes les parties de l'eſpace auquel ils ont recours, fuſſent dans un parfait repos relatif ; il faudroit encore que l'état de l'eſpace entier fût lui-même déterminé. Mais d'où pourroit venir ſa détermination ? Car on convient de ce principe, qu'il ne peut y avoir ni repos ni mouvement ſans relation externe , ſans rapport de diſtance ou permanent, ou ſucceſſif : l'eſpace qui ne feroit pas matiere, feroit donc dans le cas où, ſelon nous, ſe trouveroit tout corps particulier qui exiſteroit ſeul , & qui n'ayant aucun lieu extérieur aux parties duquel il pût répondre, ne pourroit être dit ni en mouvement, ni en repos. Les Cartéſiens, ceux à qui nous avons affaire, auroient donc bien tort de recourir à l'eſpace imaginé par les anciens Philoſophes, ils ne pourroient l'admettre qu'en pure perte pour eux ; ainſi toute reſſource leur manque de ce côté-là. Jugeons donc où ils en feroient, ſi après s'être inſtruits des raiſons qui nous font déclarer pour le mouvement relatif, ils ſe trouvoient obligés à leur tour de nous développer leurs idées , & de nous faire voir fur quels principes ils prétendent établir le mouvement abfolu. Je crois qu'il y auroit du plaifir à les fuivre : ce feroit un grand hazard s'ils s'accordoient mieux entr'eux , qu'ils ne s'accordent avec eux-mêmes. Dif-penfons-les cependant de s'expliquer , qu'ils s'en tiennent à des décifions vagues, autorifées des préjugés vulgaires, & qu'ils ne mettent point au jour les raifons qui les font décider ; ils n'intéreffent déja que trop l'honneur du Cartéfianifme. Laiffons-les penfer à leur maniere. Eh que nous importe de fçavoir ce qu'ils penfent ! peut-être ne le fçavent-ils pas eux-mêmes. N'occafionnons point de nouveaux reproches à la Philofophie de M. Def-cartes ; nous ne fçaurions ménager fes intérêts avec trop de foin ; de nouveaux ennemis , mais dangereux, s'élevent pour la combattre, & ceux qui devroient prendre fa défenfe , font fur le point de lui échapper. Il fe trouve à préfent moins de Philofophes qu'on ne penfe ; nous avons d'habiles gens en tout genre , il eft vrai ; mais un talent n'annonce pas toujours tous les autres. Voyez les illuftres Emules des fçavans de notre Nation ; quels progrès ne font-ils pas dans les Arts ? La Géométrie femble n'avoir rien de caché pour eux , tout paroît foumis à leurs calculs ; mais écoutez-les philofopher, vous ne les reconnoiffez plus ; ce ne font plus les mêmes hommes. C'eft que dans la recherche des vérités abftraites, l'efprit eft entierement abandonné à lui-même, nulle voye méchanique ne peut alors le conduire, tout lui fait même obftacle, s'il n'a la force de s'élever au-deffus des impreffions fenfibles , & de fe dépouiller des préventions qu'il confond avec les notions communes , & qui femblent lui être infpirées par la nature même. Auffi ceux que les idées métaphysiques n'accommodent pas, font-ils en fûreté; ils ne doivent point craindre que les principes abftraits, qu'on oppofe à leurs préjugés, puiffent prévaloir dans l'efprit du commun des hommes. Pour les préventions que favorifent les fens & l'imagination, elles font toujours bien reçûes; elles obtiennent aifément les fuffrages, & de ceux qui ne fçavent rien, & de ceux qui ne font que fçavans; il faut s'y attendre, ce mal eft néceffaire; mais ce qu'il y a de plus fâcheux, c'eft que la fcience même fert fouvent de paffeport à l'erreur. Un homme aura de meilleurs yeux que les autres; il aura épié avec perfévérance ce qu'il y a de délié dans les opérations de la nature, & ce qui communément doit échapper; en voilà affez pour lui faire obtenir un titre; il s'en prévaut, il décide, & fouvent au hazard; il n'importe; on fe rend à fes décifions, le préjugé eft pour lui; c'eftà-dire que parce qu'il a mieux vû que les autres, on croit qu'il fçait mieux penfer. Des gens par un travail affidu fe feront rendu familiers certains caractères fymboliques; ils fçauront les ranger & les combiner fuivant les régles invariables de leur Art; fi le hazard veut que dans leur chemin ils rencontrent quelque fingularité dont on ne foit pas encore inftruit; en voilà affez pour les mettre en crédit; qu'ils parlent bien ou mal, & fur ce qu'ils voudront; leur nom décidera, fi la raifon n'eft pas pour eux.

Ceux qui exercent leur efprit fur des fujets palpables, ont un grand avantage, ils furprennent aifément & l'eftime & la confiance des perfonnes dont les lumieres font renfermées dans la Sphere des idées fenfibles, je veux dire qu'ils ne peuvent guéres manquer d'avoir un grand nombre d'Approbateurs: on eft intéreffé à faire

valoir

valoir en eux un mérite auquel on se flatte de pouvoir atteindre ; les approuver, c'est s'estimer soi-même, ainsi tout leur est favorable ; & avec des talens souvent médiocres, ils ont le bonheur d'être plus de mise qu'ils ne le seroient avec de rares qualités. Pour nous, ne soyons point les dupes des préventions vulgaires ; songeons qu'il est toujours aisé d'apprendre, il n'en coûte que de le vouloir : Aussi combien voyons-nous de gens, de qui l'on pourroit dire qu'ils sçauroient tout, s'il ne leur manquoit de sçavoir penser : mais le malheur, c'est que l'élevation du génie n'est pas toujours le fruit de la science. Il est vrai qu'il y a des Arts qui aident l'esprit dans ses opérations, & qui, pour ainsi dire, le fertilisent, & lui font produire tout ce qu'il peut tirer de son propre fond, du moins faut-il convenir que la Géométrie lui procure cet avantage ; ses méthodes lui présentent les rapports de toutes les idées ausquelles il est en état d'atteindre ; elles le conduisent, elles le guident dans ses démarches ; mais malgré cela, nous ne voyons que trop qu'elles ne lui donnent ni plus de force, ni plus d'élevation: la facilité de s'élever au-dessus des idées sensibles & des conceptions communes, est toujours un présent de la nature. Heureux qui se trouve favorisé de ce côté-là ; mais plus heureux encore celui qui sur un génie élevé ente un esprit géométrique ; il peut tout se promettre, & nous devons tout attendre de lui. Où M. Descartes n'a-t-il pas porté ses vûes, conduit par ce double esprit ? Car ne lui reprochons plus l'obscurité affectée qu'il jette sur la nature du mouvement ; il s'explique assez pour qui veut l'entendre, * rendons-lui

---

* Il dit Article 24. 2. Partie de ses principes, comme une chose en | même tems change de lieu & n'en change point, de même nous pou-

juſtice ; c'eſt de lui qu'on tient le mouvement relatif &
réciproque. C'eſt auſſi de lui que nous tenons toutes les
vérités abſtraites qui diſſipent les erreurs de nos ſens, &
celles de notre imagination. Nous n'avons préſentement
que le mérite de nous prêter à ſes lumieres : Ayons de
la reconnoiſſance ; il nous épargne un travail qui peut-
être ſeroit au-deſſus de nos forces.

Il eſt certain que la Géométrie a d'abord contribué
à la naiſſance de la Philoſophie Cartéſienne ; ajoûtons
qu'elle a auſſi ſervi à ſon établiſſement : Pourquoi donc
par un fâcheux retour, en arrête-t-elle à préſent les progrès ? C'eſt que nos Géométres ſe renferment tellement
dans leur Art, que leur eſprit ne trouve plus de priſe à ce
qui ſe dérobe à leur imagination. Ce n'eſt pas tout , ils
tombent dans un abus qui les conduit néceſſairement
à l'erreur ; ils font des ſuppoſitions pour ſe mettre en
état de ſuivre plus aiſément leurs méthodes, & pour
faciliter l'application de leurs régles ; mais leurs ſuppoſitions ſont-elles faites ? ils les réaliſent, & les donnent
pour des principes : veulent - ils , par exemple , faire
mouvoir les corps librement ? Ils les regardent comme
renfermés dans un eſpace degagé de toute matiere, & puis
ils tirent de-là qu'il y a du vuide dans la nature, ou du
moins qu'il y en peut avoir. Si quelquefois pour éviter

vons dire qu'en même tems elle ſe meut & ne ſe meut point ; & plus bas Article 29. il (le mouvement) eſt réciproque, & nous ne ſçaurions concevoir que le corps A B ſoit tranſporté du voiſinage du corps C D que nous ne ſçachions auſſi que le corps C D eſt tranſporté du voiſinage du corps A B , & qu'il faut autant d'action pour l'un que pour l'autre, tellement que lorſque nous verrons que deux corps qui ſe touchent immédiatement , ſeront tranſportés l'un d'un côté, & l'autre d'un autre, & ſeront réciproquement ſéparés , nous ne ferons point difficulté de dire qu'il y a autant de mouvement en l'un qu'en l'autre. J'avoue qu'en cela nous nous éloignerons beaucoup de la façon de parler qui eſt en uſage.

d'entrer dans des difcutions inutiles, ils fuppofent de la pefanteur, de la force, & des tendances dans les corps, auffi-tôt ils en concluent que tout cela doit s'y trouver à titre de qualités réelles. Ils s'y prennent de même par rapport à l'état de la matiere; ils le déterminent d'abord par fuppofition, & le regardent après cela comme abfolument déterminé. On voit bien qu'en voilà plus qu'il n'en faut pour les engager à profcrire le Cartéfianifme dans fon entier; car n'en détachât-t-on qu'un feul principe, il faudroit que tous les autres tombaffent d'eux-mêmes; mais cette dépendance mutuelle de toutes fes parties n'eft pas ce qui fait fon moindre mérite.

Au refte, les fuppofitions qu'on ne donne que pour ce qu'elles font, ont toujours leur utilité; elles foulagent notre imagination en fixant nos idées. Les opérations phyfiques demandent fouvent qu'on en faffe, & alors c'eft aux plus fimples qu'on doit s'attacher. Ainfi que je vouluffe faire des expériences pour juftifier les loix du mouvement, je commencerois par fuppofer la terre en repos; car autrement je ne pourrois avoir que des mouvemens compliqués, dont l'examen fatigueroit plûtôt l'efprit qu'il ne l'éclaireroit. Mais fi je voulois établir le Syftême du monde, je ferois le contraire; je fuppoferois la terre en mouvement; c'eft que le jeu méchanique des parties de l'Univers en deviendroit plus facile à fuivre, & puis cette fuppofition fourniroit même plus d'uniformité. Car dès qu'on fait mouvoir les Planettes, pourquoi une feule fe trouveroit-elle exceptée ? Mais avec tout cela je ne ferois que des fuppofitions, & fi je prenois les plus fimples, ce ne feroit que parce que je les trouverois les plus commodes : c'eft que rien ne m'obligeroit abfolument à leur donner la préférence.

E ij

En effet , quelque suppofition qu'on voulût faire , on trouveroit toujours un méchanifme qui s'ajufteroit parfaitement aux loix de la communication des mouvemens , à celles que l'expérience nous a fait découvrir. Il eft vrai que toutes autres loix fe fuffent continuellement démenties dans les différens états, où peuvent être fuppofées les différentes parties de la matiere , comme je le ferai voir dans la Differtation fuivante , & peut-être paroîtra-t-il étonnant qu'entre une infinité de loix poffibles que Dieu pouvoit choifir, fuppofé que le mouvement foit quelque chofe d'abfolu , fon choix foit juftement tombé fur les feules que pouvoit comporter l'hypothèfe du mouvement relatif. Si cette hypothèfe eft fauffe , l'erreur eft trop favorifée.

Mais il me refte à examiner ce qui peut produire le mouvement , & de quelle maniere il fe communique ; deux queftions, dont voici ce me femble la réfolution : on voit d'abord que le principe du mouvement ne peut fe trouver dans les corps , qu'il ne doit point être mis au rang de leurs qualités ; car toute qualité eft néceffairement attachée à quelque fujet particulier. Or , puifque le mouvement eft toujours refpectif & réciproque , il s'enfuit que quand deux corps changent entr'eux de rapports de diftance , la vertu motrice n'eft pas plus la qualité de l'un que la qualité de l'autre , & qu'ainfi elle n'eft la qualité ni de l'un ni de l'autre. Le principe du mouvement eft donc un principe général , il ne faut donc le chercher que dans la volonté toute-puiffante d'un Eftre fupérieur , qui range à fon gré toutes les parties de l'Univers , & qui met entr'elles tous les rapports que bon lui femble.

De-là il fuit qu'un corps n'en peut mouvoir un autre ,

il ne peut que lui occafionner du mouvement ; mais comment lui en occafionnera-t-il ? On croiroit d'abord que pour le découvrir il feroit néceffaire de confulter l'expérience ; car toute occafion phyfique femble n'être déterminée que par une inftitution purement arbitraire. Cependant regardons-y de près, nous nous appercevrons bien-tôt que la rencontre des corps peut feule être la caufe de la diftribution du mouvement, du moins s'il faut que cette caufe foit générale. En effet, fuppofons qu'il y eût une loi par laquelle tous les corps duffent ou s'attirer ou fe repouffer en fe préfentant fimplement les uns aux autres ; il eft clair que comme l'attraction ou l'expulfion feroit réciproque de toute part, tout demeureroit en équilibre, & qu'ainfi le mouvement feroit détruit par la loi même, fuivant laquelle nous voudrions qu'il fe communiquât.

On voit donc préfentement ce que c'eft que le mouvement, quelle eft fa caufe, & comment il fe communique.

PRINCIPES GÉNÉRAUX
DE LA NATURE,
APPLIQUÉS
AU MECANISME ASTRONOMIQUE,
ET COMPARÉS
AUX PRINCIPES DE LA PHILOSOPHIE
DE M. NEWTON.

* *

SECONDE DISSERTATION.

Les Loix du Mouvement.

ARTICLE I.

LE s Loix de la communication des mouvemens ont été justifiées par trop d'expériences, pour être présentement sujettes à
révision ; une infinité de Physiciens les
ont vérifiées dans les opérations méchani-
ques de la nature ; mais quand nous nous mêlerions de les

vérifier à notre tour, quelle nouvelle affurance pourroit-on prendre fur notre travail ? Nous ne fommes ni plus adroits, ni plus exacts que les autres, & puis on voudroit encore s'affurer de la validité de notre témoignage ; ainfi ce feroit toujours à recommencer : Ne feignons donc point de nous rendre à des vérités de fait atteftées par tout ce que nous avons de Phyficiens artiftes, fongeons plûtôt à entrer dans les vûes des Philofophes modernes, & effayons de les fatisfaire fur ce qu'ils peuvent attendre de nous ; ils ne fe contentent pas qu'on puiffe trouver méchaniquement les lòix fuivant lefquelles le mouvement fe communique, il veulent qu'on établiffe ces loix fur des principes certains : peut-être ne l'a-t-on point encore fait ; il eft vrai que quelques Géometres croyent leur donner un fondement folide en pofant pour principe, que dans le choc des corps, la réaction eft toujours égale à l'action, découverte qui certainement n'a pas dû leur coûter beaucoup ; car leur principe d'où le tirent-ils ? De l'expérience qui fait voir que quand un corps en rencontre un autre, le mouvement qu'il lui donne en avant, il le reçoit lui-même en arriere aux dépens du fien propre, à caufe de la différence des directions ; enforte qu'avant & après lechoc, on a toujours la même quantité de mouvement de même part; or comme c'eft-la précifément le fait dont on demande la raifon, le fuppofer, c'eft ne rien démontrer ; peut-être ces Géométres diront-ils que ce qu'ils nomment action & réaction dans les corps qui fe rencontrent, n'eft pas comme nous l'entendons la loi fuivant laquelle le mouvement fe communique, ils diront peut-être que c'eft une force réelle, une qualité intime attachée aux corps mûs : qu'ils difent ce qu'ils voudront, nous ne nous rendrons pas difficiles fur ce point ; nous leur paſſerons s'ils veulent , que les corps ont en eux une certaine puiſſance , une certaine vertu qu'ils nommeront comme il leur plaira , ce que nous ne paſſerions pourtant pas à des Cartéſiens ; car ſi la force pouvoit être une propriété de la matiere , il eſt clair que la matiere ſeroit autre choſe que de l'étendue , puiſque l'étendue n'eſt capable que de figures & de changemens de rapports de diſtance , ainſi tout le ſyſtême de M. Deſcartes ſeroit renverſé , & l'on ne pourroit plus refuſer à la matiere , ni les vertus , ni les qualités dont l'ancienne école fait dépendre les opérations de la nature ; mais les Géométres dont je parle , ne ſont point partiſans de la Philoſophie moderne , ainſi on peut ſe prêter à leurs idées , ſans que cela tire à conſéquence ; ſuppoſé donc qu'ils vouluſſent que quand deux corps ſe rencontrent, l'action & la réaction fuſſent cette eſpece d'effort qu'ils nous paroiſſent faire l'un contre l'autre en ſens contraire, je leur ſoutiendrois que leur maniere de raiſonner n'en ſeroit pas moins vicieuſe , car du moins faudroit-il qu'ils convinſſent que la force qu'ils mettroient dans la matiere , ne pourroit ſe manifeſter que par ſes effets ; ainſi l'aſſurance qu'ils auroient de l'égalité des efforts différens que produiroit la rencontre des corps , ſeroit uniquement fondée ſur l'égalité des mouvemens contraires dont l'expérience nous fait voir que leur choc eſt toujours ſuivi; ce ne ſeroit donc pas du principe ſur lequel ils s'appuyent , que ſe pourroit tirer la loi fondamentale de la communication des mouvemens , ce ſeroit au contraire de cette loi là même , que ſe tireroit leur principe ; auſſi ce cercle vicieux , que n'ont ſçû éviter ceux qui ſont ſimplement à portée des calculs géométriques , leur a-t-il été reproché par les Philoſophes Géometres , par ceux qui ſçavent calculer & penſer.   Les

Les loix fuivant lefquelles le mouvement fe communique, doivent donc être établies fur d'autres fondemens que ceux qu'on leur a donnés jufqu'à préfent ; il faut tirer ces loix du fein même de la nature : c'eft ce que nous allons effayer de faire.

ARTICLE II.

Tous les corps qui nous environnent, nous fervent de lieu extérieur ; mais nous prenons pour notre lieu phyfique, l'affemblage de ceux à l'égard defquels nous ne changeons de fituation, que quand nous faifons une forte d'effort pour en changer.

ARTICLE III.

Notre lieu phyfique fe préfente toujours à nos fens dans un état fixe & déterminé, nous le voyons toujours en repos ; ainfi dès que conjointement avec nous, il vient à fe déranger par rapport à d'autres corps, ce font ces corps-là qui nous paroiffent fe mouvoir, non fuivant la direction du mouvement qui nous eft propre, mais avec une direction contraire ; c'eft ainfi qu'à notre égard le Ciel tourne d'Orient en Occident, pendant qu'à l'égard de l'Aftronome, c'eft nous-mêmes qui tournons, mais d'Occident en Orient.

ARTICLE IV.

Un corps qui change de rapport de diftance à l'égard de quelqu'autre corps qu'on regarde comme fixe & immobile, eft cenfé fe mouvoir d'un mouvement abfolu, & fon mouvement eft alors le produit de fa maffe par fa vîteffe ; mais comme l'état d'aucun lieu phyfique ne peut être abfolument déterminé, & qu'à proprement parler,

F

tout changement de rapport de distance est relatif & réciproque , ce n'est jamais qu'hypotetiquement que le mouvement absolu peut être admis par des Philosophes ëxacts & accoutumés à n'attribuer à la matiere que les propriétés qui lui conviennent; il n'y a donc rien de réel ni de déterminé dans le mouvement, que la vitesse respective avec laquelle les corps s'approchent ou s'éloignent les uns des autres ; cependant comme les Géometres ordinaires sont peu familiarisés avec les faines idées que nous fournit la Philosophie moderne sur la nature du mouvement , nous justifierons & nous analiserons les effets que doit produire la rencontre des corps , en nous appuyant également sur les deux différentes opinions qui nous partagent aujourd'hui.

<h2 style="text-align:center">A r t i c l e   V .</h2>

Quand deux corps changent entr'eux de rapport de distance , leur mouvement respectif peut toujours nous offrir cinq apparences différentes ; ainsi que A & B, par exemple , s'approchent l'un de l'autre, je dis qu'alors il peut paroître que c'est A qui va chercher B, ou que c'est B qui vient chercher A , ou qu'ils avancent tous deux avec des directions contraires, ou qu'ayant la même direction , c'est A qui fuit B & qui s'en approche , ou enfin que c'est B qui fuit A & qui vient le joindre ; ces différentes apparences dépendent de l'état où se trouve le lieu phyfique du spectateur.

Pour rendre ce que je dis plus fensible, je nomme **V** toute vitesse respective , les signes ╼╋ & ╾ marqueront les différentes directions du mouvement, & quand le caractere qui désignera la vitesse, regardée ou comme abfolue , ou comme relative , ne fera affecté d'aucun

figne, ce caractere fera cenfé être précedé du figne—+;
enfin O exprimera l'état des corps, lorfque nous les fuppoferons en repos : Cela pofé, imaginons-nous que pendant que je ferois placé dans un batteau qui répondroit
à un point quelconque F, *Figure* 1. A, partit de ce point
avec la direction —+ & que dans fon chemin il rencon-
trât B en repos au point G, on voit bien que fi le batteau
que je nommerai ici N, gardoit conftamment le même rapport de diftance avec F, les corps A & B me paroîtroient dans le même état où les verroient ceux à qui
le rivage ferviroit de lieu phyfique, ainfi NO me donneroit A —+ V : BO ; mais que je vouluffe renverfer
cette apparence, il eft clair que je n'aurois qu'à donner
à N un mouvement femblable à celui du corps A ; c'eft
qu'alors mon lieu phyfique rendant fa viteffe aux deux
corps avec une direction contraire à celle de fon mouvement propre, je n'aurois plus A —+ V : BO, j'aurois
A —+ V — V : B — V ou AO : B — V ; c'eft-à-dire, que
quand N feroit arrivé en D, extrémité de la ligne ND,
que je fuppofe égale & parallele à FG, B me paroîtroit
avoir décrit la ligne HG égale à GF ; je jugerois donc
que ce corps feroit venu joindre A en repos au point G ;
car A n'auroit point changé de fituation à mon égard,
il ne fe trouveroit dérangé par rapport au rivage, que parce
que le rivage auroit eu le même mouvement que le corps
B, & fe feroit mû avec la viteffe — V ; les autres apparences ne feroient pas plus difficiles à trouver ; on voit
par exemple, que N —+ ½ V donneroit A —+ ½ V : B — ½ V,
enforte que les deux corps s'approcheroient l'un de l'autre ; on voit de même que N — V donneroit A —+ 2 V :
B —+ V ; c'eft-à-dire que N reculant avec la viteffe — V,
A & B auroient la direction —+, & que A iroit joindre

B, à cauſe de l'inégalité des viteſſes ; on voit auſſi que N — 2 V rendroit A — V : B — 2 V, de maniere que A & B ſuivroient la direction — avec des viteſſes inégales , & que ce ſeroit B qui viendroit trouver A.

Arricle VI.

Mais de ces cinq apparences différentes , quelle ſeroit celle qui nous offriroit l'état abſolu des deux corps ? Je n'en ſçais rien , peut-être aucune ne nous le repréſente-roit-elle ; ce qu'il y a de certain , c'eſt que la premiere ſeroit fauſſe pour ceux qui ſe trouveroient ſur le rivage auſſi-bien que pour moi ; car le corps B ne nous paroî-troit en repos , que parce qu'il ſuivroit exactement l'im-preſſion du mouvement de la terre ; dès que notre lieu phyſique ſe meut , il faut de néceſſité que toute appa-rence nous impoſe , je veux dire , que l'état où nous voyons les corps eſt toujours différent de leur état ab-ſolu.

Article VII.

Sur ce pied-là , je trouve que c'eſt un grand hazard , que l'expérience nous ait mis à portée de développer les loix du mouvement ; nous ne pouvions guéres nous flat-ter que ſur ce point , les apparences duſſent répondre à la réalité ; en effet , ſi l'on veut que le mouvement ſoit quelque choſe d'abſolu , il faut néceſſairement reconnoî-tre que les loix ſuivant leſquelles il ſe communique ſont arbitraires dans leur origine , & de plus qu'il y en avoit une infinité de poſſibles qui auroient été générales ſans le paroître , & dont par conſéquent nous n'aurions pû nous aſſurer , quelqu'obſervation que nous euſſions pû faire ; ſuppoſons , par exemple , qu'il fût établi que

quand un corps en rencontreroit un autre en repos, &
qui lui feroit égal, il ne pût l'obliger à changer de place, mais que fon action retombant fur lui-même, il
réjaillit avec toute fa vitesse primitive ; je dis qu'il ne
feroit pas possible qu'une telle loi parût par tout la même, & je le prouve ; je prens deux corps égaux que A
& B repréfenteront, & puis je fuppofe qu'un fpectateur
placé vers un des poles de la terre, vit A aller choquer
B en fuivant la direction ─╂─, & qu'ainfi, conformément à la loi, il eut de fuite ces deux apparences, A ─╂─ V :
BO & A ── V : BO ; je fuppofe que ces apparences ré-
pondissent exactement à l'état abfolu des deux corps, la
premiere avant leur rencontre, l'autre après qu'ils fe feroient rencontrés ; jufques-là rien n'embarrasseroit le fpectateur, il auroit une loi que rien ne démentiroit encore ; mais que nous vinssions enfuite à le tranfporter
dans un climat plus voifin de l'Equateur, & que là, en
obéissant à l'impression du mouvement de la terre, il eut
précifément & la vitesse & la direction du corps A, il eft
clair que s'il appercevoit deux autres corps égaux M &
N qui fe rencontrassent de même que A & B, enforte
que leur vitesse refpective exprimée par leur mouvement abfolu, fut M ─╂─ V : NO, alors le fpectateur qui
fe fuppoferoit en repos, tranfporteroit fa vitesse à ces
deux corps, mais avec une direction contraire à la fienne propre ; ainfi M ─╂─ V : NO, deviendroit pour lui
M ─╂─ V ── V : N ── V ou MO : N ── V ; c'eft-à-dire
qu'il lui paroîtroit que ce feroit N qui viendroit trouver
M avec toute la vitesse refpective des deux masses, ce
qui rentreroit dans le cas de la loi ; or comme je fuppofe que M ─╂─ V : NO, avant le choc, donneroit
M ── V : NO après le choc, les deux corps étant con-

fidérés dans leur état abfolu, on voit bien qu'afin que la loi pût paroître générale , il faudroit que $MO : N - V$ parut rendre $MO : N + V$, ce qui n'arriveroit pourtant pas ; car la même caufe qui transformeroit $M + V : NO$ en $MO : N - V$ transformeroit $M - V : NO$ en $M - 2V : N - V$, enforte que le fpectateur placé dans fon nouveau lieu phyfique , auroit une nouvelle loi , il lui paroîtroit qu'un corps qui en viendroit frapper un autre qui lui feroit égal., lui communiqueroit le double de fa viteffe fans rien perdre de la fienne propre ; de même fi vers les poles il avoit cette apparence $A + V : BO$ avant le choc, & $A - \frac{3}{4}V : B + \frac{1}{4}V$ après le choc , ce qu'on fçait être une des loix de M. Defcartes , il eft évident que tranfporté de nouveau dans le climat où je viens de fuppofer qu'il auroit la même viteffe, & la même direction que le corps A , il trouveroit que $MO : N - V$ deviendroit après le choc $M - \frac{2}{4}V : N - \frac{3}{4}V$, & non pas $M - \frac{1}{4}V : N + \frac{3}{4}V$, comme le demanderoit la loi pour paroître générale , fuivant l'Analogie des différentes directions.

Ce n'eft pas tout, je dis que fi de pareilles loix étoient établies , ce ne feroit pas feulement la différence des climats qui les défigureroit à notre égard, ce feroit encore la différence des faifons; car fi la terre fe meut d'un mouvement uniforme , ce n'eft qu'en tournant fur fon axe , mais on fçait qu'elle change continuellement de viteffe en faifant fa révolution autour du Soleil, ce qui fuffiroit pour donner à l'état abfolu des corps, une fuite de formes toujours trompeufes & toujours variées.

Je conclus donc que ceux qui ont trouvé le moyen d'analifer les loix du mouvement, en ne confultant que l'expérience, ont été plus heureux qu'ils ne devoient l'efpérer; fi l'inconvénient de la tentative ne les a point frappés, c'eft qu'un préjugé dominant, & peur-être combattu par leurs propres lumieres, leur a fait fuppofer que la terre étoit en repos; ainfi fe regardans comme dans un lieu fixe, ils ont compté que fur l'effet que produit la rencontre des corps, l'expérience ne pouvoit leur impofer; une erreur d'imagination leur a fervi de guide, & le hazard les a favorifés; ils n'ont réuffi que parce que les loix du mouvement fe concilient de maniere qu'elles fe préfentent toujours fous la même forme, & qu'ainfi les effets qui répondent aux caufes réelles, ne font jamais démentis par ceux que femblent produire les caufes qui ne font qu'apparentes.

ARTICLE VIII.

Je me reprens, ce n'eft point là un effet du hazard; un Dieu fage a dû faire choix d'un méchanifme toujours femblable à lui-même, & par-là facile à démêler, il falloit que nous puffions attraper fans peine ce qu'il y a d'effentiel dans le commerce que nous avons avec les corps qui nous environnent: fi l'Auteur de la nature eût réglé la communication des mouvemens fur des loix fujettes à changer de forme par la différence des tems & des lieux, ces loix nous euffent continuellement mis en défaut; ainfi dans tout ce que nous euffions été obligés de faire pour notre propre confervation, il nous eût fallu prendre le parti de nous commettre au hazard de l'événement; ce n'eft point en nous, comme dans les animaux, un méchanifme néceffaire qui détermine ou qui dirige nos mouvemens, il falloit que nous fuffions libres pour entrer dans les vûes que Dieu a fur nous par rapport à fon deffein principal; deffein auquel tous les autres font néceſſairement ſubordonnés ; mais ſi Dieu a dû nous commettre le ſoin de régler nos actions, nos mouvemens, nos démarches, on eſt forcé de reconnoître que ſa bonté, que ſa juſtice même exigeoit de lui, que dans l'uſage qu'il lui importoit que nous fiſſions de notre liberté à cet égard, il nous fût aiſé de nous dérober à l'inconvénient des ſurpriſes & des mécomptes ; il falloit donc que les loix du mouvement toujours préſentées ſous la même forme, nous devinſſent familieres ; il falloit que les effets du choc des corps fuſſent tels qu'ils ne puſſent échapper à notre prévoyance, auſſi ſçavons-nous les prévoir ; ils nous ſont ſuffiſamment connus. Qu'on ne diſe point que c'eſt aux Phyſiciens que la connoiſſance en eſt réſervée : j'avoue que c'eſt à leur adreſſe qu'on doit l'art de réduire les loix du mouvement à la ſcience des calculs, c'eſt ſur ce pied-là qu'on peut leur paſſer le mérite de les avoir trouvés ; ils ſçavent les analiſer, ils ſçavent en titer des principes propres à les conduire dans leurs recherches ſpeculatives, mais voilà tout ; car dans les occaſions où nous avons intérêt de nous déterminer, nous ſçavons tous également juger de l'effet que le choc des corps doit produire ; l'expérience même fait voir que dans les exercices qui roulent ſur la combinaiſon des mouvemens communiqués, nous avons preſque toujours plus de prévoyance que d'adreſſe ; or ſi les loix du mouvement nous ſont ſuffiſamment connues, je dis qu'elles ſont pleinement juſtifiées. L'uniformité ſur laquelle elles ſe trouvent établies eſt une convenance à laquelle Dieu étoit obligé d'avoir égard, nulle autre ne pouvant être auſſi eſſentielle à ſon deſſein principal ; mais ce qui ſans doute étonnera ceux à qui il eſt donné de pouvoir s'étonner, c'eſt que ce qui eſt ici une

raiſon

raison de convenance & de la plus grande convenance, si on regarde le mouvement comme quelque chose d'absolu, cette raison la même devient une raison de nécessité, dès qu'on se renferme dans l'hypotèse du mouvement relatif. En effet, comme dans cette hypotèse, l'apparence & la réalité se confondent, il est clair qu'une loi, pour être générale, doit nécessairement le paroître.

ARTICLE IX.

De-là j'infere que quelque systême qu'on adopte, on est en droit de supposer que dans le méchanisme de la nature, *les effets que semblent produire les causes qui ne font qu'apparentes, ne font jamais démentis par ceux qui répondent aux causes qu'on dit réelles.* Quelque jour je ferai sentir l'étendue & la fécondité de ce principe ; ici je me borne à faire voir de quelle maniere on doit s'en servir pour découvrir & pour analyser les loix du mouvement.

ARTICLE X.

Je suppose que tout corps qui se meut librement, se meut toujours d'un mouvement uniforme & direct.

1°. Si le mouvement imprimé à la matiere s'acceleroit ou se ralentissoit de lui-même, il arriveroit tôt ou tard que la nature se trouveroit totalement boulversée, ou qu'elle tomberoit en défaillance.

2°. Si un corps M poussé de A vers B ne tendoit point à se mouvoir le long de la ligne droite AB, quelque courbe qu'il affectât de suivre, on en pourroit toujours supposer une infinité de la même espece, qui bien que rangées entr'elles dans un ordre constant, n'auroient cependant aucune position déterminée par rapport à la li-

gne AB qu'elles embrasseroient toutes également , & de
la même maniere ; mais que le hazard déterminât la trace
du corps M , cela ne suffiroit point encore ; car qu'on
poufsât un autre corps N pour le faire aller du point C au
point D , on voit bien que si la ligne CD étoit autrement tournée que AB , & qu'elle fût couchée sur un autre Plan , quoique la trace de M pût alors déterminer l'espece de courbe qu'il faudroit que N décrivît , elle ne
détermineroit point pour cela celle que N devroit suivre
entre toutes les courbes semblables dont la ligne CD
pourroit être environnée ; ainsi chaque cas différent demanderoit une détermination particuliere.

ARTICLE XI.

Je suppose toujours que quand deux corps se rencontrent , la direction de leur mouvement passe par leurs
centres de gravité & par les points du contact.

Je suppose encore que dans chaque cas particulier de
la percussion , le lieu physique du spectateur reste constamment en repos , ou que s'il se meut , il avance toujours avec la même vitesse , & en suivant la même direction.

ARTICLE XII.

Or cela posé , il est aisé de s'appercevoir qu'une seule
des loix suivant lesquelles le mouvement se communique , doit donner toutes celles où la proportion des
masses se retrouve la même ; supposons , par exemple ,
que A $+$ V : BO avant le choc , rendit AO : B $+$ V après
le choc , & que nous voulussions sçavoir ce qui arriveroit si ces deux corps ayant des vitesses égales & des directions contraires , venoient à se rencontrer , nous le dé-

couvririons en faisant mouvoir notre lieu physique avec $+\frac{1}{2}$V de vitesse ; c'est qu'alors A $+$ V : BO devenant pour nous A $+\frac{1}{2}$V : B $-\frac{1}{2}$V, AO : B $+$ V deviendroit A $-\frac{1}{2}$V : B $+\frac{1}{2}$V, ce qui nous donneroit la loi que nous chercherions ; puisque suivant le principe que j'ai d'abord établi, *les effets que paroissent produire les causes apparentes, sont toujours les mêmes que celles que produiroient les causes qu'on dit réelles.*

ARTICLE XIII.

Quand un corps en mouvement en rencontre un autre en repos, & qui lui est égal, je dis qu'afin que l'apparence & la réalité se concilient, il faut qu'après le choc, la somme des mouvemens pris de même part, soit égale au mouvement primitif. Je suppose que les corps A & B soient égaux, & que A ayant la direction & la vitesse $+$ V rencontre B en repos, je suppose aussi qu'après le choc $\pm$ X exprime le mouvement de A, & que $\pm$ Y marque celui de B, cela posé, j'ai à faire voir que $\pm$ X $\pm$ Y doit être égal à V, pour cela je donne à mon lieu physique la vitesse & la direction $+$ V, ce qui renverse l'apparence du mouvement, car alors il doit me paroître que c'est B qui avec $-$ V de vitesse, vient trouver A en repos ; par-là j'ai deux cas semblables, où l'effet du choc doit être réglé suivant la même loi, ce que j'exprime par ces deux formules,

Avant le choc,	*Après le choc.*
A $+$ V : BO	A $\pm$ X : B $\pm$ Y
AO : B $-$ V	A $\pm$ X $-$ V : B $\pm$ Y $-$ V

mais puisque le mouvement que A imprime à B dans le premier cas, doit être semblable à celui que B imprime à A dans le second, à la direction près, il faut que $-\mp Y$ égale $\pm X - V$, ce qui donne $\pm X \pm Y = -+ V$. Je tirerois aussi la même égalité de celle qui doit se trouver entre $-\mp X$ & $\pm Y - V$. Ce que je prouve pour ces deux cas, s'étendroit à tous les autres où l'on supposeroit encore que A & B seroient égaux, c'est que comme on vient de le voir (*Article XII.*) les cas de la percussion ne sont différenciés que par une addition, ou par une soustraction de mouvement toujours égale avant & après la rencontre des corps.

ARTICLE XIV.

Si A ayant la vitesse & la direction $-+ V$ va frapper B en repos, il est clair que B doit recevoir au moins $\frac{1}{2}V$ de vitesse avec la direction $-+$, car autrement la somme des deux mouvemens pris de même part, n'égaleroit point le mouvement primitif, B ne pouvant être pénétré par A. Si l'on veut que la vitesse de B soit $-+\frac{1}{2}V$, celle de A sera aussi $-+\frac{1}{2}V$; ainsi on aura $-+\frac{1}{2}V : -+\frac{1}{2}V$ au lieu de $\pm X : \pm Y$: mais si on suppose que la vitesse de B surpasse $\frac{1}{2}V$ & que ce soit de la quantité $-+ D$, $\frac{1}{2}V - D$ donnera la vitesse de A ; c'est qu'alors la somme des deux vitesses se trouvera égale à $-+ V$, ainsi on aura $-+\frac{1}{2}V - D : -+\frac{1}{2}V -+ D$, au lieu de $\pm X : \pm Y$; donc toutes les loix que comporte l'égalité des deux masses, dans le cas dont il s'agit, peuvent être exprimées par l'une ou par l'autre de ces deux formules.

$$\textit{Avant le choc} -+ V = \textit{après le choc} \begin{cases} -+\frac{1}{2}V : -+\frac{1}{2}V \\ -+\frac{1}{2}V - D : -+\frac{1}{2}V -+ D \end{cases}$$

ARTICLE XV.

Mais il est aisé de voir que la loi qu'exprime la premiere des deux formules précedentes , est la seule qui puisse être générale , la seule qui puisse servir à régler l'effet de la percussion dans le cas de l'inégalité des masses.

Prenons un corps M sondouble de N, & supposons que les deux moitiés de N fussent P & Q., il est évident que si M ayant frappé le corps P , ces deux corps égaux en masse se trouvoient obligés de se séparer suivant quelqu'une des loix exprimées dans la seconde formule , il faudroit que P & Q se séparassent aussi ; car Q seroit mis en mouvement par P , en conséquence de la loi même suivant laquelle P seroit mû par M ; or une telle séparation ne pourroit compâtir avec la tenacité des parties dont les corps durs sont composés ; donc il faudroit qu'une loi particuliere réglât l'effet du choc de M & de N : mais si une telle loi étoit établie , & qu'elle demandât que M & N après leur rencontre , se séparassent encore , on trouveroit que cette loi ne pourroit s'étendre à aucun des autres cas , où l'on supposeroit que les masses qui se choqueroient , auroient entr'elles un rapport d'inégalité différent de celui de M & de N ; chaque cas demanderoit donc une loi particuliere ; aussi presque tous les Physiciens conviennent-ils présentement, que quand deux corps se rencontrent , & que la direction de leurs mouvemens passe par leurs centres de gravité & par les points du contact, ces corps ne peuvent ensuite se séparer qu'en conséquence de l'action d'une matiere étrangere ; on prouve qu'une telle séparation est toujours un effet composé, un Phénoméne produit par le concours de plusieurs causes différentes ; C'est auſſi ce que je ferai voir en dévelopant la nature du reſſort.

A R T I C L E X V I.

Juſtifions encore que la loi exprimée par la première formule, eſt une loi générale, une loi qui ſert à régler l'effet de la percuſſion dans le cas même de l'inégalité des maſſes.

Je prens d'abord le cas le plus ſimple que j'exprime par $M + V : NO$, je ſuppoſe encore que M ſoit à N comme 1 à 2, & que P & Q ſoient les deux moitiés de N, je ſuppoſe outre cela que les deux corps n'ayent point de reſſort, & je dis que ſuivant la loi qu'il s'agit de juſtifier, M donnera la moitié de ſa viteſſe à P, & qu'en même tems ſelon la même loi, P partagera avec Q la viteſſe qui lui ſera communiquée ; il reſtera donc $\frac{V}{2}$ pour M lorſqu'on aura $\frac{V}{2N}$ ou $\frac{V}{4}$ pour N ; or la différence de $\frac{V}{2}$ & de $\frac{V}{2N}$ étant $\frac{NV - V}{2N}$, il faudra que M partage auſſi cette différence avec P, & qu'en même tems P faſſe part à Q de la nouvelle viteſſe qu'il recevra ; ainſi $\frac{NV - V}{4N}$ ſera encore retranché d'un côté pendant que $\frac{NV - V}{4N^2}$ ſera ajoûté de l'autre ; mais la différence de $\frac{NV - V}{4N}$ & de $\frac{NV - V}{4N^2}$ étant $\frac{N^2 V - 2NV + V}{4N^2}$, cette différence ſera de même partagée entre M & P, & alors il ſe fera un nouveau partage entre P & Q ; ainſi la viteſſe de M dimi nuera de $\dfrac{N^2V-2NV+V}{8N^2}$ & celle de N augmentera de

$\dfrac{N^2V-2NV+V}{8N^3}$: en cherchant donc ainsi de suite tous les retranchemens de la vitesse de M , & toutes les augmentations de celle de N, on formera ces deux progressions infinies où régnera la raison exprimée par $\dfrac{2N}{N-1}$.

$$\dfrac{V}{2} \qquad\qquad \dfrac{V}{2N}$$

$$\dfrac{NV-V}{4N} \qquad\qquad \dfrac{NV-V}{4N^2}$$

$$\dfrac{N^2V-2NV+V}{8N^2} \qquad\qquad \dfrac{N^2V-2NV+V}{8N^3}$$

$$\text{\&c.} \qquad\qquad \text{\&c.}$$

La vitesse de M après le choc égalera donc sa vitesse primitive moins la somme de tous les termes de la premiere progression, & celle de N égalera O de vitesse plus la somme de tous les termes de la seconde progression, & l'on aura $\dfrac{V}{N+1}$ pour chacune des deux vitesses ; car 1°. $\dfrac{V}{2}-\dfrac{NV-V}{4N}$, ou $\dfrac{NV+V}{4N}$ sera à $\dfrac{V}{2}$ comme $\dfrac{V}{2}-O$ à $\dfrac{NV}{N+1}$, quantité, qui retranchée de la vitesse primitive V donnera $\dfrac{V}{N+1}$ 2°. $\dfrac{V}{2N}-\dfrac{NV-V}{4N^2}$ ou $\dfrac{NV+V}{4N^2}$ sera à $\dfrac{V}{2N^2}$ comme $\dfrac{V}{2N}-O$ à $\dfrac{V}{N+1}$ somme de tous les termes de la seconde progression, donc M & N après leur rencontre, iront de compagnie avec le tiers de la vitesse primitive de M.

Suppofons préfentement que M fût à N comme 1 à 3 ; & que les quantités P , Q , R , valuffent chacune un tiers de N. On voit bien qu'en même tems que M donneroit $\frac{V}{2}$ de viteffe à P, P de fon côté fuivant ce qui vient d'ê-tre dit , partageroit également cette viteffe avec Q & avec R; ainfi lorfque M perdroit $\frac{1}{2}$V, on auroit $\frac{V}{2N}$ pour N, ce qui dans ce cas vaudroit $\frac{V}{6}$ de viteffe ; il eft donc évident que fi l'on cherchoit de fuite toutes les diminu-tions de la viteffe de M , & toutes les augmentations de celle de N , en fe fervant des deux progreffions préce-dentes , où alors N vaudroit 3 , on trouveroit que la vi-teffe des deux corps après le choc, feroit $\frac{V}{N+1} = \frac{V}{4}$; ainfi N augmentant felon la fuite des nombres entiers , on trouveroit toujours qu'après le choc M & N iroient de compagnie avec la viteffe primitive du corps M di-vifée par la fomme des deux maffes , puifque cette viteffe feroit toujours égale à $\frac{V}{N+1}$.

Mais à préfent fuppofons que M fût à N , comme 2 à tout nombre impair au-deffus de l'unité , enforte que N ne fût plus multiple de M , je dis qu'alors $\frac{2V}{N+2}$ exprime-roit la viteffe des deux corps après leur rencontre ; car nommant A & B les deux moitiés de M , il eft clair que dans le tems que B partageroit fon mouvement avec N fon multiple , la différence de la viteffe de A & de B feroit V$- \frac{V}{N+1} = \frac{NV}{N+1}$; ainfi pendant que la viteffe com-

mune

mune de B & de N seroit $\frac{V}{N+1}$; celle de A seroit $\frac{V}{N+1} + \frac{NV}{N+1}$

$= V$; il faudroit donc que A partageât $\frac{NV}{N+1}$ avec B $+$ N

son multiple ; or cette vitesse partagée selon la régle que je viens de justifier, je veux dire divisée par 2$+$N somme des masses, deviendroit $\frac{NV}{N^2+3N+2}$; donc en ajoûtant cette vitesse à $\frac{V}{N+1}$ pour avoir la vitesse totale des deux corps après le choc , on trouveroit

$$\frac{2NNV+4NV+2V}{N^3+4NN+5N+2} = \frac{2V}{N+2}.$$

Il suit de-là que si on faisoit préceder A d'un nouveau degré de masse , ensorte que M valût 3 , la différence qui se trouveroit entre la vitesse de la masse ajoûtée, & celle de la somme de toutes les autres, seroit $V - \frac{2V}{N+2} = \frac{NV}{N+2}$; or cette différence partagée suivant la loi , on trouveroit que la vitesse commune & totale de toutes les masses égaleroit $\frac{3V}{N+3}$, & généralement quelque fût la raison de M à N , on auroit $\frac{MV}{M+N}$ pour la vitesse des deux corps après leur rencontre dans le cas exprimé par M $+$ V : NO , ce qui donneroit la loi générale ; car comme on l'a déja vû (*Art.* 12.) les cas de la percussion ne sont différenciés que par une addition ou par une soustraction de vitesse toujours égale avant & après la rencontre des corps ; ainsi en exprimant tous les cas possibles par cette formule M $+$ V $\pm u$: N $\pm u$, la vitesse commune des deux corps après le choc , deviendroit

$\dfrac{MV}{M+N} \pm u$ égale à $\dfrac{MV \pm Mu \pm Nu}{M+N}$, ou bien en égalant $\pm V \pm u$ à $\pm U$, l'état des deux corps qui seroit alors exprimé par $M \pm U : N \pm u$ avant leur rencontre, donneroit après qu'ils se feroient rencontrés $\dfrac{\pm MU \pm Nu}{M+N}$ pour leur vitesse commune & $\pm MU \pm Nu$ pour la somme de leurs mouvemens pris de même part ; d'où il suit que cette somme toujours égale à $\pm MU \pm Nu$, doit toujours être la même avant & après le choc ; de-là il suit aussi que comme les corps ne se séparent plus après qu'ils se font rencontrés, leurs mouvemens contraires se détruisent.

A R T I C L E XVII.

On sçait que si l'espace qui se trouve entre deux corps, est partagé réciproquement aux deux masses, c'est au point qui fait le partage que se trouve leur centre commun de gravité ; on sçait aussi que quand ce centre se meut, sa vitesse est égale à la somme des mouvemens pris de même part, divisée par la somme des deux masses ; donc cette vitesse est toujours la même avant & après la rencontre des corps, c'est qu'elle est toujours égale à $\dfrac{+ MU \pm Nu}{M+N}$, elle deviendroit nulle en supposant que les mouvemens $\pm MU$ & $\pm Nu$ fussent égaux & contraires.

A R T I C L E XVIII.

Quelque mouvement qu'ayent deux corps M & N qui vont se joindre, si on souftrait la vitesse de N de celle de M, on aura pour différence, la vitesse respective, prise

fuivant la direction du mouvement par lequel N s'éloigneroit de M ; au contraire fi on fouftrait la vitefse de M
de celle de N la différence des deux vitefses égalera la
vitefse refpective, prife fuivant la direction qu'il faudroit
que M fuivît pour s'écarter de N.

Suppofons, par exemple, que les corps M & N s'ap-
prochafsent l'un de l'autre, & qu'avant leur rencontre M
+ 3 V : N — 2 V exprimât leur état abfolu, on voit qu'en
retranchant — 2 V de + 3 V, on auroit + 5 V qui vaudroit la vitefse refpective prife fuivant la direction du
mouvement qu'il faudroit que N reçût pour s'éloigner
de M ; au contraire, fi c'étoit + 3 V qu'on retranchât
de — 2 V on auroit — 5 V qui égaleroit la vitefse refpective prife fuivant la direction que M devroit avoir
pour s'écarter de N. Il fuit de-là que la vitefse refpective
de deux corps qui s'approchent l'un de l'autre , n'affecte,
à proprement parler, aucune direction particuliere ; mais
ce qu'il importe le plus de remarquer ici, c'eft que dans
l'inftant du choc , cette vitefse eft toujours partagée
aux corps qui fe rencontrent , fuivant la raifon renverfée de leurs mafses & avec les directions contraires
qu'ils devroit avoir pour s'éloigner l'un de l'autre , enforte que les vitefses acquifes ajoûtées aux vitefses primitives , donnent toujours l'état abfolu , ou plûtôt l'état apparent des deux corps après qu'ils fe font rencontrés ;
fuppofons , par exemple , que deux corps qui viendroient fe joindre, fufsent entr'eux comme 3 M à 2 M, &
qu'avant le choc on eut l'apparence 3 M + 3 V : 2 M
— 2 V , je dis qu'alors la vitefse refpective qui égaleroit
5 V feroit partagée aux deux corps dans l'inftant du choc,
fuivant la raifon de 2 à 3, & avec la direction — pour
3 M & la direction + pour 2 M , & qu'ainfi la vitefse

qu'acquereroit 3 M égaleroit — 2 V , & que celle qu'acquereroit 2 M égaleroit + 3 V , ce qui eſt évident, puiſque — 2 V & + 3 V ajoûtés de part & d'autre aux viteſſes primitives + 3 V & — 2 V donneroient + V pour la
viteſſe commune des deux corps après leur rencontre ,
conformément à la loi qui vient d'être démontrée ; mais
qu'on voulût avoir les mouvemens acquis , on multi-
plieroit — 2 V par 3 M, & + 3 V par 2 M , & l'on auroit
— 6 M V pour 3 M & + 6 M V pour 2 M. De-là je conclus que dans le choc des corps, l'action & la réaction
ſont toujours égales , principe juſtifié , puiſqu'il ſe
tire d'une loi que je viens de faire voir être la ſeule
qui puiſſe paroître générale dans l'hypotèſe du mouvement abſolu , & la ſeule qui puiſſe l'être en effet, dans
l'hypotèſe du mouvement relatif.

ARTICLE XIX.

L'effet du choc des corps à reſſort ne ſuppoſe aucune
exception dans la nature ; tout reſſort tire ſon jeu de l'a-
ction d'une matiere inſenſible , mais ſoumiſe à la loi commune ; j'aurai occaſion de le faire voir dans la ſuite de
cet ouvrage , il me ſuffira de remarquer ici , que quand
deux corps à reſſort ſe rencontrent , leurs forces élaſtiques , ſi elles ſont completes , doublent toujours l'effet
propre du choc , ſuppoſons comme dans l'exemple
précedent , que l'état primitif des corps 3 M & 2 M ſoit
3 M + 3 V : 2 M — 2 V , les viteſſes qu'acquereront ces
corps lorſqu'ils viendront à ſe rencontrer , n'égaleront
plus — 2 V , + 3 V, elles égaleront — 4 V , + 6 V , enſorte que dans l'inſtant du choc , ce ſera le double de la
viteſſe reſpective qui ſera partagée aux deux corps ſuivant la raiſon renverſée de leurs maſſes, ce qui doublera

pareillement les mouvemens égaux , mais contraires qui leur feront imprimés dans cet inftant , mouvemens qui n'altereront en rien l'état du centre commun de gravité des deux maffes.

ARTICLE XX.

Cherchons maintenant quel effet doit produire la rencontre oblique des corps.

Quand un corps en frappe obliquement un autre , il n'employe en le frappant qu'une partie de fa force , fon mouvement fe décompofe.

Que le corps M (*Fig.* 2.) aille frapper le corps N en fuivant une direction AC inclinée fur PQ furface du corps N , on pourra regarder le mouvement de M comme compofé des mouvemens AB & BC , l'un parallele à la furface PQ , l'autre perpendiculaire fur cette furface ; mais j'ajoûte que dans l'inftant du choc, M agira fur N comme s'il n'avoit que le mouvement exprimé par BC ; c'eft que l'impreffion qu'il fera fur le corps N , dépendra de la viteffe avec laquelle il s'en approchera , & que BC exprimera cette viteffe.

ARTICLE XXI.

Si un corps fphérique M (*Fig.* 3.) frappe obliquement un autre corps fphérique N , je dis que pour avoir l'effet du choc dans ce cas , il faudra joindre à la loi de l'impulfion , celle de la décompofition du mouvement. Je fuppofe que le corps M foit parti du point A , & qu'il rencontre obliquement le corps N , j'unis leurs centres de gravité par la ligne HG prolongée jufqu'en B où tombe la perpendiculaire menée du point A ; on voit alors que le corps N doit être frappé par M de la même maniere

qu'il le feroit fi M étoit parti de B, (*Article* 20). Maintenant je coupe la ligne BG au point C , enforte que
BC foit à CG comme M à N , & puis je prens GD
égale & parallele à AC , & fur la ligne BH prolongée
du côté de H , je prens HF égale à BC ; cela fait, je dis
que ces deux lignes exprimeront & la viteffe & la direction des deux corps après leur rencontre , & qu'ainfi
l'effet du choc dans ce cas , dépendra , & de la loi de
l'impulfion , & de celle de la décompofition du mouvement.

Article XXII.

Les mêmes chofes fuppofées , il eft aifé de voir que la
fomme des mouvemens abfolus de M & de N après le
choc furpaffera le mouvement primitif de M ; car cette
proportion HF, CG :: M , N donnera $HF \times N = CG \times M$;
donc le mouvement après le choc vaudra $\overline{AC+CG} \times M$,
au lieu qu'avant le choc il ne valoit que $AG \times M$.

Article XXIII.

Il fuit de-là que ce qu'on nomme force ou effort
dans la matiere , n'y doit point être regardé comme un
principe de mouvement ; car puifque le mouvement
avant le choc eft à celui qu'ont les deux corps après le
choc , comme $AG \times M$ à $\overline{AC+CG} \times M$ on voit que fi ces
mouvemens inégaux étoient produits par une même for-
ce , on auroit au moins , ou d'un côté ou de l'autre , un
effet qui ne répondroit point à fa caufe.

Mais on peut aller plus loin ; fuppofons que M & N
après le choc , vinffent auffi à rencontrer obliquement
deux autres corps , & que ceux-ci en rencontraffent encore d'autres de la même maniere , il eft clair que de pa-

reilles rencontres infiniment multipliées , produiroient un mouvement infini , un mouvement qui ne tiendroit plus rien de la limitation de sa premiere cause : j'ai donc droit de conclure que ce qu'on nomme force ou effort dans la matiere , n'y doit point être regardé comme un principe de mouvement.

ARTICLE XXIV.

Supposant les mêmes choses que dans les Articles XXI. & XXII. & menant sur AG les perpendiculaires CI & BK , menant aussi sur BK la perpendiculaire CL , je dis 1°. que le mouvement GD multiplié par M, ou AC×M qu'aura le corps M après le choc , pourra se résoudre en deux autres mouvemens AI×M , IC×M, déterminés , l'un suivant la direction du mouvement primitif , l'autre suivant la perpendiculaire sur la même direction. Je dis 2°. que le mouvement HF×N ou BC×N, que le corps N acquerrera en conséquence de la loi de l'impulsion , pourra de même se résoudre en deux autres mouvemens LC×N & BL×N , le premier égal au mouvement IG×M que M perdra suivant sa direction primitive , & l'autre pareillement égal , mais contraire au mouvement IC×M que le corps M acquérera en se détournant de la direction AG , ce qu'il est aisé de justifier ; car les triangles BCL , CGI étant semblables , & BC étant à CG , par la supposition , comme M à N , les autres côtés homologues des deux Triangles seront aussi entr'eux, comme les deux masses ; on aura donc LC , IG :: M , N , & BL , IC :: M , N, d'où on tirera LC×N = IG×M , & BL×N = IC×M.

ARTICLE XXV.

Il fuit de-là que dans le choc oblique des corps, les nouveaux mouvemens qui naiffent dans la nature, & qu'on vient de voir être égaux & contraires fuivant une direction toujours perpendiculaire fur celle du mouvement primitif, ne retranchent rien de ce mouvement qui pris de même part, eft toujours égal avant & après le choc.

ARTICLE XXVI.

Si on fuppofoit que les corps M & N fuffent élafti-ques, on doubleroit l'effet propre que produiroit leur rencontre, ce qui ne dérangeroit en rien l'état de leur centre commun de gravité ; c'eft que les nouveaux mou-vemens qu'ils acquereroient, feroient encore égaux & contraires.

ARTICLE XXVII.

Soit C le centré commun de gravité des corps M & N, fi on fuppofe que M decrive la ligne MD, le point C décrira Cd parallele à MD, ce qui eft évident, car quand le corps M parcourera MB & BD; C parcourera Cb, & bd, donc puifqu'on aura Bb, à bN & Dd à dN, comme MC à CN, la ligne Cd fera parallele à MD.

ARTICLE XXVIII.

Que les corps M & N (*Fig.* 4.) fe meuvent uniforme-ment fur un même plan, ou fur deux plans différens, paralleles ou inclinés l'un à l'autre, leur centre commun de gravité, ou reftera en repos, ou fuivra la trace d'un mouvement toujours égal & toujours femblablement dirigé ;

dirigé ; car que le corps M parcoure une ligne droite quelconque, le centre commun de gravité des deux masses avancera suivant une direction parallele à celle du mouvement de M. Que le corps N se meuve, ce centre avancera de même parallelement à la direction que suivra le corps N ; donc ce centre commun des deux masses, en obéissant aux deux mouvemens à la fois, décrira d'un mouvement égal la Diagonale du Parallelogramme fait sous les deux différentes directions des mouvemens ausquels ceux des corps M & N l'obligeront de se prêter ; mais cette Diagonale sera nulle ou infiniment petite, si les deux mouvemens sont égaux & contraires.

ARTICLE XXIX.

Si plusieurs corps A, B, C, D, &c. placés sur un même plan ou sur des plans différens, viennent à se mouvoir, je dis que quelques vitesses qu'ils ayent, & de quelque maniere qu'ils se rencontrent, leur centre commun de gravité, ou suivra constamment & uniformement la même direction, ou restera toujours en repos.

Soit x le centre commun de gravité des corps A & B, y celui des corps A, B, C, z celui des corps A, B, C, D, &c. la somme des mouvemens des corps A & B égalera le mouvement de leur centre commun de gravité x, de même que si les deux masses s'y trouvoient réunies, & ce mouvement sera ou nul ou toujours dirigé de la même maniere ; la somme des mouvemens du centre x & du corps C égalera de même le mouvement de leur centre commun de gravité y, & ce mouvement, s'il n'est point nul, sera pareillement dirigé vers un même point fixe ; & comme le mouvement composé de celui

du centre y & du mouvement du corps D , égalera aussi
le mouvement du centre commun de gravité z des quatre corps A, B, C, D ; ce mouvement sera encore
réglé & dirigé suivant la même loi, c'est-à-dire, ou qu'il
deviendra nul , ou que sa direction & sa vitesse seront
toujours les mêmes.

Maintenant que les corps A, B, C, D, &c. se rencontrent , leurs centres communs de gravité ne changeront pas pour cela d'état ; donc celui de toutes les masses,
ou restera constamment en repos , ou continuera de se
mouvoir uniformement suivant sa premiere direction.

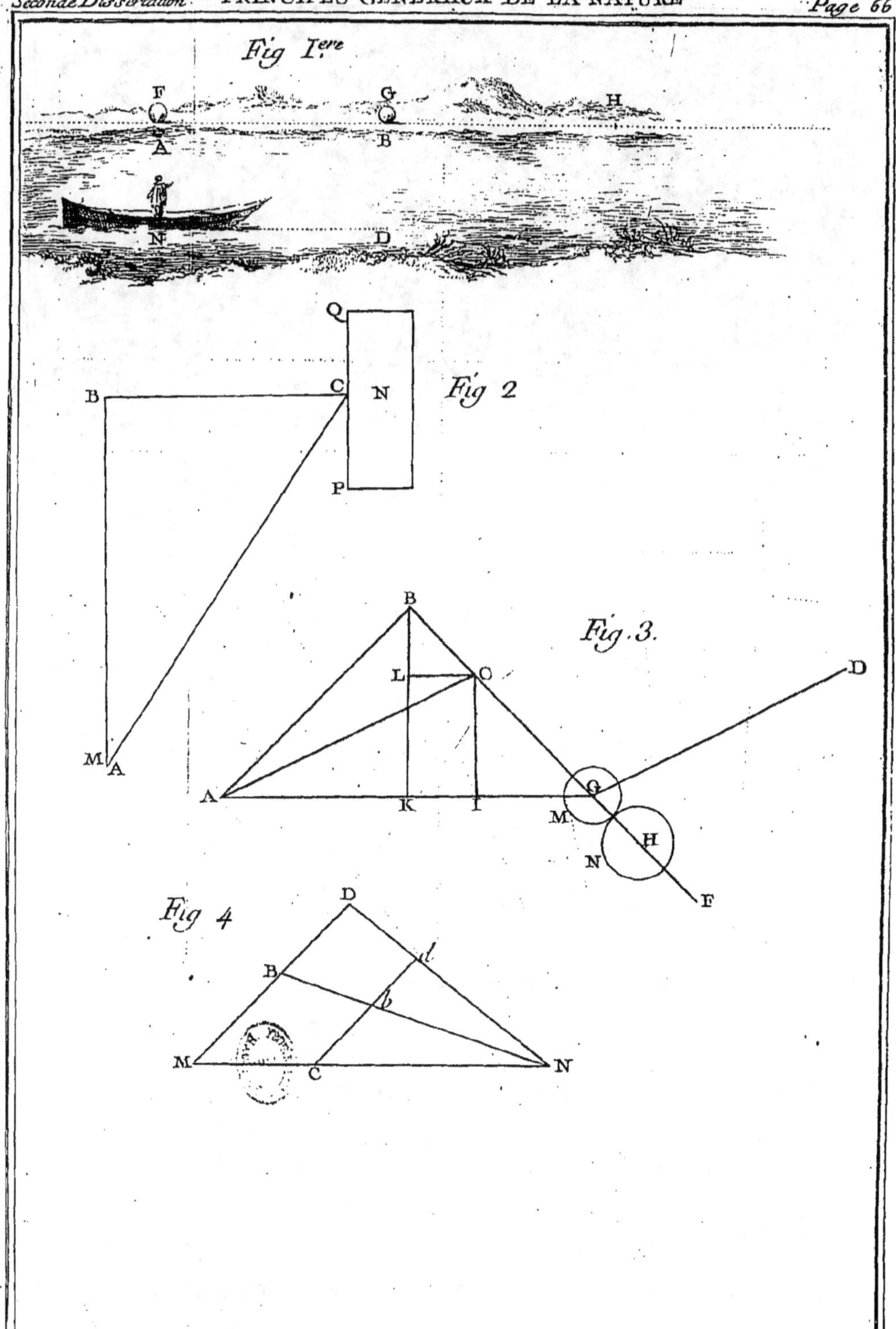
Fig I.ere
F
G
H
A
B
N
D
Q
C
N
B
P
Fig 2
B
L
O
Fig.3.
D
A
K
I
G
M
H
N
F
Fig 4
D
B
l
b
M
C
N

PRINCIPES GÉNÉRAUX
DE LA NATURE,
APPLIQUÉS
AU MECANISME ASTRONOMIQUE,
ET COMPARÉS
AUX PRINCIPES DE LA PHILOSOPHIE
DE M. NEWTON.

❖❖❖❖❖❖❖❖❖❖❖❖❖❖❖❖❖❖❖❖❖❖❖❖❖❖❖❖❖❖❖❖❖

TROISIÉME DISSERTATION.

Principes de la Philosophie de M. Neuton.

ARTICLE I.

VANT que de faire usage des principes qu'on vient d'établir, je crois qu'il ne sera pas hors de propos d'entrer dans l'examen de ceux que M. Neuton fait servir de fondement à son systême. Ce nouveau Philosophe, déja illustré par les rares connoissances qu'il avoit puiſées dans la Géométrie, ſouffroit impatiemment, qu'une nation étrangere à la ſienne, pût ſe prévaloir de la poſſeſſion où elle étoit d'enſeigner les autres, & de leur ſervir de modele : excité par une noble émulation, & guidé par la ſupériorité de ſon génie, il ne ſongea plus qu'à affranchir ſa Patrie de la néceſſité où elle croyoit être, d'emprunter de nous l'art d'éclairer les démarches de la nature, & de la ſuivre dans ſes opérations. Ce ne fût point encore aſſez pour lui, ennemi de toute contrainte, & ſentant que la Phyſique le gêneroit ſans ceſſe, il la bannit de ſa Philoſophie ; & de peur d'être forcé de reclamer quelquefois ſon ſecours, il eut ſoin d'ériger en loix primordiales les cauſes intimes de chaque Phénomene particulier : par-là toute difficulté fut applanie, ſon travail ne roula plus que ſur des ſujets traitables qu'il ſçût aſſujettir à ſes calculs : un Phénomene analyſé géométriquement, devint pour lui un Phénomene expliqué ; ainſi cet illuſtre rival de M. Deſcartes eut bien-tôt la ſatisfaction ſinguliere de ſe trouver grand Philoſophe par cela ſeul qu'il étoit grand Géometre. Donnons ici un eſſai de ſa Méthode.

ARTICLE II.

On ſçait que ſuivant la loi de Kepler, quelle que ſoit la courbe que décrit une planete autour du Soleil, regardé comme centre commun des circulations, le rayon vecteur, qui partant de ce centre, aboutit à celui de la Planete, décrit toujours des aires égales dans des tems égaux : ſuppoſons donc qu'une Planete décrive la courbe ABCDE autour du Soleil placé en S, (*Fig.* 1.) & que les petites lignes droites AB, BC, CD, DE, priſes pour les élemens de la courbe, ſoient telles qu'en comparant les Triangles ASB, BSC, CSD, DSE, on les trouve égaux ; il est clair que si dans le premier instant la Planete a parcouru la ligne AB, elle tendra dans le second instant à parcourir la ligne B*c* supposée égale à la ligne AB, dont elle sera le prolongement, & qu'ainsi le Triangle BS*c* égalera le Triangle ASB ; or par la supposition, le Triangle BSC égalera pareillement ASB ; donc les Triangles BS*c* & BSC seront égaux ; & comme ils auront BS pour base commune, la ligne *c*C qui joindra leurs sommets, sera parallele à BS ; ainsi le mouvement BC exprimé par la Diagonale du Parallelogramme B*c*CN sera composée du mouvement primitif B*c*, & d'un nouveau mouvement BN dirigé vers S. De même si on prolonge les lignes BC, CD, & que leurs prolongemens C*d*, D*e*, soient respectivement égaux aux lignes BC & CD, on verra que les mouvemens exprimés par CD & DE, seront pareillement composés des mouvemens C*d* & CH, D*e*, & DI ; ainsi de ce que le rayon vecteur d'une Planete décrit des aires égales dans des tems égaux, il suit que la Planete est continuellement détournée de son chemin par une force étrangere, dont l'action est toujours dirigée vers le Soleil.

ARTICLE III.

Il suit encore du même Phénomene, que les vitesses de la Planete, seront par tout en raison renversée des perpendiculaires abaissées du point S sur les Tangentes aux différens points de la courbe qu'elle décrira ; car puisque le Triangle BSC sera égal au Triangle ASB ; nommant A le côté AB, B le côté BC, P & Q les perpendiculaires abaissées du point S sur A & sur B, prolongés, s'il est nécessaire, on aura $AP = BQ$, d'où on tirera cette proportion A , B :: Q , P.

A R T I C L E I V.

Mais si on décrit les arcs infiniment petits BM & CN (*Fig.* 2.) & qu'on regarde les mouvemens AB & BC, comme composés des mouvemens MB & AM, NC & BN, les mouvemens MB & NC seront en raison renversée des rayons SA & SB ; car on aura SA×MB égal à SB×NC, d'où on tirera BM, CN :: SB, SA.

A R T I C L E V.

Il est clair que si on regarde de même le mouvement B*c* comme composé des mouvemens L*c* & BL , le premier circulaire par rapport au point S, & l'autre paracentrique , on concevra que de quelque maniere que soit alteré le mouvement BL , pourvû que ce soit suivant la direction du rayon vecteur , les aires décrites en tems égaux, resteront toujours égales ; car si on mene *c*CK parallele à BS , tous les Triangles faits sur la base BS, & dont les sommets aboutiront à la ligne *c*K, seront égaux au Triangle BS*c* ; ainsi ils égaleront tous le Triangle ASB. Qu'on altere donc comme on voudra le mouvement paracentrique BL , qu'on lui ajoûte par exemple, ou le mouvement LN , ou le mouvement LQ , les Triangles BSC , & BSP , seront toujours égaux au Triangle ASB.

Il n'en seroit pas de même du mouvement circulaire ; car pour peu qu'on vînt à l'accelerer, ou à le retarder , la hauteur du Triangle qu'on formeroit sur la base BS, n'étant plus égale à la hauteur du Triangle BS*c* , ces Triangles ne seroient plus égaux , ce qui renverseroit la loi de Kepler.

ARTICLE VI.

Cela posé, prenons un des tourbillons de M. Descartes, regardons-le comme partagé en une infinité de couches sphériques, supposons que S (*Fig.* 3.) soit le centre commun de ces couches, & que DG*dg* représente le plan de l'Equateur du tourbillon ; si on conçoit qu'une Planete décrive sur ce Plan toute autre courbe que la circonférence d'un cercle, il faudra concevoir aussi, ou que la matiere aura par tout le même mouvement circulaire que la Planete , ou que malgré la différence de leurs mouvemens, celui de la Planete ne sera nullement altéré ; car que le rayon vecteur, après avoir décrit le Triangle ASB , décrive dans l'instant suivant le Triangle BSC $=$ ASB, & qu'on décompose encore le mouvement BC en deux mouvemens BN & NC, le premier paracentrique , & l'autre circulaire , on vient de voir (*Art.* 5.) qu'il n'y aura que le mouvement BN qui pourra être altéré sans que le mouvement total de la Planete déroge à la loi de Kepler , & que pour peu que le mouvement circulaire NC fut ou acceleré , ou retardé par celui de la matiere , les Secteurs ASB & BSC , ne se trouveroient plus égaux.

ARTICLE VII.

Il faut donc opter, & voir si on veut que dans le cas de la différence des mouvemens circulaires , la matiere ne puisse avoir prise sur la Planete, ou si on aime mieux supposer que les mouvemens translatifs des couches sphériques doivent être par tout en raison renversée des distances , suivant la proportion des mouvemens circulaires de la Planete (*Art.* 4.).

Article VIII.

Ce dernier parti est celui qu'ont pris quelques Physiciens modernes ; mais il est aisé de voir qu'il suivroit de leur supposition, que les tems périodiques des circulations de la matiere & des différentes Planetes que renfermeroit le tourbillon, seroient en raison doublée des distances ; car soit T, le tems d'une révolution, C, le chemin parcouru, R, la distance, & V la vitesse, on aura

$$T = \frac{C}{V} \text{ ou } T = \frac{R}{V} \text{ ; mais par la supposition V égale-}$$

roit $\frac{1}{R}$ (*Art.* 4.), donc T seroit proportionnel à RR, ce qui anéantiroit la loi de Kepler, puisque suivant cette loi, les tems des circulations doivent répondre, non aux quarrés des distances, mais aux racines quarrées des cubes de ces distances, comme on le verra dans la suite.

Article IX.

Il ne reste donc plus qu'à supposer que le mouvement circulaire d'une Planete ne peut être altéré par celui de la matiere ; mais pourquoi dans ce cas, la matiere n'a-t'elle point de prise sur la Planete, pendant que dans quelque cas que ce soit, elle a assez de force pour l'obliger à se mouvoir le long de son rayon vecteur ? Et puis, d'où la matiere tire-t-elle cette force ? Il sembleroit que de l'éclaircissement de ces deux points, dépendroit l'explication du Phénomene, & cela seroit vrai, s'il falloit que nous suivissions la méthode des Cartésiens ; mais M. Neuton nous en fournit une autre bien plus commode, la matiere du tourbillon nous embarrasse-t-elle ? Supprimons-la, elle ne pourra plus altérer le

mouvement

mouvement circulaire des Planetes ; & comme le Phénomene demande que toute Planete foit continuellement détournée de fon chemin par une force qui la follicite à defcendre vers un point déterminé , & qu'elle ne pourra
plus être pouffée dès qu'elle fe trouvera dans le vuide ;
il y aura encore un parti à prendre , ce fera de la faire attirer ; ainfi le Soleil attirera Mercure , Vénus , la Terre ,
Mars , Jupiter & Saturne , avec tout ce qui les environnera ; la Terre attirera de même la Lune , Jupiter fes Satellites , & Saturne les fiens ; voilà donc la difficulté levée , & le Phénomene expliqué.

ARTICLE X.

Les obfervations de Kepler juftifient encore que les
Planetes décrivent des Ellipfes qui ont le Soleil pour
foyer commun , voyons quel principe fournit ce Phénomene.

Je fuppofe 1°. que fi F (*Fig.* 4.) eft un des foyers de
l'Ellipfe AB*ab* , le Diametre H*h* conjugué de R*g* coupera le rayon FR en un point D , tel que la partie DR
égalera CA moitié du grand axe.

Je fuppofe 2°. que dans l'Ellipfe tous les Parallelogrammes décrits autour de deux Diamétres conjugués
font égaux entr'eux. *

Maintenant je prens le Rayon FL infiniment proche
de FR ; des points R & L j'abaiffe les perpendiculaires
R*q* & LK , l'une fur le Diamétre H*h* conjugué de R*g* ,
l'autre fur le Rayon FR ; je mene la Tangente RT au
point R ; je mene auffi l'ordonnée L*x* qui coupe FR au

---

* Ces deux propriétés de l'Ellipfe | feront juftifiées dans la 6ᵉ. Differtation.

point u, enſuite j'acheve le Parallelogramme RuLt, cela fait, ſoit

CA moitié du grand axe	$= a$
CB moitié du petit axe	$= b$
CR moitié du Diametre Rg	$= g$
CH moitié du Diametre Hh	$= h$
Lx l'ordonnée au Diametre Rg	$= y$
Rx la coupée	$= x$
Lt ou ſon égale uR	$= u$
LK perpendiculaire ſur FR	$= K$
Rq perpendiculaire ſur Hh	$= q$
DR (premiere ſuppoſition)	$= a$
Lu ou l'ordonnée Lx	$= y$
Le Parametre du grand axe	$= P$
Le Rayon FR	$= R$

1°. Les Triangles ſemblables DRC , uRx donneront

u, x :: a, g & par conſéquent $x = \dfrac{gu}{a}$.

2°. De la propriété de l'Ellipſe on tirera $yy = \dfrac{2hhgx - hhxx}{gg}$

3°. A cauſe des Triangles ſemblables DRq , uLK , on aura yy, KK :: aa, qq & KK $= \dfrac{qqyy}{aa}$; mais par la ſeconde ſuppoſition qh égalant ab, qq égalera $\dfrac{aabb}{hh}$ ce qui changera l'Equation précedente en celle-ci KK $= \dfrac{yybb}{hh}$.

Préſentement , ſi dans la ſeconde Equation on ſubſtitue $\dfrac{gu}{a}$ à la place de x, on aura $yy = \dfrac{2hhu}{a} - \dfrac{hhuu}{aa}$ & ſi dans la troisiéme Equation on met pour yy sa valeur $\frac{2hhu}{a}$

$- \frac{hhuu}{aa}$ on aura $KK = \frac{2bbu}{a} - \frac{bbuu}{aa}$ ou $KK = \frac{2bbu}{a}$,

parce que $\frac{bbuu}{aa}$ fera nul par rapport à $\frac{2bbu}{a}$; on aura donc (propr. de l'Ell.) $KK = pu$, & comme p exprimera une grandeur conftante, u deviendra propotionnel à KK, il le fera donc auffi (*Art.* 4.) à $\frac{1}{RR}$.

Par-là on voit que les différentes pefanteurs d'une même Planete fuivent le rapport renverfé des quarrés de fes diftances au Soleil ; mais pourquoi la Planete pefe-t-elle fuivant ce rapport ? C'eft qu'une loi primordiale l'oblige à pefer ainfi. Achevons de rendre raifon de la loi de Kepler.

ARTICLE XI.

On fçait que cette loi fuppofe encore que les tems des révolutions des Planetes qui circulent autour d'un foyer commun , font entr'eux comme les racines quarrées des cubes des diftances moyennes , ou comme celles des cubes des grands axes des Ellipfes décrites autour du centre commun des tendances : analyfons géométriquement ce Phénomene , & voyons ce qu'on en doit tirer.

Soient ARQB , *arqb* (*Fig.* 5.) deux Ellipfes qui ayent le point F pour foyer commun , foient nommés

A & *a* les grands axes ;
B & *b* les petits axes ,

P & *p* les Parametres de A & de *a*;

R & *r* les Rayons FR & F*r*,

K & *k* les perpendiculaires LK & *lk*,

V & U les lignes TL & *tl* paralleles aux Rayons FR & F*r*, & terminées par les Tangentes RT, *rt* & par les points L & *l* supposés infiniment proches des points R & *r*.

Si on nomme T & *T* les tems des révolutions, le Phénomene donnera $T^2, T^2 :: A^3, a^3$; or supposant que les deux Planetes décrivent dans le même instant les arcs RL *rl*, comme les aires RFL, *r*F*l* seront respectivement égales (*Art.* 2.) à celles que les Rayons vecteurs FR & F*r* décriront dans chacun des autres instans, il est clair que les aires totales des deux Ellipses seront entr'elles comme $T \times R \times K$ à $T \times r \times k$; mais (propr. de l'Ellipse) on aura $T \times R \times K, T \times r \times k :: A \times B, a \times b :: A\sqrt{\overline{AP}}, a\sqrt{\overline{ap}}$, on aura donc aussi $T^2 \times R^2 \times K^2, T^2 \times r^2 \times k^2 :: A^3 P, a^3 p$; or suivant ce qui vient d'être démontré (*Art.* 10.) K^2 & k^2 égaleront PV & *p*U, ce qui changera la proportion précedente en celle-ci $T^2 \times R^2 \times V, T^2 \times r^2 \times u :: A^3, a^3$, d'où on tirera $a^3 \times T^2 \times R^2 \times V = A^3 \times T^2 \times r^2 \times U$; donc puisque par la supposition $a^3 T^2$ égalera $A^3 T^2$, V sera à U, comme $\frac{1}{RR}$ à $\frac{1}{rr}$: mais V & U marqueront les chûtes initiales des deux Planetes lorsquelles tendront à parcourir les Tangentes RT, *rt*, donc ces chûtes seront par tout en raison renversée des quarrés des distances au foyer F, quelqu'inégalité même qu'il puisse se trouver entre les deux masses. Voilà donc un nouveau développement du principe de l'atraction ; car quoiqu'il ait déja été démontré (*Art.* 10.) que les vitesses initiales des chûtes de chaque Planete prise séparément, sont par tout en raison renverſée des quarrés des diſtances, il eſt clair que ſans le dernier Phénomene que ſuppoſe la loi de Kepler, on ne ſçauroit pas encore au juſte ſi cette proportion ſeroit gardée entre les chûtes de deux ou de pluſieurs Planetes dont les maſſes ſeroient inégales.

ARTICLE XII.

Mais pour donner une idée complete du principe de l'attraction, je dis qu'outre ce que les Phénomenes nous en font connoître, il eſt très-probable que les viteſſes des corps attirés, ſont toujours comme les maſſes de ceux qui les attirent ; or puiſqu'elles ſont auſſi en raiſon renverſée des quarrés des diſtances (*Art.* 11.) il eſt clair qu'en ſuppoſant que M ſoit attiré par le corps F, & que d exprime leur diſtance reſpective, on aura $\frac{F}{dd}$ proportionnel à la viteſſe initiale de M, c'eſt-à-dire que cette viteſſe ſera à la fois & en raiſon directe de la maſſe F, & en raiſon inverſe du quarré de la diſtance d.

ARTICLE XIII.

De plus, comme toute action eſt toujours jointe à une réaction qui lui eſt égale, on voit bien qu'il faudra encore établir dans la nature une réciprocation d'attraction ; il faudra ſuppoſer, par exemple, que la Terre & la Lune s'attireront mutuellement avec des forces égales, & qu'ainſi les viteſſes avec leſquelles elles tendront à s'approcher l'une de l'autre, ſeront en raiſon renverſée de leurs maſſes ; auſſi eſt-ce ce qu'à ſuppoſé M. Newton.

A R T I C L E XIV.

Qu'on réalife cette fuppofition, il fera facile de concevoir comment deux Planetes pourront s'affocier de maniere qu'elles faffent de compagnie leurs révolutions autour du Soleil, & qu'en même tems elles tournent l'une & l'autre autour de leur centre commun de gravité; car mettons les Planetes A & B en mouvement, pour les faire tourner autour du Soleil S (*Fig. 6.*) avec des viteffes qui foient en raifon renverfée des racines de leurs Rayons vecteurs SA & SB comme le demandera la loi de Kepler, & puis fuppofons qu'en conféquence des impreffions qu'elles auront reçûes, elles commencent à décrire, l'une l'orbite inférieure PQR, l'autre l'orbite fupérieure TVZ : il eft évident que quand ces Planetes viendront à fe trouver en conjonction aux points Q & V, leurs forces acceleratrices & réciproques qui auront continuellement pris de nouveaux accroiffemens, pourront enfin l'emporter fur la différence des forces avec lefquelles le Soleil attirera les deux maffes ; donc ces maffes en obéiffant au mouvement primitif qui leur aura été imprimé, & à celui qui naîtra de leur attraction mutuelle, feront obligées de circuler autour du point *o* pris ici pour leur centre commun de gravité, de faire autour de ce point la fonction de Satellites, & de lui laiffer décrire à leur place une orbite réguliere *ox* dont le Soleil fera le centre, mais dans quel fens circuleront alors les deux maffes ? Il eft aifé de le voir, elles circuleront dans le même fens que circuleroient les bras d'un levier aux extrémités defquels elles feroient attachées. Or nommant T, le tems de la révolution de l'une ou de l'autre Planete, R, fa diftance au centre S, & V fa viteſſe tranſlative ; comme on aura (*Art.* 11.) $T = R\sqrt{R}$ $= \dfrac{R}{V}$, V égalera $\dfrac{1}{\sqrt{R}}$. Ainſi les viteſſes ſeront en raiſon inverſe des racines quarrées des diſtances SA & SB. Donc comme la Planete A, la plus proche du Soleil aura la plus grande viteſſe tranſlative, elle décrira l'arc QK au lieu de la Tangente QD, & déterminera la Planete B à décrire l'Arc VH, en ſorte que les viteſſes QK & VH feront en raiſon renverſée des deux maſſes ; ainſi ſuppoſant que le point *o* tourne autour du Soleil, ſuivant l'ordre des Signes, ce ſera contre l'ordre des Signes que tournera l'une & l'autre Planete,

ARTICLE XV.

Mais, pourquoi donc la Lune tourne-t-elle autour de nous d'Occident en Orient ? C'eſt une difficulté qui pourroit rendre le principe de l'attraction ſuſpect : Cependant ne craignons rien, la Philoſophie de M. Newton eſt trop féconde en reſſources pour nous manquer au beſoin. Ne s'agit-il que d'obliger la Lune à tourner autour de la Terre ſuivant l'ordre des Signes? Je dis que pour lui donner cette direction, il ſuffit de ſuppoſer que quand ces deux Planetes ont été créées, Dieu les a d'abord placées ſur un même Rayon vecteur, & qu'enſuite contre l'ordre ordinaire, il a donné la plus grande viteſſe tranſlative à la Planete la plus éloignée du Soleil ; or cela étoit poſſible, donc voilà le principe de l'attraction en ſûreté.

ARTICLE XVI.

Qu'on ne diſe point que l'arbitraire ne doit jamais entrer dans un ſyſtême, il eſt évident qu'il devient plus

que recevable dans celui de M. Newton ; car pourquoi ;
par exemple , les Planetes circulent-elles toutes dans le
même sens ; n'eft-ce pas parce que Dieu l'a voulu ? Pourquoi tournent-elles fur leurs centres dans le fens qu'elles
tournent autour du Soleil ; n'eft-ce pas encore parce qu'il
a plû à Dieu que cela fut ainfi ? Donc puifqu'aucune
caufe phyfique n'a dirigé le mouvement de la Lune fuivant l'ordre des Signes , il faut de néceffité que cette direction fe tire d'une détermination arbitraire : ces fortes
de déterminations entrent néceffairement dans le fyftême
de M. Newton ; en veut-on une autre preuve ? la voici :

Article XVII.

On fçait que dans l'hypotèfe du vuide le centre commun de gravité du Soleil & des Planetes eft immobile ;
car qu'il y eût un feul inftant où ce centre changeât de
place , il faudroit (*Differt. 2. Art. 29.*) qu'il continuât de
fe mouvoir fuivant une direction conftante , & avec une
viteffe toujours uniforme ; donc le Soleil & les Planetes
iroient bien-tôt fe perdre de compagnie dans l'Immenfité du vuide; or c'étoit ce qu'il falloit prévenir : Donc
il a été néceffaire que dès le premier inftant de la création des maffes qui devoient fe lier par leurs forces attractives , leurs mouvemens abfolus ayent été partagés également fuivant des directions contraires , c'eft-à-dire,
qu'en fuppofant , par exemple, que le Soleil fe foit trouvé feul d'un côté , & toutes les Planetes de l'autre ; il
a fallu que dès que celles-ci ont commencé à fe mouvoir , Dieu ait imprimé au Soleil un mouvement contraire , mais égal à celui de toutes les Planetes prifes enfemble ; voilà donc encore de l'arbitraire dans le fyftême de M. Newton , auffi eft-ce là ce qui en écarte toutes
les difficultés,
Article

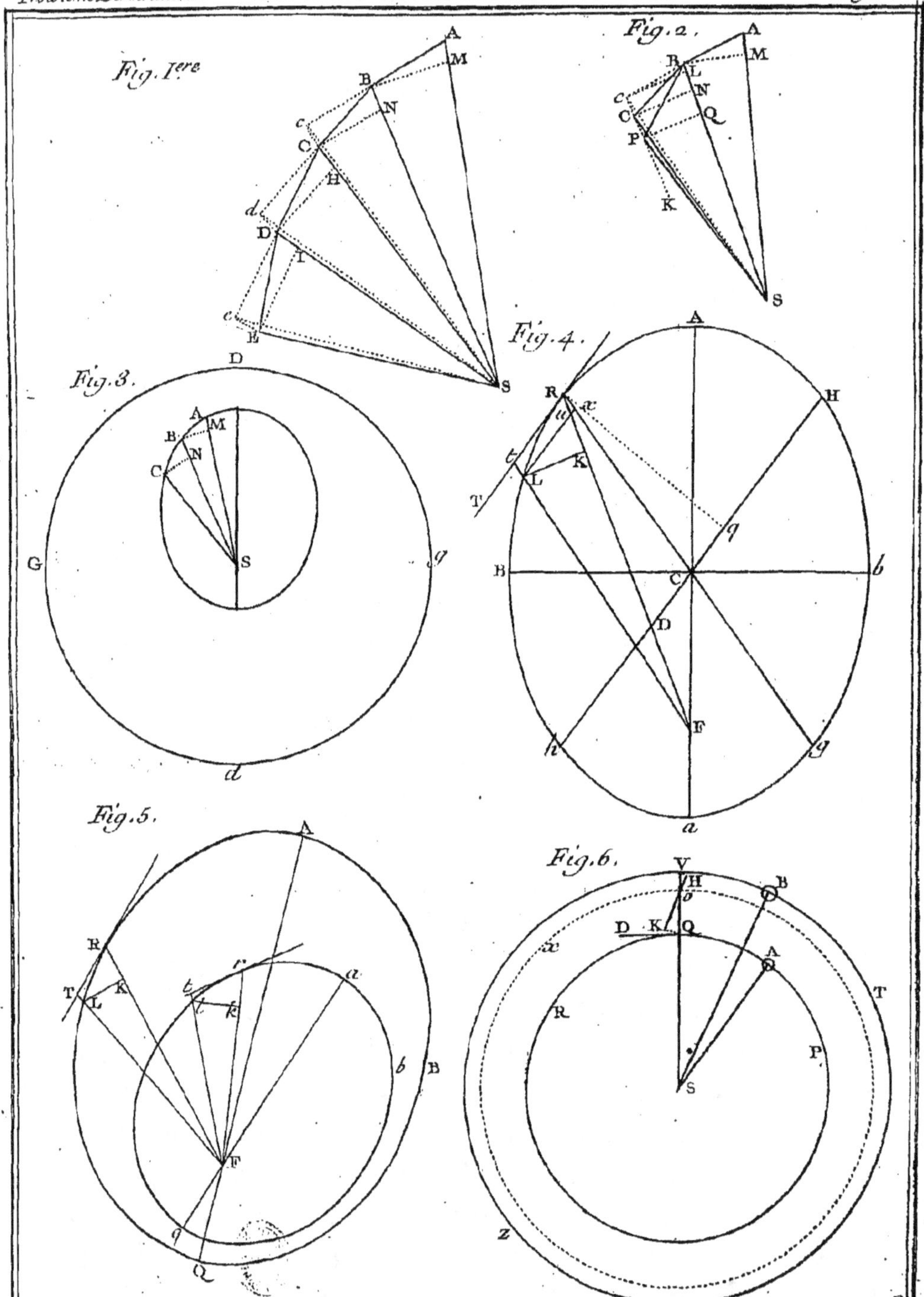

Fig. 1.ere
Fig. 2.
Fig. 3.
Fig. 4.
Fig. 5.
Fig. 6.

ARTICLE XVIII.

Je reviens donc à ce que j'ai d'abord avancé , & je conclus qu'en fuivant la méthode de ce grand Géometre , rien n'eſt plus facile que de développer le méchaniſme de la nature ; voulez-vous rendre raiſon d'un Phénomene compliqué, expoſez-le géometriquement, vous aurez tout fait ; ce qui pourra reſter d'embaraſſant pour le Phiſicien dépendra à coup ſûr, ou d'une loi primordiale , ou de quelque détermination particuliere.

L

PRINCIPES GÉNÉRAUX
DE LA NATURE,
APPLIQUÉS
AU MECANISME ASTRONOMIQUE,
ET COMPARÉS
AUX PRINCIPES DE LA PHILOSOPHIE
DE M· NEWTON.

❖❖❖❖❖❖❖❖❖❖❖❖❖❖❖❖❖❖❖❖❖❖❖❖❖❖❖❖❖❖❖❖❖

QUATRIÉME DISSERTATION.

Suite des Principes de la Philosophie de M. Nevvton.

ARTICLE I.

Quand on regarde la pefanteur comme l'effet propre de l'impulfion, rien n'oblige de la fuppofer reciproque ; le corps A peut être pouffé vers le corps B, fans que celui-ci foit pouffé vers le corps A : mais que la pefanteur ait l'attraction pour principe, A & B agiront nécessairement l'un sur l'autre ; aussi M. Newton suppose-t'il que toute pesanteur est toûjours réciproque. Cette réciprocation d'action ou de force, est une dépendance nécessaire du principe de l'attraction ; si quelquefois ce grand Géometre affecte de dire, qu'il se pourroit faire que ce qu'il nomme force attractive, dépendit de quelque cause purement méchanique ; on voit bien qu'en parlant ainsi, il ne veut que ménager la foiblesse de ceux qui ne sçavent admettre que ce qu'ils sont à portée d'entendre ; peut-être aussi veut-il sauver son principe du petit ridicule que jette le préjugé sur tout ce qui paroît tenir aux qualités occultes.

ARTICLE II.

Mon dessein étant d'essayer le principe de l'attraction sur tous les Phénomenes qui pourroient en dépendre, je ne puis me dispenser d'entrer ici dans le détail des differentes applications qu'on en peut faire.

Soient AHKB *ahkb* (*Fig.* 1.) deux surfaces sphériques égales qui ayent S & *s* pour centres, & les lignes ASB *asb* pour diametres ; soient aussi deux corpuscules égaux P & *p*, placés sur les prolongemens de ces Diametres, je dis que les forces avec lesquelles les surfaces AHKB & *ahkb* attireront les corpuscules P & *p*, seront en raison inverse des quarrés des distances PS & *ps* aux centres S & *s*.

Supposant que les lignes PHK & PIL, *phk* & *pil*, fassent aux points P & *p* des angles infiniment petits, & que la position de ces lignes soit telle que les arcs HMK, IML, soient respectivement égaux aux arcs *hmk* & *iml*, si des points S & *s* on mene sur les lignes PK & PL, *pk* & *pl*, les perpendiculaires SD & SE, *sd* &

se, & que des points I & *i*, on mene auſſi les perpendiculaires IQ ſur PS, & IR ſur PH, *iq* ſur *ps*, & *ir* ſur *ph*. 1°. Les cordes HK & *hk* étant égales entr'elles auſſi-bien que les cordes IL & *il*, on aura SD égale à *sd*, & SE égale à *se*; & parce que les angles DSE & *dse* feront infiniment petits, les points E & *e* ſe confondront avec les points F & *f*; ainſi on aura PE = PF & *pe* = *pf*, & la difference DF des lignes SD & SE, égalera la différence *df* des lignes *sd* & *se*, reſpectivement égales aux lignes SD & SE.

2°. Les Triangles rectangles IRH & *irh* feront ſemblables, parce que HK étant égale à la corde *hk*, l'angle IHR égalera l'angle *ihr*; donc RI fera à *ri*, comme le petit arc IH, au petit arc *ih*.

Ces choſes ſuppoſées, les paralelles RI & DF, *ri* & *df*, donneront PF, PI :: DF, RI, & *pf*, *pi* :: *df*, *ri*, ou *pf*, *pi* :: DF, *ri*, à cauſe de l'égalité des différences *df* & DF; ainſi on aura $RI = \frac{PI \times DF}{PF}$ & $ri = \frac{pi \times DF}{pf}$ d'où on tirera RI, *ri* :: PI×*pf*, *pi*×PF; donc à la place des côtés RI & *ri* des triangles ſemblables IRH & *irh*, ſubſtituant les côtés, ou les arcs HI & *hi*, on aura HI, *hi* :: PI×*pf*, *pi*×PF.

D'un autre côté les triangles rectangles & ſemblables PSE & PIQ, *pse* & *piq*, donneront PS, PI :: SE, IQ, & *ps*, *pi* :: *se*, *iq*, ou PS, PI :: SF, IQ, & *ps*, *pi* :: SF, *iq*, à cauſe de l'égalité ſuppoſée des quatre lignes SF, SE, *sf*, *se*; donc on aura IQ, *iq* :: $\frac{PI \times SF}{PS}$, $\frac{pi \times SF}{ps}$ :: PI×*ps*, *pi*×PS: or que les demi-circonferences AHB & *ahb* tournent ſur leurs Diametres AB & *ab*, les Zônes que formeront les arcs infiniment petits HI & *hi*, ſe-

ront entr'elles comme ces arcs multipliés par les ordonnées correspondantes IQ & *iq*; elles seront donc
proportionnelles à $\overline{PI}^2 \times pf \times ps$, & à $\overline{pi}^2 \times PF \times PS$.

Maintenant si on divise ces Zônes par les quarrés
des distances PI & *pi*, on aura $pf \times ps$ & $PF \times PS$ pour les
forces avec lesquelles les corpuscules P & *p* (*Diff.* 3.
art. 12.) seront attirés suivant les directions PI & *pi*;
& parce que ces forces seront aux forces attractives
suivant les directions PS & *ps*, comme PI à PQ, *pi*
à *pq*, il est clair que les Triangles PIQ & PSF, *piq*
& *psf* étant semblables, les forces suivant les directions
PI & PS, *pi* & *ps* seront entr'elles comme PS à PF,
comme *ps* à *pf*; donc on aura $pf \times ps \times \dfrac{PF}{PS}$ & $PF \times PS$
$\times \dfrac{pf}{ps}$ pour les forces avec lesquelles les corpuscules P
& *p* seront attirés vers les centres S & *s*; ainsi ces forces
seront entr'elles comme $\overline{ps}^2$ & $\overline{PS}^2$; elles seront donc en
raison inverse des quarrés des distances aux centres S & *s*.

Or que sur les lignes PK & *pk*, PB & *pb*, on mene
les perpendiculaires LN & *ln*, LT & *lt*, on trouvera
de même que les Zônes formées par la révolution des
arcs KL, *kl* autour des Diametres AB, *ab*, attireront les
corpuscules P & *p* vers les centres S & *s*, avec des
forces qui seront encore en raison inverse des quarrés
des distances PS & *ps*.

Donc en général, puisque les deux surfaces spheriques égales AHKB, *ahkb* pourroient être partagées
en une infinité de Zônes formées par la révolution
des arcs compris de part & d'autre entre des cordes
respectivement égales, telles que HK & *hk*, IL & *il*,

& dont les prolongemens fe réüniroient aux points P & *p*, les forces attractives des furfaces entieres, feront toûjours en raifon renverfée des quarrés des diftances PS & *ps*.

ARTICLE III.

Il fuit delà, qu'en fuppofant qu'une fphere fût également denfe dans toutes fes parties, la fomme des forces avec lefquelles les différentes couches fpheriques de fa maffe attireroient un corps, feroit en raifon inverfe du quarré de la diftance de ce corps au centre de la fphere.

ARTICLE IV.

Que les fpheres inégales ABD & *abd* (*Fig. 2.*) foient également denfes , & qu'elles attirent les corpufcules P & *p* qu'on fuppofe égaux ; fi les diftances PS & *ps* aux centres S & *s* font proportionnelles aux Rayons SR & *sr*, les forces avec lefquelles les corpufcules P & *p* feront attirés, fuivront la proportion de ces Rayons ; car prenant dans les maffes ABD & *abd* deux particules proportionnelles M & *m* de même figure & femblablement pofées à l'égard des corpufcules P & *p* ; fi fur les diametres RH & *rh*, on abaiffe les perpendiculaires MK & *mk*, les triangles PMK & *pmk* feront femblables, & auront leurs côtés homologues proportionnels aux Rayons SR & *sr* : or les particules M & *m* étant dans la proportion des maffes ABD & *abd*, les forces avec lefquelles elles attireront les corpufcules P & *p* , feront comme les Cubes des rayons SR & *sr* divifés par les quarrés des diftances PM & *pm*, c'eft-à-dire comme $\dfrac{\overline{SR}^{3}}{\overline{PM}^{2}}$ à $\dfrac{\overline{sr}^{3}}{\overline{pm}^{2}}$ ou comme SR à *sr*, parce que $\dfrac{\overline{SR}^{2}}{\overline{PM}^{2}}$

égalera $\dfrac{\overline{sr}^2}{\overline{pm}^2}$; mais ces forces réduites fuivant les direc-

tions PS & *ps*, deviendront SR $\times \dfrac{PK}{PM}$ & *sr* $\times \dfrac{pk}{pm}$; donc

elles refteront proportionnelles aux rayons SR & *sr*,

à caufe de l'égalité des fractions $\dfrac{PK}{PM}$ & $\dfrac{pk}{pm}$; donc les

fommes des forces avec lefquelles les maffes entieres attireront les corpufcules P & *p*, fuivront auffi la proportion de ces Rayons.

ARTICLE V.

Il en fera de même de l'attraction des corpufcules
P & *p* pofés à des diftances proportionnelles aux rayons
homologues de deux folides femblables (*Fig.* 3.) &
également denfes, les attractions des corpufcules fuivront encore la proportion des Rayons fur le prolongement defquels ils fe trouveront placés.

ARTICLE VI.

Les forces avec lefquelles les maffes fpheriques ABD
& *abd* (*Fig.* 2.) attireroient les corpufcules P & *p* à
des diftances égales des centres S & *s*, feroient comme
les Cubes des Rayons SR & *sr* ; car que la diftance
PS devint égale à *ps*, l'attraction du corpufcule P aug-
menteroit dans le rapport de $\overline{SR}^2$ à $\overline{sr}^2$; mais les attractions des corpufcules P & *p* à des diftances propor-
tionnelles aux Rayons SR & *sr*, étoient comme ces
Rayons (*Art.* 4.) ; donc à des diftances égales elles
feroient comme SR $\times \dfrac{\overline{SR}^2}{\overline{sr}^2}$ à *sr*, ou comme $\overline{SR}^3$ à $\overline{sr}^3$.

Article VII.

Que les densités des masses spheriques ABD & *abd* (*Fig.* 2.) augmentassent ou qu'elles diminuassent, les forces attractives de ces masses augmenteroient ou diminueroient dans la même proportion ; mais que la petite sphere *abd* changeât seule de densité, & que sans changer de volume, sa masse devint égale à celle de la sphere ABD, les corpuscules P & *p* se trouveroient alors également attirés, placés à des distances égales des centres S & *s*; donc en general les mêmes distances supposées, les forces attractives sont comme les masses dont elles émanent.

Article VIII.

Il suit delà que la force attractive d'une sphere quelconque ABD, est la même que celle qu'auroit une seule particule placée au centre S, & sous le volume de laquelle se ramasseroit la matiere comprise dans toute l'étenduë de la sphere.

Article IX.

Comme toute attraction est réciproque, la somme des forces avec lesquelles le corpuscule P attireroit les différentes parties de la sphere ABD, seroit égale à celle qu'il auroit pour attirer une particule placée au centre S, & dont la masse égaleroit celle de la sphere entiere.

Article X.

Lorsque deux spheres ABD & *abd* s'attirent réciproquement, l'attraction de chacune de ces spheres est en raison directe de la masse par laquelle elle est attirée,

&

& en raison inverse des quarrés des distances de leurs centres S & *s*, ce qui est évident, puisque les forces attractives des masses spheriques font les mêmes que celles qu'auroient ces masses ramassées autour de leurs centres, & réduites fous un volume indefiniment petit.

ARTICLE XI.

Un corpuscule .*p*. renfermé au-dedans d'une couche spherique *gfhi* (*Fig*. 4.), doit être également attiré de toutes parts.

Qu'on fasse passer les cordes *gh* & *fi* par le point *p*, & que les arcs *gf* & *hi* soient infiniment petits, les Triangles *gpf* & *hpi* feront femblables ; donc si les côtés *gf* & *hi* deviennent les diametres de deux figures pareillement semblables & proportionnelles aux quarrés des distances *fp* & *hp*, ou *pg* & *pi*, à cause de l'infinie petitesse des arcs *gf* & *hi* ; les forces opposées avec lesquelles ces figures attireront le corpuscule *p*, feront entr'elles comme $\dfrac{\overline{fp}^{2}}{fp^{2}}$ à $\dfrac{\overline{hp}^{2}}{hp^{2}}$, comme 1 à 1 ; donc les forces contraires devant être égales dans toute l'étenduë de la couche spherique *gfhi*, le corpuscule *p* sera également attiré de toutes parts.

ARTICLE XII.

Que le corpuscule *p* soit au-dedans d'une sphere pleine *hkl* (*Fig*. 5.), il pesera vers le centre S avec une force proportionnelle au rayon S*p* de la couche spherique *pqr* sur laquelle il se trouvera placé ; car les forces avec lesquelles il sera attiré par les couches interposées entre *pqr* & *hkl*, se détruisant réciproquement, il n'éprouvera que l'impreſſion de la force attractive de la ſphere *pqr*, impreſſion (*Art.* 4.) proportionnelle au rayon S*p*.

ARTICLE XIII.

Soit ABCD *abcd* (*Fig.* 6.) un anneau compris entre deux Ellipſes ABCD & *abcd* qu'on ſuppoſe ſemblables, concentriques & infiniment proches l'une de l'autre ; ſi cet anneau par ſa révolution ſur l'axe DB, forme une couche ſpheroïdale au-deſſous de laquelle on place un corpuſcule *p*, ce corpuſcule ſera également attiré de toutes parts.

Qu'on faſſe paſſer la corde *gh* par le point *p*, & qu'on mene le Diametre SR auquel cette corde ſervira d'ordonnée, on aura *qg = qh*, & *ql = qm*, donc *lg* égalera *mh* : que par le point *p*, on mene une autre corde *fi*, qui faſſe avec *gh* l'angle *fpg* ou *iph* infiniment aigu, & que *fpg* & *iph* ſoient pris pour deux Cones oppoſés au ſommet, il eſt clair qu'à cauſe de l'égalité des lignes *gl* & *hm*, ou *fe* & *in*, les particules *felg* & *inmh*, feront entr'elles en raiſon directe des quarrés de leurs diſtances au corpuſcule *p* ; Donc (*Art.* 12. *Diſſ.* 3.) elles attireront également ce corpuſcule de part & d'autre ; donc en general comme les forces contraires feront égales dans toute l'étenduë de la couche ſpheroïdale, le corpuſcule *p* ſera également attiré de toutes parts.

ARTICLE XIV.

Que ce corpuſcule ſoit au-dedans d'un ſpheroïde plein ABCD, ſa peſanteur ſera proportionnelle au demi-diametre S*p* de la couche ſpheroïdale *pkt* ſur laquelle il ſe trouvera placé ; car les forces avec leſquelles il ſera attiré par les couches interpofées entre *pkt* & ABCD fe détruifant réciproquement (*Art.* 13.), il n'éprouvera que l'impreffion de la force attractive du fpheroïde *pkt,* impreffion (*Art.* 5.) proportionnelle au rayon S*p*.

ARTICLE XV.

Si on fuppofe que le corpufcule *p* placé fur le prolongement de la ligne BA (*Fig.* 7.), foit attiré par tous les points de cette ligne avec des forces AK, EF, BH, qui foient en raifon inverfe des quarrés des diftances *p*A, *p*E, *p*B, l'aire comprife entre AB & la Courbe HFKZ, exprimera la force totale avec laquelle la ligne AB attirera le corpufcule *p*, & cette aire fera proportionnelle à $\frac{1}{pA} - \frac{1}{pB}$; car que la ligne BA fût prolongée jufqu'en *p*, l'aire totale *p*BHZ exprimeroit la force attractive de la ligne B*p* ; or nommant *x* la ligne *px*, l'ordonnée *x*V feroit proportionnelle à $\frac{1}{xx}$, & l'on auroit $\frac{dx}{xx}$ pour la differentielle de l'aire *px*VZ, ce qui donneroit $-\frac{1}{x}$ pour la fomme des Elemens compris entre *x*V & *p*Z ; ainfi en égalant *x* à *p*A, l'aire *p*AKZ vaudroit $-\frac{1}{pA}$: de même fi on égaloit *x* à *p*B, l'aire totale *p*BHZ égaleroit $-\frac{1}{pB}$; donc en retranchant $-\frac{1}{pA}$ de cette quantité, $\frac{1}{pA} - \frac{1}{pB}$ exprimeroit l'aire ABHK ; telle fera donc la force avec laquelle le corpufcule *p* fera attiré par la ligne AB ; *C. Q. F. D.*

A R T I C L E **XVI.**

Que le corpuscule p soit placé sur le prolongement de l'axe d'un cercle infiniment mince qui ait AR pour rayon (*Fig.* 8.) , la force avec laquelle le Plan circulaire attirera ce corpuscule , sera proportionnelle à

$$1 - \frac{pA}{pR}.$$

Si du centre p, on décrit les arcs RB , DE & $g\,de$ infiniment proche de DE, & que les ordonnées BH , EF, ef, AK , soient entr'elles en raison inverse des quarrés des distances pR, pD , pd, pA, nommant pD ou pE, x , & AD, y , on aura Dg ou E$e = dx$ & D$d = dy$; & à cause des triangles semblables D$g d$ & DAp, on aura aussi $dy = \frac{xdx}{y}$; donc la petite Zône formée par la révolution de dy autour de l'axe pA sera proportionnelle à xdx ; ainsi en multipliant xdx par $\frac{1}{xx}$, on aura $\frac{dx}{x}$ pour la force avec laquelle cette Zône attirera le corpuscule suivant la direction pD , & cette force réduite suivant la direction pA , deviendra pA $\times \frac{dx}{xx}$; mais $\frac{dx}{xx}$ égalera l'Element EFfe ; donc puisque cet élement multiplié par pA, donnera la force avec laquelle la Zône xdx attirera le corpuscule p suivant la direction pA, l'aire totale ABHK multipliée pareillement par pA donnera la force qu'aura le cercle entier pour attirer ce corpuscule suivant la même direction ; cette force (*Art.* 15.) sera donc proportionnelle à pA $\times \frac{1}{pA} - \frac{1}{pR} = 1 - \frac{pA}{pR}$;

C. Q. F. D.

ARTICLE XVII.

Soit maintenant le corpuscule p (*Fig.* 9.) placé sur le prolongement de l'axe BA du Cilindre MONR, formé par la révolution du Parallelograme MABR sur son côté AB, si on décrit la courbe HFKZ dont les ordonnées BH, EF, AK, soient comme les forces attractives des Plans circulaires RN, DG, MO, suivant la direction pA, & que par conséquent (*Art.* 16.) elles se trouvent proportionnelles à $1 - \frac{pB}{pR}$, $1 - \frac{pE}{pD}$, $1 - \frac{pA}{pM}$; égalant BR à 1, & nommant pB, x; & pA, z, l'Element de l'aire comprise entre la Courbe & la ligne pB, donnera $dx - \frac{xdx}{\sqrt{xx+1}}$ & $x - \sqrt{xx+1}$ pour l'aire entiere : de même on aura $z - \sqrt{zz+1}$ pour l'aire comprise entre la Courbe & la ligne pA ; retranchant donc cette quantité de $x - \sqrt{xx+1}$, on aura $x - \sqrt{xx+1} - z + \sqrt{zz+1}$, ou $pB - pR - pA + pM$, ou $AB - pR + pM$ pour l'aire ABHK, ou pour la force avec laquelle le Cilindre MONR attirera le corpuscule p suivant la direction pA.

ARTICLE XVIII.

Que le corpuscule p (*Fig.* 10.) soit placé à l'extremité de l'axe Bp du spheroïde applati DpGB inscrit dans le Cilindre MONR formé par la révolution du Parallelograme MpBR sur son côté pB, la force avec laquelle le spheroïde attirera le corpuscule p, sera censée être à la force attractive de la sphere dpgB qui aura Cp pour Rayon, comme la force du Cilindre MONR circonscrit au spheroïde, a la force du Cilindre *monr* circonscrit à la sphere ; c'est-à-dire que l'attraction du corpuscule par le spheroïde sera à son attraction par la sphere, comme (*Art.* 17.) $pB - pR + pM$, à $pB - pr + pm$; ainsi en supposant par exemple que pB fut à DG, comme 100 à 101, on trouveroit que la pesanteur du corpuscule sur l'axe du spheroïde, seroit à sa pesanteur sur la sphere inscrite, à peu près comme 126 à 125.

Article XIX.

Que le corpuscule p (*Fig.* 11.) se trouve placé à l'extremité de l'axe Gp du spheroïde allongé pAGB inscrit dans le Cilindre MONR formé par la révolution du Parallelograme MpGR sur son côté pG, la force avec laquelle le spheroïde attirera le corpuscule p, sera censée être à la force attractive de la sphere circonscrite qui aura Cp pour Rayon, comme la force du Cilindre MONR circonscrit au spheroïde, à la force du Cilindre *monr* circonscrit à la sphere ; ces forces seront donc entr'elles comme (*Art.* 17) $pG - pR + pM$, à $pG - pr + pm$; ainsi en supposant que pG fut à BA, comme 101 à 100, on trouveroit que la pesanteur du corpuscule sur l'axe du spheroïde allongé, seroit à sa pesanteur sur la sphere circonscrite à peu près comme 125 à 126.

Article XX.

Supposant encore que la raison de pG à BA (*Fig.* 11.) soit la même qne celle de 101 à 100, comme le spheroïde applati est moyen proportionnel géometrique entre la sphere DpEG & le spheroïde allongé, & que la pesanteur sur la sphere DpEG, est à la pesanteur sur l'extremité de l'axe Gp du spheroïde allongé BpAG,

comme 126 à 125 , on voit que si pG devenoit l'E-
quateur du spheroïde applati qui auroit AB pour axe,
les pesanteurs du corpuscule placé au point p , commun
à la sphere circonscrite & aux deux différens spheroïdes ,
pouvant être supposées proportionnelles aux masses de
ces solides , on auroit à peu près $125\frac{1}{2}$ pour la pesanteur du corpuscule sur l'Equateur du spheroïde applati.

ARTICLE XXI.

La même proportion gardée entre les Diametres pG
& BA du spheroïde applati, la pesanteur à l'extremité
de son axe BA, sera à la pesanteur sur son Equateur
PCG , comme 501 à 500.

Soient π, s, S, E, les pesanteurs prises séparement,
au Pole B du spheroïde applati, sur la sphere inscrite
BdAg , sur la sphere circonscrire DpEG, & sur l'E-
quateur pCG du spheroïde, le rapport de π à E , sera
le produit des trois rapports intermediaires , il sera composé,

Du rapport de π à s , ou de (*Art.* 18.) 126 à 125.

Du rapport de s à S, ou de (*Art.* 4.) 100 à 101.

Du rapport de S à E , ou de (*Art.* 20.) 126 à $125\frac{1}{2}$.

Donc π sera à E , comme $126 \times 100 \times 126$ à 125
$\times 101 \times 125\frac{1}{2}$ ou comme 501 à 500.

ARTICLE XXII.

Si le principe de l'attraction a lieu dans la Nature ,
il est aisé de comparer la masse du Soleil avec celles de
la Terre , de Jupiter & de Saturne ; ces masses centrales
ont des Satellites dont on connoît les distances & les
forces centripetes mesurées par les sinus verses des arcs
qu'ils décrivent dans un tems déterminé ; ainsi nommant

d, la distance d'un Satellite au centre de la masse m; & f, sa chûte initiale; comme on aura $f = \dfrac{m}{dd}$ la masse m sera proportionnelle à fdd.

Article XXIII.

Cette masse divisée par son volume, donnera sa densité; donc connoissant la grosseur du Soleil comparée à celles de la Terre, de Jupiter & de Saturne, on connoîtra aussi le rapport de leurs densités.

Article XXIV.

Qu'un Satellite p (*Fig.* 12.) à une distance déterminée Sp d'une masse centrale S pareillement déterminée, circule autour de cette masse, je dis que le tems de la révolution du Satellite, sera toûjours proportionnel à la racine de sa distance au centre commun de gravité O des deux masses.

Que p soit infiniment petit par rapport à S, le centre O se confondra avec celui de la masse centrale S; or si on suppose que ce Satellite décrive le cercle pHI, & que f exprime sa chûte initiale vers S à la distance Sp, nommant R cette distance, V la vitesse translative du Satellite, & T le tems de sa révolution, on aura $f = \dfrac{VV}{R} = \dfrac{R}{TT}$ en mettant pour V sa valeur $\dfrac{R}{T}$, d'où on tirera $T = \dfrac{\sqrt{R}}{\sqrt{f}}$.

Mais que la masse p augmente, & que le centre commun de gravité de S & de p, remonte au point O, ce sera autour de ce point que tourneront les deux masses; ainsi pendant que S décrira le cercle SKG, le Satellite p décrira

décrira le cercle pQZ ; nommant donc r le Rayon Op, v la vitesse translative du Satellite, & T le tems de sa révolution, comme la distance respective des masses S & p sera encore la même, on aura f ou $\dfrac{VV}{R}$, ou $\dfrac{R}{TT}$

$$= \frac{vv}{r} = \frac{r}{TT},$$ d'où on tirera $T = \dfrac{\sqrt{r}}{\sqrt{f}}$; donc T sera à T, comme $\sqrt{r}$ à $\sqrt{R}$; donc le tems de la révolution du Satellite autour de la masse centrale S, sera proportionnel à la racine de sa distance, au centre commun de gravité des deux masses.

<h2 align="center">ARTICLE XXV.</h2>

Si l'attraction a lieu dans la Nature, la tendence respective d'un Satellite vers la Planete à laquelle il s'associe & de la Planete vers le Satellite, augmente dans le tems des quadratures, & diminue du double de son augmentation dans le tems des Syfygies.

Supposons, par exemple, que BCGD (*Fig.* 13.) soit l'orbite de la Lune, T la Terre, & S le Soleil, si l'on prend SC égale à ST, & que la Lune étant supposée au point C vers l'une de ses quadratures, on abaisse sur ST la perpendiculaire CN ; il est clair qu'à cause de la grande disproportion des Rayons ST & TC, la perpendiculaire CN & la ligne TC seront supposées égales, aussi-bien que les distances SN & ST ; or nommant r le Rayon TC ou TG, & supposant que ST exprime la force qu'aura le Soleil pour attirer la Terre & la Lune dans le tems des quadratures, cette force décomposée donnera r pour celle qu'ajoûtera l'action du Soleil à la pesanteur réciproque des deux Planetes.

Mais que la Lune se trouve en conjonction au point

N

G, si on suppose que SM soit à ST en raison renversée des quarrés des distances SG & ST, & qu'on nomme x la distance SG, & z la ligne TM ou la différence des forces avec lesquelles le Soleil attirera la Lune placée au point G, & la Terre placée au point T, ces forces seront entr'elles comme $\frac{1}{xx}$ à $\frac{1}{xx + 2rx + rr}$, ou comme $x + r + z$ à $x + r$, proportion qui donnera $\frac{x + r}{xx}$

$= \frac{x + r + z}{xx + 2rx + rr}$, d'où on tirera $z = \frac{2rxx + 3rrx + r^3}{xx}$; or à cause de la grande disproportion des Rayons SG & TG, les termes $3rrx$ & r^3 seront censés s'évanoüir; donc la force z retranchée de la pesanteur réciproque des deux Planetes, & comparée à la force ST, égalera $2r$.

Et si on mettoit la Lune au point B en opposition avec le Soleil, & qu'on supposât que Sm fut à ST en raison inverse des quarrés des distances SB & ST, nommant y la ligne Tm, ou la différence des forces Sm & ST, on auroit $\frac{1}{xx + 4rx + 4rr}$, $\frac{1}{xx + 2rx + rr} :: x + r - y$, $x + r$ d'où on tireroit $y = \frac{2rxx + 5rrx + 3r^3}{xx + 4rx + 4rr} = 2r$ double de r augmentation de la pesanteur respective de la Lune & de la Terre dans le tems des quadratures. Il suit delà que toute compensation faite, ce que l'action du Soleil retranche de la pesanteur respective d'un Satellite quelconque & de la Planete à laquelle il se trouve associé, est à cette pesanteur comme TC distance des deux Planetes, à ST distance du Soleil à la Planete principale.

ARTICLE XXVI.

Une réflexion generale qu'on peut faire sur le principe de l'attraction, c'est qu'admettre ce principe, c'est suppoſer l'Univers infini ; car ſi tous les corps s'attirent mutuellement, les Etoiles ne reſtent en repos que parce qu'elles ſont également attirées de toutes parts, ce qui ne pourroit être s'il s'en trouvoit qui donnaſſent des bornes à la Nature. Je dis donc qu'afin que les Etoiles fixes gardent entr'elles les mêmes rapports de diſtances, il faut que leur nombre ſoit infini ; j'ajoûte qu'il faut encore qu'elles ſoient diſtribuées de maniere que rien ne puiſſe les déplacer ; car ſi les forces ſont en raiſon inverſe des quarrés des diſtances, deux maſſes qui n'auroient aucune force centrifuge, ne pourroient commencer à s'approcher l'une de l'autre, que l'équilibre général ne ſe rompit toujours de plus en plus, & que tous les corps répandus dans l'Univers ne ſe ramaſsâſſent enfin autour de leur centre commun de gravité : mais de plus, puiſque les parties de la matiere ne ſont pas toutes en repos, & qu'entre celles qui ſe meuvent, il s'en trouve dont les mouvemens ne ſont point circulaires, comment l'équilibre general peut-il ſubſiſter ? Ailleurs nous avons trouvé des reſſources dans l'arbitraire, ici nous devons recourir au miracle.

Changeons maintenant de langage, & rentrons dans le ſiſtême commun.

PRINCIPES GÉNÉRAUX
DE LA NATURE,
APPLIQUÉS
AU MECANISME ASTRONOMIQUE,
ET COMPARÉS
AUX PRINCIPES DE LA PHILOSOPHIE
DE M· NEWTON.

✳✳✳✳✳✳✳✳✳✳✳✳✳✳✳✳✳✳✳✳✳✳✳✳✳✳✳✳✳✳✳✳

CINQUIEME DISSERTATION.

Mouvement des Corps dans les Fluides.

ARTICLE I.

O N a vû qu'en analifant géometriquement la loi de Kepler, il eſt aifé de découvrir les principes generaux que ſuppoſe le méchaniſme aſtronomique.

1°. De ce que chaque Planete décrit autour du Soleil des aires proportionnelles aux tems

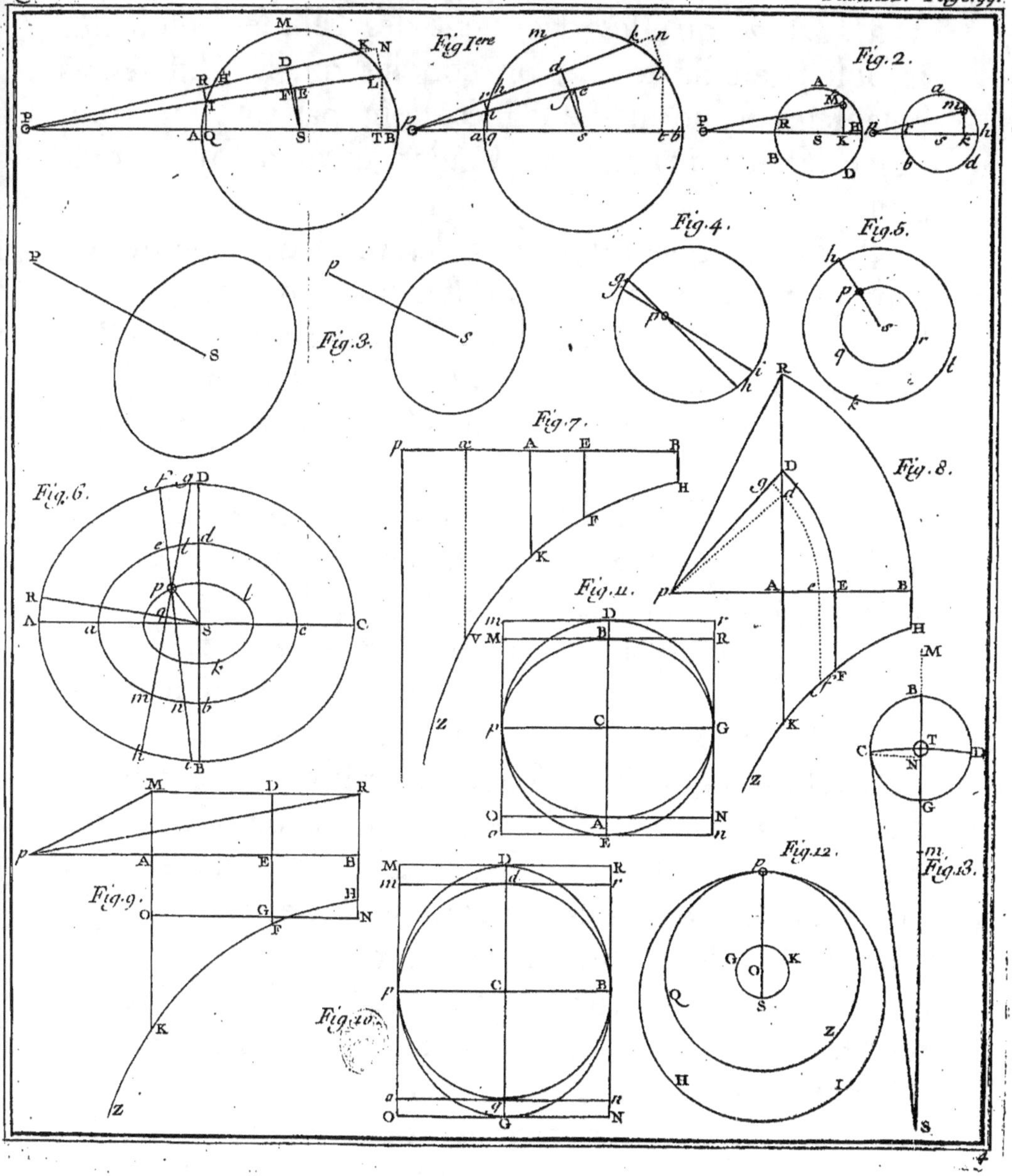

Fig. I.ere
Fig. 2.
Fig. 3.
Fig. 4.
Fig. 5.
Fig. 6.
Fig. 7.
Fig. 8.
Fig. 9.
Fig. 10.
Fig. 11.
Fig. 12.
Fig. 13.

qu'elle employe à les décrire, on conclut qu'elles se meuvent toutes comme si elles étoient dans un milieu non résistant, & qu'elles ne fussent que pesantes.

2°. De ce qu'elles décrivent des Ellipses ausquelles le Soleil sert de foyer, on conclut que les différentes pesanteurs d'une même Planete sont par-tout en raison renversée des quarrés de ses distances à ce foyer commun.

3°. De ce que les quarrés des tems des révolutions sont comme les cubes des distances moyennes, on infere que quelqu'inégales que soient les masses des Planetes, leurs chûtes initiales comparées, suivent toûjours la proportion inverse des quarrés de leurs distances au Soleil.

On a vû aussi que ceux qui abandonnent les Planetes à l'impression de la matiere etherée, & qui ne les font circuler autour du Soleil qu'en les assujettissant à suivre par-tout les mouvemens translatifs des couches sphériques de son tourbillon, se trouvent nécessairement en contradiction avec eux-mêmes ; car s'ils veulent que les vitesses translatives soient en raison renversée des distances, il est vrai qu'alors le Rayon vecteur de chaque Planete décrira des aires égales dans des tems égaux, mais aussi les tems des révolutions totales ne seront-ils plus comme les racines quarrées des Cubes des grands Axes ; ou s'ils veulent que les vitesses soient en raison renversée non des distances, mais des racines de ces distances, les tems des révolutions répondront à la vérité à ceux que demandent les observations, mais les aires décrites ne suivront plus la proportion des tems employés à les décrire.

Qu'on s'y prenne donc comme on voudra, jamais

on ne pourra s'écarter impunément des principes qui se tirent de la loi de Kepler, ces principes sont les seuls qu'il soit possible d'adapter au Méchanisme astronomique ; mais il s'agit de les justifier en se renfermant dans l'hypotèse de la plenitude universelle.

Commençons par faire voir que dans cette hypotèse les Planetes peuvent se mouvoir comme si elles étoient dans le vuide, & qu'elles ne fussent que pesantes.

ARTICLE II.

Un Fluide est une masse composée de parties indéfiniment déliées, détachées les unes des autres, & par-là susceptibles de toutes sortes d'impressions.

ARTICLE III.

Il faut distinguer dans un fluide, les parties propres qui le composent, & les particules qui occupent les interstices que ces parties laissent entr'elles, & l'on doit concevoir que la totalité de ces particules intermediaires qu'on suppose plus déliées que celles qu'elles séparent, forme un nouveau fluide que pénetre pareillement un fluide plus délié, pénetré lui-même par une matiere encore plus fluide, & ainsi à l'infini. C'est ce qu'on est en droit de supposer, parce que la matiere est infiniment divisible, & ce qu'on doit admettre, parce que les fluides prennent incessamment l'empreinte des corps solides qui les obligent de leur donner passage. Ainsi tout fluide en renferme toûjours une infinité d'autres qui lui sont heterogenes.

ARTICLE IV.

Un corps solide est un corps dont toutes les parties

font adhérentes les unes aux autres, les fluides qui remplissent fes pores, ne font point partie de fa maffe.

ARTICLE V.

Un corps foit folide, foit fluide, eft plus ou moins denfe, felon qu'il contient plus ou moins de matiere propre, fous un volume déterminé.

ARRICLE VI.

La réfiftance qu'éprouve un corps qui fe meut dans un fluide, eft la quantité de mouvement qu'il y perd à chaque inftant, quantité toûjours égale à celle du mouvement qu'acquierent les parties du fluide fuivant la direction du mouvement perdu.

ARTICLE VII.

Quand un corps folide reçoit une impreffion de mouvement, chacune des particules dont ce corps eft compofé, entre en partage de l'impreffion que reçoivent celles aufquelles le mouvement eft immédiatement communiqué ; mais quand les particules d'un fluide font frappées, comme elles ne font point attachées les unes aux autres, celles qui ne font pas immédiatement appliquées au corps qui les pouffe, s'écartent & fe dérobent en partie à l'impreffion du choc, de maniere que le corps qui fe meut dans le fluide, ne perd à chaque inftant qu'une partie du mouvement qu'il perdroit, fi les particules qui s'oppofent immédiatement à fon paffage étoient adhérentes à celles vers lefquelles elles font pouffées.

ARTICLE VIII.

Il fuit de-là, que quand un corps fe meut dans un

fluide, il doit faire circuler autour de lui une couche de matiere, ou mince ou épaiſſe, ſuivant la qualité des particules du fluide *, je veux dire ſuivant que ces particules ſont plus ou moins déliées, & qu'elles ont plus ou moins de facilité à ſe ſéparer les unes des autres ; en ſorte que le corps mû ne rencontreroit à chaque inſtant que des couches infinimenr minces, en ſuppoſant qu'il ſe trouvât dans un milieu parfaitement fluide ; ſuppoſition qu'on eſt en droit de faire, même dans l'hypotèſe de la plenitude univerſelle, puiſque dans cette hypotèſe, on eſt toûjours également obligé de reconnoître, que la matiere peut avoir plus ou moins de fluidité, & qu'en tout genre, ce qui eſt capable de plus & de moins, eſt capable de l'infini.

ARTICLE IX.

Mais il faut remarquer qu'un mobile mû dans un milieu infiniment fluide, & qui ne rencontre à chaque inſtant que des couches infiniment minces, peut n'employer qu'une infinitiéme partie de ſa force à pouſſer en avant les particules infiniment déliées qu'il rencontre en ſon chemin. Pour éclaircir ce que je dis, je ſuppoſe qu'une maſſe ACDB, (*Fig.* 1.) ſoit pouſſée vers une autre maſſe FHIG, & que le milieu qui les ſépare, ſoit infiniment peu fluide, on voit que toute l'action du corps mis en mouvement, tombera à la fois, & ſur toutes les parties que renfermera l'eſpace BDHF, & ſur le corps FHIG ; mais qu'on donne un peu de fluidité aux parties qui ſe trouveront entre les ſurfaces BD

---

* *Medium cedendo projectilibus, non recedit in infinitum, ſed in circulum eundo pergit ad ſpatia quæ corpus relinquit à tergo* . . . .
M. Newton, page 334. Phil. nat. Princip. Mathemat.

&

& FH, ces parties commenceront à s'échapper fuivant des directions laterales, & l'impreffion que ce corps faifoit fur FHIG par l'entremife des particules intermediaires, commencera à s'affoiblir & s'affoiblira toûjours de plus en plus, à mefure qu'on augmentera la fluidité du milieu BDHF, en forte que fi cette fluidité devenoit infinie, le corps ACDB ne feroit impreffion fur FHIG, que dans l'inftant qu'il le joindroit ; donc les parties du fluide n'auroient point été pouffées en avant, elles fe feroient échappées fuivant des directions paralleles aux furfaces BD, FH, conformément aux loix de l'hidroftatique. C'eft que la plus legere impreffion faite fur un fluide infiniment délié, doit l'obliger à couler par le chemin le plus court vers l'endroit que quitte le corps auquel il eft obligé de donner paffage.

ARTICLE X.

Je dis plus, la viteffe avec laquelle s'échappe lateralement un fluide, peut devenir infinie, c'eft ce qui arrivera, par exemple, dans l'inftant qui précedera celui du contact des deux corps ACDB, FHIG ; c'eft-à-dire dans l'inftant où l'efpace par lequel les furfaces BD & FH feront féparées, fe trouvera réduit à un efpace infiniment mince ; car puifque les particules qui feront comprifes entre BD & FH, & qui ne feront point voifines des bords de ces furfaces, auront un efpace fini à parcourir dans un tems infiniment petit, il faudra de néceffité que la viteffe avec laquelle elles s'échapperont devienne infinie.

ARTICLE XI.

Juftifions encore par la loi de la Statique, que tout

mouvement fini peut produire une vitesse infinie dans un milieu parfaitement fluide. Je suppose qu'un vase ABCD, rempli d'eau (*Fig.* 2.), ait vers le fond BC une ouverture F par où l'eau s'écoule, la vitesse avec laquelle elle s'écoulera, sera la même que celle qu'acquereroit un corps en tombant de la hauteur DF, & si on éleve la colonne qui forcera l'eau à sortir par l'ouverture F, le mouvement du jet augmentera dans la proportion du poids de la colonne, & cela parce que la vitesse aussi-bien que la quantité d'eau qui jaillira, seront également proportionnelles à la racine de ce poids ; mais que sans élever la colonne, on augmente la vitesse de sa chûte initiale, le mouvement du jet augmentera encore suivant la proportion du poids ; en sorte que si la vitesse initiale de la chûte augmentoit infiniment, & qu'elle devint finie, le mouvement du jet deviendroit infini ; ainsi en exprimant ce mouvement par ∞, $\sqrt{\infty}$ exprimeroit la vitesse avec laquelle l'eau s'échapperoit lateralement par l'ouverture F, en supposant néanmoins que la grossiereté de ses particules, ne fit aucun obstacle à son passage, ou plûtôt en supposant que l'eau devint aussi fluide que l'ether ; donc dans ce cas la vitesse du jet seroit infiniment plus grande que toute vitesse finie, donc tout poids infini peut occasionner une vitesse infinie dans un fluide parfaitement fluide ; or puisque le poids d'un corps est proportionnel à sa masse multipliée par sa vitesse initiale, il est clair qu'une masse finie qui commence à se mouvoir avec une vitesse pareillement finie, équivaut à un poids infini ; donc un mouvement fini peut occasionner une vitesse infinie dans un milieu parfaitement fluide. Il suit de-là que conformément à ce que j'ai déja dit, les particules que rencontre in-

ceſſamment un corps qui ſe meut dans un fluide, pourroient à la rigueur ne recevoir qu'une infinitiéme partie
de l'impreſſion qu'elles recevroient, en ſuppoſant qu'elles n'euſſent pas la facilité de s'échapper ſuivant des directions latérales : or dès qu'un mobile ne pouſſe pas devant
lui toute la matiere qu'il déplace, & qu'il ne fait pour
ainſi dire, que l'écarter pour s'ouvrir un paſſage, il eſt
clair que la réſiſtance qu'il éprouve à chaque inſtant,
peut être plus ou moins grande, qu'elle peut même
devenir nulle ; car on a vû, (*Diſſ. 2. art. 25.*) qu'un
mouvement ne s'affoiblit qu'en ſe communiquant ſuivant la direction qui lui eſt propre, & qu'un mouvement direct ne ſouffre aucune diminution par les mouvemens lateraux qu'il occaſionne.

ARTICLE XII.

Quand un corps ſe meut avec une viteſſe déterminée, dans un eſpace rempli de différens fluides, la réſiſtance qu'il éprouve ne répond pas ſeulement à l'épaiſſeur des couches qu'il fait circuler autour de lui, elle
répond encore à la denſité de ces couches, & l'on voit
que cette denſité eſt relative ; elle doit toûjours être proportionnelle à la quantité de matiere à laquelle les pores
du corps mû refuſent un libre paſſage.

ARTICLE XIII.

Il ſuit de-là qu'un même corps peut éprouver différentes réſiſtances dans différens fluides.

ARTICLE XIV.

Il ſuit encore de-là, que dans un même fluide différens corps de même figure & d'un égal volume, peu-

vent éprouver différentes réſiſtances ; car qu'on ſuppoſât par exemple, que la ſurface d'un corps fut abſolument impénétrable, ce corps ne pourroit ſe mouvoir dans un fluide, qu'il ne pouſsât toutes les parties renfermées dans la couche qu'il feroit circuler autour de lui ; ainſi la denſité relative de cette couche devenant infinie, la réſiſtance qu'éprouveroit le corps qui la pouſſeroit, ſeroit à chaque inſtant la plus grande qu'il pourroit éprouver relativement à ſa viteſſe & à la nature du fluide dont il dérangeroit les parties.

ARTICLE XV.

Quand un corps ſe meut dans un fluide dont les parties ſont indefiniment déliées, la quantité de matiere qu'il rencontre ou qu'il ramaſſe à chaque inſtant, eſt proportionnelle à ſa viteſſe actuelle, ou ſi l'on veut, à l'eſpace qu'il parcourt dans cet inſtant.

ARTICLE XVI.

Quelle que ſoit la réſiſtance qu'éprouve à chaque inſtant un corps qui ſe meut dans un fluide, il ſera toûjours aiſé de déterminer la proportion que formera la ſuite de ſes viteſſes réſiduës ; car ſuppoſons que le corps a, ayant 1 de maſſe & 1 de viteſſe, pouſſe dans le premier inſtant de ſon mouvement une quantité de particules dont la maſſe totale ſoit x, ſa viteſſe réſiduë après le choc ſera (*Diff.* 2. *art.* 16.) ſuivant la loi de la communication des mouvemens $\frac{a}{a+x}$; or puiſque la quantité des particules pouſſées par le corps a, doit toûjours répondre à la viteſſe actuelle de ce corps, cette quantité dans le second instant égalera $\frac{ax}{a+x}$; car si avec 1 de vitesse, le corps pousse x de matiere, il est clair qu'avec $\frac{a}{a+x}$ de vitesse, la quantité de matiere qu'il poussera, égalera $\frac{ax}{a+x}$; mais le mouvement de ce corps après sa premiere perte étant $\frac{aa}{a+x}$, ce mouvement divisé par $\frac{aa+2ax}{a+x}$ somme des deux masses, donnera $\frac{a}{a+2x}$ pour la vitesse résiduë à la fin du second instant ; de même on aura la quantité ou la somme des particules poussées par ce corps après la seconde perte, en faisant cette nouvelle proportion, 1, x :: $\frac{a}{a+2x}$, $\frac{ax}{a+2x}$; or le mouvement du corps a après la seconde perte étant $\frac{aa}{a+2x}$, si on divise ce mouvement par $\frac{aa+3ax}{a+2x}$ somme des deux masses, on aura pour la vitesse résiduë du corps a au troisiéme instant $\frac{a}{a+3x}$, & l'on trouvera en réïtérant la même opération que la suite des vitesses résiduës de ce corps dans tous les momens successifs de son mouvement, formera la progression harmonique $\frac{a}{a+x}$, $\frac{a}{a+2x}$, $\frac{a}{a+3x}$, $\frac{a}{a+4x}$, &c.

ARTICLE XVII.

Soit RSTV une hiperbole Equilatere qui ait la ligne Cz pour assymptote, & le point R pour sommet, si on prend RM proportionnelle à la vitesse primitive d'un corps qui se meut dans un fluide, & qu'on partage la ligne Mz en une infinité de parties égales & infiniment petites MN, NO, OP, &c. les ordonnées NS, OT, PV, &c. marqueront les vitesses résiduës du mobile, & les parties égales MN, NO, OP, &c. exprimeront les instans ausquels répondront ces vitesses, ce qui est évident, puisque les ordonnées MR, NS, OT, PV, formeront entr'elles une Progression harmonique.

A R T I C L E   XVIII.

Les différences des Ordonnées, ou les résistances seront comme les quarrés des vitesses ; car si CR est la moitié de l'axe, nommant a, la ligne CM égale à MR; x, chacune des abcisses, & y chacune des ordonnées, on aura $aa = xy$ ou $\frac{aa}{y} = x$, ou $-\frac{aady}{yy} = dx$ ou $- dy = \frac{yydx}{aa}$; donc à cause des constantes dx & aa, on aura la résistance $- dy$ proportionnelle à yy.

A R T I C L E   XIX.

Les espaces infiniment petits parcourus dans les instans MN, NO, OP, seront entr'eux comme les aires MS, NT, OV, & l'espace total que parcourera le mobile dans un tems fini quelconque MP, sera proportionnel à l'aire MRVP que renfermeront les ordonnées MR VP ; ainsi comme cette aire sera elle-même infiniment petite par rapport à l'aire totale comprise entre l'hiperbole & son assimptote, il est clair que le mobile parcourera un espace infini dans un tems infini.

ARTICLE XX.

Si les abcisses CM, CN, CO, CP (*Fig.*4.), forment une progression géométrique, les tems MN, NO, OP, en formeront une pareille, aussi-bien que les vitesses MR, NS, OT, PV; mais les termes de celle-ci seront dans un ordre renversé.

ARTICLE XXI.

La progression supposée, les aires MS, NT, OV, feront égales; ainsi dans les tems MN, NO, OP, le mobile parcourera des espaces égaux.

ARTICLE XXII.

Si c'est la raison double qui regne dans la progression des abcisses, les lignes droites RN, SO, TP, toucheront la courbe aux points R, S, T, & les triangles MRN, NSO, OTP, seront égaux aussi-bien que les Parallelogrames MRDN, NSGO, OTHP.

ARTICLE XXIII.

On pourroit supposer que le mobile n'éprouveroit aucune résistance; dans ce cas les espaces qu'il parcoureroit avec les vitesses MR, NS, OT, seroient proportionnels aux rectangles égaux MRDN, NSGO, OTHP.

On pourroit supposer encore, que les résistances qu'éprouveroit le mobile en commençant à se mouvoir avec les vitesses MR, NS, OT, seroient constantes & égales aux différentielles de ces vitesses, dans ce cas le mobile perdroit tout son mouvement dans les tems MN, NO, OP, après avoir parcouru des espaces proportionnels aux triangles égaux MRN , NSO , OTP ; mais nous fuppofons que les réfiftances décroiffent inceffamment dans le rapport des quarrés des viteffes ; or dans ce cas, les efpaces que parcourt le mobile dans les tems MN , NO , OP , font proportionnels aux aires égales MRSN, NSOT, OTVP.

A R T I C L E   XXIV.

Comme un corps acquereroit tout fon mouvement avec une force conftante , égale à celle qui le lui feroit perdre (les tems fuppofés les mêmes) il fuit évidemment de ce que nous venons de dire , qu'en fuppofant les réfiftances dans la proportion des quarrés des viteffes , un mobile perdra la moitié de fon mouvement dans le tems qu'il le perdroit ou qu'il l'acquereroit tout entier avec une force conftante , égale à la premiere réfiftance qu'il éprouvera dans le fluide. On voit par exemple , que fi le mobile commence à fe mouvoir avec la viteffe MR , il aura perdu la moitié de cette viteffe à la fin du tems MN , le même que celui pendant lequel fon mouvement primitif feroit ou produit ou détruit avec une force conftante égale à la différentielle de MR.

A R T I C L E   X X V.

Les mêmes chofes fuppofées que dans les articles précedens , & nommant V la viteffe primitive MR , T le tems CM ou MN pendant lequel cette viteffe feroit ou produite ou détruite avec une force conftante égale à dV , fi x marque le tems à la fin duquel la viteffe V fe trouvera réduite à une viteffe quelconque exprimée

par

par la fraction $\frac{V}{n}$ plus petite que $\frac{V}{I}$, & qui par conféquent aura pour dénominateur un nombre entier ou rompu plus grand que l'unité, la proportion T, T $+ x :: \frac{V}{n}$, V donnera le tems x égal à $\overline{n-I} \times$ T ; ainfi en fuppofant par exemple que $\frac{V}{n}$ fut à V, comme $\frac{1}{3}$ à I, x égaleroit 2T ; c'eft-à-dire que la viteffe primitive MR (V) deviendroit $\frac{V}{3}$ dans un tems double de celui où le mouvement feroit ou produit ou détruit avec une force égale à la premiere réfiftance que lui feroit le fluide.

ARTICLE XXVI.

Dans les fluides dont les particules font infiniment déliées, les réfiftances font comme les denfités relatives (les viteffes fuppofées les mêmes). Si le corps a, avec I de viteffe pouffe dans un fluide une quantité de matiere exprimée par x, & que celle qu'il pouffe dans un autre fluide avec la même viteffe, foit égale à z, on aura $\frac{a}{a+x}$ & $\frac{a}{a+z}$, pour les viteffes réfiduës, d'où il fuit que les mouvemens perdus feront $\frac{ax}{a+x}$ & $\frac{az}{a+z}$, ainfi en fuppofant les quantités x & z infiniment petites, les pertes feront entr'elles comme x à z, ou comme les denfités relatives.

ARTICLE XXVII.

Montrons encore que dans un milieu infiniment fluide, les réfiftances font comme les quarrés des viteſſes. Soient a & b, deux corps homogenes égaux & ſemblables qui ſe meuvent dans le même fluide avec les viteſſes V & v, les ſommes des particules que ces corps ramaſſeront dans le fluide ſeront entr'elles comme Vx à vx (*Art.* 15.); ainſi on aura pour les viteſſes ré-ſiduës aprés le premier choc, $\frac{aV}{a+Vx}$ & $\frac{bv}{b+vx}$, & les mouvemens perdus ſeront $\frac{aVVx}{a+Vx}$ & $\frac{bvvx}{b+vx}$, donc en ſuppoſant les ſommes des maſſes rencontrées infiniment petites, les pertes ſeront entr'elles comme VV à vv.

Article XXVIII.

Si dans un milieu infiniment fluide, deux corps ſup-poſés inégaux, mais homogenes, de même figure, & ayant la même viteſſe, préſentent dans le même ſens leurs ſurfaces homologues aux parties du fluide, ſui-vant la direction de leurs mouvemens, les réſiſtances qu'éprouveront ces deux corps, ſeront comme leurs ſurfaces homologues.

Soit V la viteſſe commune des corps m & n, ſi on ſuppoſe que leurs ſurfaces ſoient S & s les ſommes des particules que ces corps ramaſſeront dans le fluide, ſe-ront entr'elles comme Sx à sx; ainſi on aura pour les viteſſes réſiduës après le premier choc $\frac{mV}{m+Sx}$ & $\frac{nV}{n+sx}$, d'où il ſuit que les mouvemens perdus ſeront $\frac{mVSx}{m+Sx}$ & $\frac{nVsx}{n+sx}$; donc, ſi on ſuppoſe les ſommes des maſſes rencontrées infiniment petites, les pertes ou les réſiſ-tances ſeront comme S à s, ou comme les ſurfaces.

ARTICLE XXIX.

De ce qui vient d'être prouvé dans les Articles 26 27 & 28, il fuit qu'en nommant x & z, les denfités relatives de deux différens fluides où fe meuvent les corps m & n, avec les viteffes V & v, & ayant S & s pour leurs furfaces, les réfiftances feront entr'elles comme xVVS à $zvvs$, c'eft-à-dire comme les denfité relatives multipliées par les quarrés des viteffes, & par les furfaces.

ARTICLE XXX.

Un corps qui fe meut dans un fluide avec une viteffe déterminée, doit éprouver différentes réfiftances, fuivant les différens côtés par lefquels il pouffe les parties du fluide, il n'y a que la fphere qui, à caufe de l'uniformité qui regne dans toutes les parties de fa furface, doive toûjours éprouver la même réaction de la part de celles du fluide, quelque côté qu'elle leur préfente, pourvû que ce foit avec la même viteffe qu'elle les frappe.

ARTICLE XXXI.

On fuppofe maintenant qu'un folide m (*Fig. 5.*) formé par la révolution de la courbe AHD autour de fon axe, fe meuve dans un fluide fuivant la direction CA, & l'on demande quel mouvement perdra ce mobile dans le premier inftant du choc, par rapport à celui qu'il perdroit, fi confervant fa viteffe, il fuivoit la direction AC.

RESOLUTION.

Soit AV ou HV la viteffe du folide m, fi fur la

tangente au point H on éleve une perpendiculaire, &
qu'on mene VZ parallele à cette tangente, il eſt clair
que la ligne HZ marquera & la viteſſe avec laquelle
le corps *m* pouſſera les parties du fluide ſuivant la direction HZ & (*Art.* 15.) la quantité des particules que
ce corps fera mouvoir par l'entremiſe de H, d'où il
ſuit que le mouvement communiqué aux parties du
fluide, ſuivant la direction HZ, ſera proportionnel à
HZ^2 conformément à ce qui a déja été démontré (*Art.*
27.) Mais ſi on abaiſſe ſur HV la perpendiculaire ZT,
le mouvement ſuivant la direction HZ, ſera au mouvement ſuivant la direction HV comme HZ à HT ;
ainſi on aura cette proportion HZ, HT :: HZ^2, HZ×HT,
donc HZ × HT exprimera le mouvement que le corps
m communiquera au fluide par l'entremiſe du point H,
& ſuivant la direction HV ; donc celui qu'il lui communiquera ſuivant la même direction par l'Element
H*h*, ſera HZ × HT × H*h*. Maintenant ſi des points H &
h ſuppoſés infiniment proches l'un de l'autre, on abaiſſe
les ordonnées HP, *hp*, & qu'on nomme AP, *x*, &
HP, *y*, on aura P*p* ou ſon égale *l*H $= dx$, *lh* $= dy$ &
H*h* $= \sqrt{dx^2 + dy^2}$; nommant auſſi les viteſſes AV ou
HV, V, les triangles ſemblables H*lh*, VZH & ZTH

donneront $HZ = \dfrac{V dy}{\sqrt{dx^2 + dy^2}}$ & $HT = \dfrac{V dy^2}{dx^2 + dy^2}$; ainſi

HZ × HT × H*h* deviendra $\dfrac{VV dy^3}{dx^2 + dy^2}$, or en nommant *r*

le rayon CD, & *c* la circonférence du cercle DC*d*,

celle du cercle qui aura *y* pour rayon ſera $\dfrac{cy}{r}$; donc

$\dfrac{cVV y dy^3}{r \times dx^2 + dy^2}$ marquera le mouvement que la Zône formée par la révolution de Hh, imprimera aux parties du fluide fuivant la direction HV ; ainfi en tirant de l'équation à la courbe, l'integrale de cette quantité, il ne s'agira plus que de la comparer avec $\frac{cVVr}{2}$ mouvement que le corps m, perdroit dans le premier inftant du choc, fi avec la viteffe V il fuivoit la direction AC ; on aura donc par ce moyen le rapport cherché des deux pertes.

EXEMPLE.

Soit le corps m une hemifphere, l'équation à la courbe fera $2rx - xx = yy$, & l'on aura $rdx - xdx = ydy$, & $dx^2 = \frac{yydy^2}{r-x^2} = \frac{yydy^2}{rr-yy^2}$, ainfi en mettant cette valeur de dx^2 dans la formule $\frac{cVVydy^3}{r \times dx^2 + dy^2}$ on aura $\frac{cVVrrydy - cVVy^3\,dy}{r^3}$ dont l'integrale en égalant y à r, fera $\frac{cVVr}{4}$ égale à la réfiftance qu'éprouvera l'hemifphere en fuivant la direction CA ; mais puifque celle qu'elle éprouveroit en fuivant la direction AC égaleroit $\frac{cVVr}{2}$ les pertes feroient entr'elles comme 1 à 2.

ARTICLE XXXII.

La réfolution précedente eft fondée fur les premieres loix du mouvement ; il eft clair que quand le corps m, fe meut dans un fluide avec la viteffe & fuivant la direction HV, il ramaffe par le point H, les particules qui fe trouvent dans la ligne HZ, & les pouffe avec une viteffe égale à HZ, il faut donc que le mouvement qu'il communique au fluide par l'entremiſe de ce point, ſoit proportionnel à HZ^2, ce qui s'accorde avec ce qu'on a déja démontré ; mais ce mouvement réduit ſuivant la direction HV devient $HZ \times HT$, ainſi $HZ \times HT$ étant multiplié par l'element H*h* doit donner la ſomme des mouvemens que perd le corps *m*, en frappant le fluide par l'element H*h*. Je ſçai que ce n'eſt pas ainſi qu'on a coutume de s'y prendre pour réſoudre ce problême ; on ſuppoſe que le corps *m* en frappant le fluide par le point H, pouſſe la colonne HV, mais avec la viteſſe HT, ce qui implique ; car ſi c'eſt la colonne HV que frappe le corps *m*, ce corps ne peut pas la pouſſer avec moins de viteſſe qu'il n'en conſerve après l'avoir frappée ; ainſi on a tort de ſuppoſer comme on le fait comunément, que le mouvement ommuniqué au fluide par le point H, eſt égal à $HV \times HT$. On ſuppoſe encore que l'élement H*h*, ne frappe qu'autant de colonnes qu'en frapperoit l'élement *hl* ; ainſi pour avoir le mouvement communiqué par H*h*, on multiplie $HV \times HT$ par *hl* ou *dy*, en quoi on s'écarte encore des principes reçûs : Il eſt évident que tous les points de l'élement H*h* frappent également les colonnes qui leur répondent, & qui portent perpendiculairement ſur H*h* regardée comme tangente à la courbe. Heureuſement cette ſeconde erreur corrige la premiere ; car à cauſe des triangles ſemblables HZV & *hl*H, on a HV, HZ :: H*h*, *hl*, & $HV \times hl = HZ \times Hh$; ainſi $HV \times HT \times hl$ ſe trouve égal à $HZ \times HT \times Hh$ mouvement communiqué aux parties du fluide par l'élement H*h* ſuivant la direction HV.

ARTICLE XXXIII.

Le mouvement que perd le corps m, lorsqu'avec AV de vitesse il pousse les parties du fluide, est précisément le même que celui qu'il acquereroit si le fluide ayant la même vitesse, venoit le frapper avec une direction parallele à VC ; c'est que dans le mouvement tout est relatif & réciproque.

ARTICLE XXXIV.

La circulation des parties d'un fluide dans lequel un corps se meut, ne peut être parfaite que quand ces parties sont infiniment déliées, car lorsqu'elles sont finies & grossieres, elles s'embarrassent dans leur cours ; ainsi ne pouvant se replier de maniere qu'elles embrassent aisément le corps auquel elles doivent donner passage , il faut que le fluide se condense, & que la couche que ce corps fait mouvoir s'épaississe.

ARTICLE XXXV.

Si un corps plongé dans un fluide pesant & comprimé étoit tout-à-coup anéanti , les particules voisines de l'espace qu'il cesseroit de remplir , viendroient l'y remplacer avec une vitesse proportionnelle à la racine de la hauteur du fluide ; or je dis qu'elles le remplacent de même & avec la même vitesse quand il vient à se mouvoir ; aussi les particules qu'il trouve sur son chemin ne sont-elles plus obligées de faire une circulation entiere autour de lui, à moins que la vitesse avec laquelle il se meut , ne l'emporte sur celle qu'a le fluide pour le suivre en conséquence de la pesanteur de toutes ses parties , encore n'auroit-on pas même de circulation dans ce cas, si le fluide étant élastique, la vitesse de sa dilatation ou du développement des particules placées derriere le mobile suppleoit au trop de lenteur de leurs mouvemens translatifs.

Cela conçû, on concevra aussi qu'il pourroit y avoir tel fluide où la résistance qu'éprouveroit un corps en mouvement deviendroit nulle ; Je suppose toûjours que le fluide soit infiniment fluide, ce qu'il est permis de supposer, puisque comme je l'ai déja dit, ce qui est capable de plus & de moins, est capable de l'infini.

Que les particules d'un fluide admissent des vuides entr'elles, un mobile qui les rencontreroit dans son chemin, les pousseroit en avant, rien ne les déroberoit à l'impression du choc, leurs écarts suivant des directions laterales n'auroient plus lieu, donc elles feroient perdre au mobile tout le mouvement qu'elles en recevroient, donc ce n'est que dans l'hipotèse de la plenitude universelle qu'on peut supposer des fluides non résistans.

ARTICLE XXXVI.

On sçait que les liqueurs qu'on doit regarder comme des fluides comprimés pesent en tout sens suivant leurs hauteurs & leurs bazes, & toûjours perpendiculairement aux surfaces des corps qu'elles pressent ; ainsi en supposant qu'un vase MSTN (*Fig.* 6.) soit rempli d'eau, & que sur un des côtés du vase on prenne une surface infiniment petite Hh, cette surface sera pressée avec une force égale au poids d'une colonne qui s'élevant perpendiculairement sur Hh, auroit une hauteur égale à HG distance du point H à la ligne horisontale MN.

Maintenant si on suppose qu'un corps formé par la révolution de la courbe AD (*Fig.* 7.) autour de son axe AC,

AC , foit plongé dans le vafe MSTN rempli d'eau jufqu'à la hauteur MN , & que l'axe CA réponde perpendiculairement à la furface MN, on aura ainfi l'impreffion
que fera le fluide fur le corps DA*d*.

Que fur un point quelconque de la furface DA*d* on
éleve une perpendiculaire HZ égale à HG diftance du
point H à la furface MN ; cette perpendiculaire reprefen-
tera , & la colonne dont le point H portera le poids , & la
direction fuivant laquelle le corps DA*d* fera pouffé par
cette colonne ; mais pour avoir l'impreffion qu'elle fera
fur ce corps fuivant la direction GH parallele à AC ,
on abaiffera fur HG la perpendiculaire ZQ , & alors
QH exprimera le poids de ZH évalué fuivant la direction parallele à l'axe AC ; or fi des points H & *h* fuppofés infiniment proches l'un de l'autre , on abaiffe les
ordonnées HP , *hp* & qu'on nomme l'axe AC *a* , la perpendiculaire CAF , *f*, la coupée AP , *x* , & l'ordonnée
PH , *y* , on aura HG ou HZ $= f - a + x$, P*p* ou fon
égale H*l* $= dx$, *lh* $= dy$, H*h* $= \sqrt{dx^2 + dy^2}$, & les triangles
femblables H*hl* & ZHQ donneront HQ $= \dfrac{fdy - ady + xdy}{\sqrt{dx^2 + dy^2}}$

égal au poids de ZH évalué fuivant la direction QH : de
plus, fi on nomme le rayon CD , *r* , & la circonférence du
cercle DC*d* , *c* , celle du cercle qui aura *y* pour rayon
fera $\dfrac{cy}{r}$; donc en multipliant $\dfrac{fdy - ady + xdy}{\sqrt{dx^2 + dy^2}}$ par $\dfrac{cy}{r}$ &

par H*h* $= \sqrt{dx^2 + dy^2}$, on aura $\dfrac{cfydy - caydy + cxydy}{r}$

pour l'impreffion que la petite Zône formée par la révolution de H*h*, recevra du fluide fuivant la direction
QH ; ainfi l'impreffion totale fuivant la même direction

fera exprimée par l'integrale de $\frac{cfy\,dy}{r}$ moins l'integrale de $\frac{cay\,dy - cxy\,dy}{r}$; or en intégrant $\frac{cfy\,dy}{r}$ & en égalant y à r, on aura $\frac{cfr}{2}$ égal à un Cilindre qui auroit le cercle DCd pour bafe & f pour hauteur ; donc l'impreffion fur toute la furface DAd égalera le poids de ce Cilindre, moins l'intégrale de $\frac{cay\,dy - cxy\,dy}{r}$ qui donnera l'efpace occupé par le folide DAd : & pour avoir cette intégrale on fe fervira de l'équation à la courbe DAd ; par exemple, fi cette courbe eft la demi-circonférence d'un cercle on aura $y\,dy = a\,dx - x\,dx$, & cette valeur de $y\,dy$ fubftituée dans $\frac{cay\,dy - cxy\,dy}{r}$ donnera $\frac{caa\,dx - 2cax\,dx + cxx\,dx}{r}$ dont l'intégrale fera $\frac{caax}{r} - \frac{caxx}{r} + \frac{cx^3}{3r}$ ou $\frac{crr}{3}$ en égalant a & x à r ; de même fi la courbe DAd eft une parabole, on aura $y\,dy = \frac{dx}{2}$ en prenant le Parametre pour l'unité, & cette valeur étant fubftituée dans $\frac{cay\,dy - cxy\,dy}{r}$ donnera $\frac{ca\,dx - cx\,dx}{2r}$ dont l'intégrale fera ou $\frac{cax}{2r} - \frac{cxx}{4r}$ $= \frac{cayy}{2r} - \frac{cxyy}{4r}$ en mettant yy à la place de x, ou $\frac{car}{4}$ en égalant y à r & x à a ; ainfi le poids que portera l'hemifphere DAd vaudra celui d'une colonne qui auroit pour Bafe $\frac{cr}{2}$ ou le cercle DCd & pour hauteur $f - \frac{2}{3}r$; & le poids dont fera chargée la furface convexe du Conoïde parabolique DA*d* vaudra celui d'une colonne qui auroit encore $\frac{cr}{2}$ pour bafe, mais dont la hauteur égaleroit $f - \frac{1}{2}a$.

On tire du même principe que la colonne qui réagira fur la furface du cercle DC*d* fuivant la direction CA, aura plus de force que celle qui preffera la furface DA*d* fuivant la direction AC ; ce qui eft évident, puifque les colonnes feront entr'elles comme $\frac{cfr}{2}$ à $\frac{cfr}{2}$ moins un volume d'eau égal au folide DA*d*.

Mais il s'offre ici trois cas différens, car on peut fuppofer que le poids abfolu du corps DA*d* fera ou plus fort ou plus foible que celui d'un pareil volume d'eau, ou que ces poids feront égaux ; dans le premier cas, la colonne qui réagira fuivant la direction CF devenant moins forte que le poids du folide, plus celui de la colonne dont il fera chargé, ce corps defcendra vers O ; dans le fecond cas il montera vers F ; & dans le troifiéme il reftera en équilibre.

ARTICLE XXVII.

Si on fuppofe maintenant que le folide DA*d* foit pouffé vers F avec une viteffe plus grande que celle qu'aura la colonne qui s'élevera vers la furface D*d*, je dis que cela n'empêchera point que le fluide ne réagiffe fur cette furface. On voit que quand les particules que rencontrera le folide viendront fe rendre vers la furface D*d*, ces particules en fe ramaffant ajoûteront à la colonne inférieure ce qu'il lui manquera de hauteur pour atteindre le mobile.

A R T I C L E XXXVIII.

Mais qu'on supprime par la pensée la colonne qui réagira sur la surface D*d*, il est clair que le mobile en avançant vers F, éprouvera une double résistance ; 1°. celle que lui feront les particules qu'il obligera de s'écarter pour lui donner passage, 2°. la résistance que lui fera son propre poids, plus le poids de la colonne qui s'appuyera sur la surface DA*d* ; la première résistance qu'il éprouvera sera relative à sa courbure & à sa vitesse, comme on l'a démontré dans les Articles 31. & 27. l'autre sera également indépendante & de sa vitesse & de sa courbure, elle ne dépendra que de son poids & de la hauteur de la colonne qui pressera la surface DA*d*.

Qu'un corps soit exposé au courant d'un fleuve, il recevra la double impression dont je viens de parler, il sera pressé à la fois & par l'action des particules qui se détourneront à sa rencontre, & par le poids d'une colonne d'eau qui aura pour hauteur celle de sa chûte ; car alors chaque couche du fluide coulera sur un plan incliné, & comme dans ce cas l'eau fuira au-dessous du corps poussé, elle ne pourra opposer aucune force rétroactive à celle qui sollicitera ce corps à suivre la direction du courant.

A R T I C L E XXXIX.

C'est faute d'avoir distingué ces deux sortes de résistances, que M. Newton a crû pouvoir démontrer qu'un corps d'une densité égale à celle d'un fluide dans lequel on le feroit mouvoir, perdroit bientôt une partie considérable de sa vitesse ; qu'une sphere, par exemple, perdroit la moitié de la sienne en moins de tems qu'elle n'en employeroit à parcourir d'un mouvement uniforme, un espace égal à trois fois son diametre ; si cela étoit, il faudroit conclure avec M. Newton, qu'il ne seroit pas possible de sauver l'hipotèse du plein, c'est qu'il est démontré par la loi de Kepler que les Planetes se meuvent comme si elles n'étoient que pesantes, & qu'elles fussent dans le vuide. * Je conviens qu'on démontre d'ailleurs que l'espace & la matiere sont une même chose, que le vuide n'est que la matiere même dépouillée de toute qualité sensible ($1^{ere.}$ Diss.), qu'il implique contradiction, ou que ce qui ne seroit rien fut étendu, figuré, divisible, ou que ce qui seroit quelque chose, ne fut ni mode ni substance ; voilà ce qu'on démontre : mais si la Géometrie démontre le contraire, à quoi nous en tiendrons-nous ? tout deviendra Problematique ; les idées les plus claires & les plus distinctes pourront nous imposer ; il est donc nécessaire d'analiser ici le raisonnement de M. Newton , & de voir s'il est tel qu'il doive nous obliger à nous mettre en garde contre ceux que fournit la Philosophie Cartesienne.

Supposons avec cet illustre Géometre qu'un espace MRVN (Fig. 8.) étant rempli d'eau jusqu'à la hauteur MN, la surface du fluide soit touchée par le fond CD d'un vase suspendu ACDB, si à ce vase on adapte un canal cylindrique ESTF ouvert par ses extremités EF & ST & dont l'axe IG prolongé jusqu'au point H, tombe perpendiculairement sur la surface AB supposée parallele à la surface MN, & qu'après avoir rempli d'eau le vase ACDB, on en fournisse incessamment autant qu'il s'en échapera par l'ouverture ST, alors l'eau qui coulera dans

* Proptereà spatia cœlestia per quæ globi Planetarum & Cometarum in omnes partes liberrimè & absque omni motus diminutione sensibili perpetuo moventur fluido omni corporeo destituuntur.

le canal ESTF, aura une vitesse uniforme, & cette vitesse égalera celle qu'acquereroit tout corps pesant qui tomberoit de la hauteur HG.

Maintenant si on suppose qu'une plaque ronde pq & infiniment mince, soit placée horisontalement au milieu de l'ouverture EF, & que par conséquent elle ait le point G pour centre, le poids que portera cette plaque, ne sera balancé par aucune puissance contraire, & ce poids, suivant la conjecture de M. Newton, sera à peu près égal à celui d'une colonne d'eau qui auroit pq pour base, & dont la hauteur seroit à $\frac{1}{2}$ GH, comme EF^2 à $EF^2 - \frac{1}{2}pq^2$. *Quantum sentio, pondus quod circellus sustinet est semper ad pondus Cilindri aquæ cujus bazis est circellus ille & altitudo est* $\frac{1}{2}$ GH, *ut* EF^2 *ad* $EF^2 - \dfrac{pq^2}{2}$ *sive ut circellus* EF *ad excessum circuli hujus supra semissem circelli pq quam proximè.* C'est-à-dire qu'en supposant que pq^2 soit infiniment petit par rapport à EF^2, la hauteur de la colonne que portera pq, vaudra à peu près $\frac{1}{2}$ GH.

Or si on abaisse la plaque pq dans le canal ESTF, jusqu'à un point quelconque O, pris sur l'axe IG, & que sa position y soit encore parallele à la surface AB, le nouveau poids dont elle sera chargée, & qui répondra à la distance OG de la surface MN, ne devra être compté pour rien, parce qu'il sera balancé par celui de la colonne qui réagira en sens contraire; ainsi en quelque endroit du canal ESTF que pq soit placé, il sera toûjours chargé du même poids; & comme nous supposons ici pq infiniment petit par rapport à EF, ce poids, si on s'en tient à la conjecture de M. Newton, égalera celui d'une colonne d'eau qui auroit pq pour base & $\frac{1}{2}$ GH pour hauteur. Cela posé, qu'on ferme les deux orifices

EF & ST, alors *pq* se trouvera dans un fluide comprimé de toutes parts, *in fluido undique compresso* ; or qu'on fasse mouvoir *pq* dans ce fluide suivant la direction de l'axe IG, & avec une vitesse égale à celle qu'on vient de supposer qu'acquereroit l'eau en tombant de la hauteur HG, & qu'elle conserveroit en coulant dans le canal ESTF, en sorte que la vitesse respective soit encore la même, la résistance qu'éprouvera *pq* dans ce cas, égalera suivant M. Newton, le poids de la colonne dont il étoit chargé dans la premiere supposition ; *vis aquæ in circellum ascendentis eadem erit ac prius*. Mais quelque soit la résistance qu'éprouvera *pq*, il est toûjours certain qu'elle sera la même que celle qu'éprouveroit un Cilindre auquel *pq* serviroit de baze, & qu'on feroit mouvoir suivant la même direction & avec la même vitesse *, c'est-à-dire, avec une vitesse égale à celle qu'il auroit acquise en tombant par son poids de la hauteur HG. Supposons donc que ce soit le Cilindre qui se meuve dans le fluide comprimé avec la même vitesse que *pq*, & voyons quel sera le tems dans lequel il perdra, ou tout son mouvement, si la résistance reste toujours la même, ou (*Art. 24.*) la moitié de son mouvement, si les résistances suivent la proportion des quarrés des vitesses résiduës.

On sçait que tout mouvement est en raison composée de la force qui le produit, & de la somme de tous les momens dans lesquels agit cette force ; ainsi nommant T cette somme, f la force, & m le mouvement, on aura $m = Tf$: or si l'on veut détruire le mouvement m

---

* *Cilindri qui secundùm longitudinem suam uniformiter progreditur, re-sistentia .... eadem est cum resistentia circelli eadem diametro descripti & e dem velocitate secundùm lineam rectam plano ipsius perpendicularem progredientis.*

avec une force conſtante F, ou plus grande ou plus petite que f, il faudra que le tems pendant lequel agira cette force ſoit à T dans la raiſon renverſée de f à F, c'eſt-à-dire, qu'en nommant ce tems τ, il faudra qu'on ait cette proportion T, τ :: F, f, ce qui donnera $\tau = \dfrac{Tf}{F}$ d'où il ſuit (*Art.* 24.) que $\dfrac{Tf}{F}$ exprimera auſſi le tems pendant lequel le mobile perdra la moitié de ſon mouvement; en ſuppoſant que les réſiſtances ſuivent toûjours la proportion des quarrés des viteſſes réſiduës.

Cela poſé, ſi la denſité du Cilindre eſt égale à celle de la colonne d'eau qui s'oppoſera à ſon mouvement, & que leurs hauteurs ſoient les mêmes, les poids ſeront égaux; ainſi nommant p le poids du Cilindre & celui de la colonne, T le tems de la chûte par HG, ou celui qu'emploiroit le Cilindre à parcourir 2GH avec ſa viteſſe acquiſe; nommant auſſi τ, le tems pendant lequel la réſiſtance détruiroit le mouvement du Cilindre, en ſuppoſant qu'elle fut conſtante, on aura $Tp = \tau p$, & $\tau = T$; donc (*Art.* 24.) le Cilindre perdra la moitié de ſon mouvement dans un tems égal à celui qu'il employeroit à parcourir 2HG, ou quatre fois la longueur de ſon axe, avec une viteſſe uniforme.

Si on ſuppoſoit que la hauteur du Cilindre fut à celle de la colonne, comme m à 1, le tems qu'employeroit ce Cilindre à parcourir un eſpace égal à quatre fois ſa longueur, augmenteroit ou diminueroit dans la même proportion; ainſi ce tems deviendroit mT; mais comme le mouvement du Cilindre égaleroit Tmp, il eſt clair qu'afin que ce mouvement fut détruit par τp, il faudroit que Tmp égalât τp, ce qui donneroit $\tau = mT$; donc,

(Art. 24.)

(*Art.* 24.) le tems pendant lequel le Cilindre perdroit la moitié de son mouvement seroit encore égal à celui qu'il employeroit à parcourir uniformément quatre fois la longueur de son axe.

La loi subsisteroit toûjours quelle que fût la vitesse du Cilindre ; car supposant que sa vitesse augmentât dans la raison de 2 à 1, le tems qu'il employeroit à parcourir quatre fois la longueur de son axe deviendroit $\frac{T}{2}$; & l'on auroit 2Tp pour son mouvement ; mais alors la résistance (*Art.* 27.) égaleroit 4p, ou le poids d'une colonne quadruple de $\frac{1}{2}$ GH; ainsi comme le mouvement 2Tp seroit détruit par 4Tp, en supposant que la résistance 4p fut toûjours la même, on auroit $T = \frac{T}{2}$; donc (*Art.* 24.) le Cilindre perdroit la moitié de sa vitesse dans un tems égal à celui pendant lequel il parcoureroit quatre fois la longueur de son axe d'un mouvement uniforme.

Enfin, si la densité du Cilindre étoit à celle du fluide, comme d à 1, on voit qu'afin que le mouvement Tdp fut détruit par Tp, il faudroit que T fut à T, comme d à 1, c'est-à-dire qu'en supposant, par exemple, que la densité du Cilindre fut double de celle de la colonne, le Cilindre (*Art.* 24.) perdroit la moitié de sa vitesse dans un tems égal à celui qu'il employeroit à parcourir huit fois sa longueur, en supposant que rien ne fit obstacle à son mouvement.

Mais supposons les densités égales, il est évident que puisque la sphere ne vaut que les deux tiers du Cilindre qui lui seroit circonscrit, son mouvement deviendroit T $\times \frac{2}{3} p$; donc comme ce mouvement seroit détruit par Tp, on auroit $T = \frac{2}{3}$ T ; donc (*Art.* 24.) la sphere per-

avec une force conſtante F, ou plus grande ou plus petite que f, il faudra que le tems pendant lequel agira cette force ſoit à T dans la raiſon renverſée de f à F, c'eſt-à-dire, qu'en nommant ce tems τ, il faudra qu'on ait cette proportion T, τ :: F, f, ce qui donnera $\tau = \frac{Tf}{F}$ d'où il ſuit (*Art.* 24.) que $\frac{Tf}{F}$ exprimera auſſi le tems pendant lequel le mobile perdra la moitié de ſon mouvement ; en ſuppoſant que les réſiſtances ſuivent toûjours la proportion des quarrés des viteſſes réſiduës.

Cela poſé, ſi la denſité du Cilindre eſt égale à celle de la colonne d'eau qui s'oppoſera à ſon mouvement, & que leurs hauteurs ſoient les mêmes, les poids ſeront égaux ; ainſi nommant p le poids du Cilindre & celui de la colonne, T le tems de la chûte par HG, ou celui qu'emploiroit le Cilindre à parcourir 2GH avec ſa viteſſe acquiſe ; nommant auſſi τ, le tems pendant lequel la réſiſtance détruiroit le mouvement du Cilindre, en ſuppoſant qu'elle fut conſtante, on aura $Tp = \tau p$, & $\tau = T$; donc (*Art.* 24.) le Cilindre perdra la moitié de ſon mouvement dans un tems égal à celui qu'il employeroit à parcourir 2HG, ou quatre fois la longueur de ſon axe, avec une viteſſe uniforme.

Si on ſuppoſoit que la hauteur du Cilindre fut à celle de la colonne, comme m à 1, le tems qu'employeroit ce Cilindre à parcourir un eſpace égal à quatre fois ſa longueur, augmenteroit ou diminueroit dans la même proportion ; ainſi ce tems deviendroit mT ; mais comme le mouvement du Cilindre égaleroit Tmp, il eſt clair qu'afin que ce mouvement fut détruit par τp, il faudroit que Tmp égalât τp, ce qui donneroit $\tau = mT$; donc,

(*Art.* 24.)

ſa rencontre ; il a donc dans ce cas un double effort à ſoutenir. Mais quand on ferme le canal, le cas change, l'équilibre ſe rétablit entre les colonnes du fluide, & *pq* ſe trouve déchargé du poids qu'il portoit, en ſorte que ſi on vient à le faire mouvoir, l'impreſſion qu'il reçoit, ſe réduit à celle que font ſur lui les particules qu'il déplace en s'ouvrant un paſſage ; on n'eſt donc pas en droit de ſuppoſer que la réſiſtance qu'éprouve *pq* dans le canal fermé, vaille toute l'impreſſion qu'il recevroit dans le canal ouvert.

2°. Si on ſuppoſe que *pq* reſtant parallele à la ſurface MN, devienne la baze d'un ſolide formé par la révolution d'une courbe quelconque *px* autour de ſon axe *ox*, on démontre ſuivant les principes mêmes de M. Newton, que dans le canal ouvert ce corps portera toûjours le même poids, ſoit qu'il ſe preſente à la ſurface MN du côté de ſa convexité, ſoit qu'il s'y préſente par la baze *pq* ; mais qu'on mette le ſolide dans le canal fermé, & qu'on le faſſe mouvoir ſuivant la direction de ſon axe *ox*, on démontre encore (*Art.* 31.) que s'il frappe les particules de l'eau par ſa ſurface convexe, la réſiſtance qu'il éprouvera ſera moindre que celle qu'il éprouveroit en les frappant par la baze *pq*.

On ne doit donc point ſuppoſer en général, comme fait M. Newton, que la réſiſtance qu'éprouve un corps qui ſe meut dans le canal fermé ſuivant les conditions requiſes, vaille toute l'impreſſion du poids dont il ſeroit chargé dans le canal ouvert.

Donc le raiſonnement qu'on nous oppoſe, ne donne aucune atteinte à l'hipotèſe de la plenitude univerſelle, il n'eſt appuyé que ſur une ſuppoſition illegitime.

R ij

ARTICLE XLI.

Au reste on doit convenir que dans les fluides grossiers les résistances & les poids ont souvent des rapports sensibles. Qu'un tuyau courbé ABC (*Fig.* 9.) ouvert par ses extremités A & C se meuve dans une eau dormante, suivant la direction BC , l'eau s'élevera dans la branche BA ; & alors l'impression que fera le fluide sur le fond de la branche CB, sera égale au poids de la colonne d'eau qu'elle soûtiendra dans la branche BA , & comme les impressions du fluide sur le tuyau, augmenteront ou diminueront proportionnellement aux quarrés des vitesses, la colonne d'eau s'élevera ou s'abaissera suivant la même proportion ; ainsi qu'on doublât, par exemple, la vitesse du tuyau, on quadrupleroit la hauteur de la colonne. C'est ce principe justifié par les experiences de M. Pitot, qui a fait imaginer à cet ingenieux Academicien une maniere nouvelle d'arbitrer le chemin que fait un vaisseau dans un tems déterminé ; cependant quoique dans un même fluide, les poids des colonnes soûtenuës répondent toûjours aux efforts qui les soûtiennent, il ne s'ensuit pas que dans des fluides également denses, mais dont les particules seroient inégalement déliées, les mêmes vitesses dûssent faire également élever les colonnes renfermées dans la branche BA. Comme les impressions que feroit le fluide le plus délié seroient les moins fortes, (*Art.* 8.) les colonnes qu'elles soûtiendroient seroient les moins élevées ; c'est-à-dire que si le fluide devenoit infiniment fluide, les hauteurs des colonnes soutenuës, deviendroient infiniment petites, quoique toûjours proportionnelles aux quarrés des vitesses ; ainsi la résistance qu'éprouveroit le mobile à chaque instant , seroit indé-

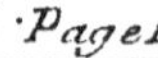

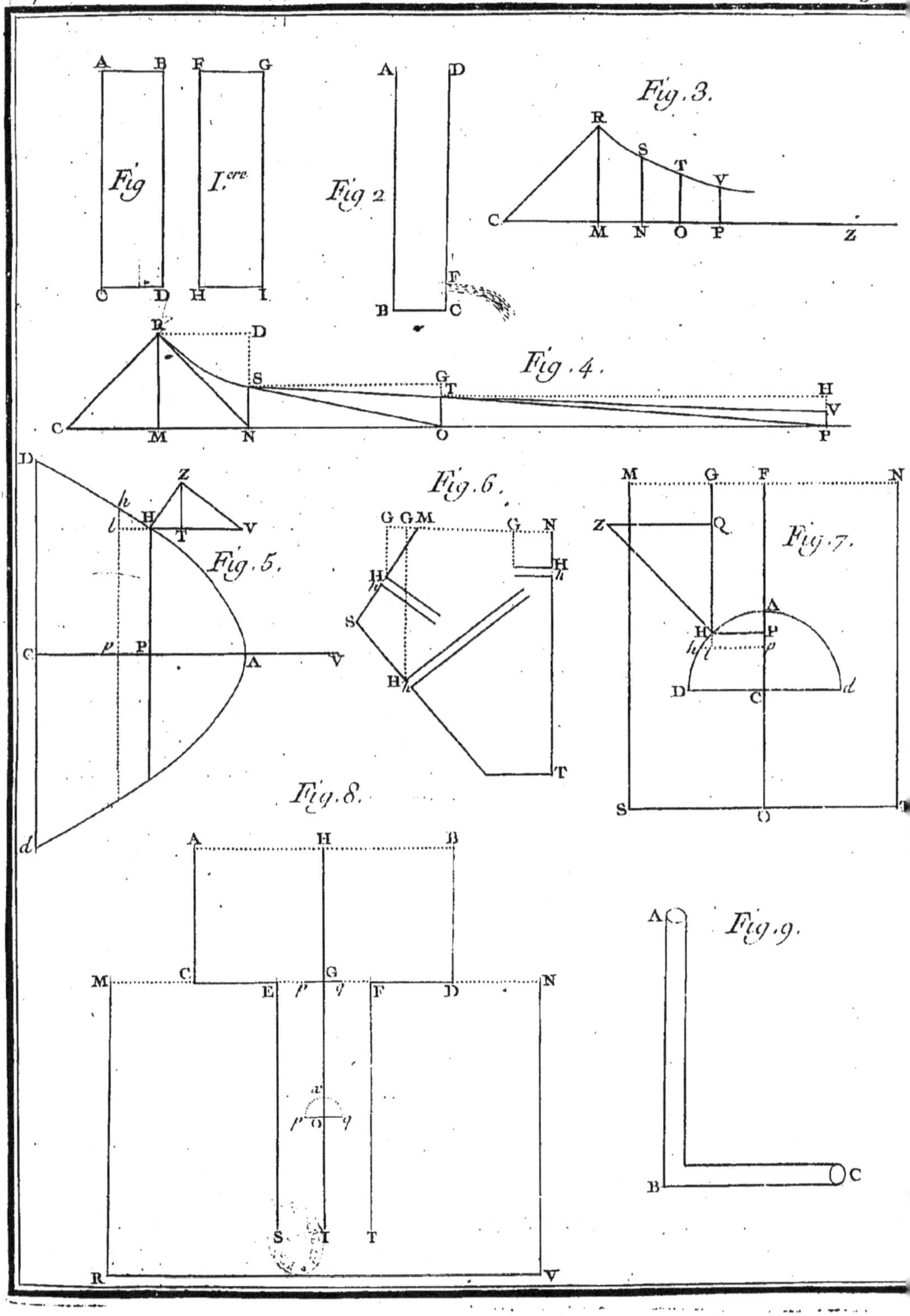

A B F G A D
Fig. Fig. I.ere
Fig. 2
Fig. 3
R S T V
C M N O P Z
O D H I B C
R D
S G T H
V
C M N O P
Fig. 4
J Z
h H V
l T
Fig. 5
Fig. 6
G G M G N
H H
S
H
M G F N
Z Q
Fig. 7
A
H P
h p
D C d
S O T
C p P A V
d
T
Fig. 8
A H B
C G N
M E P q F D
x
p O q
R S T T V
A Fig. 9
B C

finiment plus petite que la force qu'auroit tout poids fini,

ARTICLE XLII.

Comme ce n'a été que relativement à ce que demande la loi de Kepler, que j'ai parlé du mouvement des corps dans les fluides, ce qu'il faut conclure de tout ce que j'ai dit, c'est qu'encore que la Nature n'admette aucun vuide, on est cependant en droit de supposer que l'éther eu égard à son indéfinie fluidité & à la compression générale de toutes ses parties, ne peut faire aucune résistance sensible au mouvement des Planetes. Elles se meuvent donc comme si elles étoient dans le vuide. Mais il reste à justifier qu'il faut que leurs tendences soient dirigées vers un centre commun, & que leurs chûtes initiales suivent par-tout la proportion inverse des quarrés de leurs rayons vecteurs ; c'est ce qu'on va voir être une suite nécessaire de la loi suivant laquelle les tourbillons se forment & se conservent.

PRINCIPES GÉNÉRAUX
DE LA NATURE,
APPLIQUÉS
AU MECANISME ASTRONOMIQUE,
ET COMPARÉS
AUX PRINCIPES DE LA PHILOSOPHIE
DE M. NEWTON.

SIXIÉME DISSERTATION.

Méchanisme des Tourbillons.

ARTICLE I.

A force centrifuge d'un corps qui décrit une courbe, est proportionnelle à sa masse multipliée par le quarré de sa vitesse, & divisée par le double du Rayon de l'arc infiniment petit qu'il décrit à chaque instant.

Que l'arc infiniment petit *af*K (*Fig.* I.) soit décrit par

le rayon C*a* du cercle ofculateur *aKhd* qu'on fuppofe
avoir l'élement *af*K commun avec la courbe *ma*K*n*, la
corde *a*K, & le finus K*g*, égaleront l'arc *af*K; de même
la corde K*d* de l'arc K*hd* égalera le diametre *ad*; ainfi nommant *m* le mobile, *u* le finus verfe *ga*, V la corde *a*K,
d le diametre *ad*, ou K*d*, la force centrifuge exprimée
par *mu* égalera $\dfrac{m\mathrm{VV}}{d}$.

ARTICLE II.

Si on fuppofe qu'un corps *m*, mû avec une viteffe finie, foit continuellement détourné de fon chemin par
une force étrangere infiniment plus petite que celle qui
le fait tendre à fe mouvoir en ligne droite, & que les directions des deux forces forment par-tout un angle droit,
je dis que la viteffe du mobile n'éprouvera d'altération
fenfible qu'au bout d'un tems infiniment grand.

Que le corps *m* tende à décrire dans un inftant la ligne
infiniment petite *ab* (*Fig.* 2.), & que dans cet inftant il
tende auffi à décrire la ligne *ag* infiniment plus petite que
ab, il eft clair qu'en fuppofant que l'angle *gab* foit droit,
la Diagonale *a*K qui fera parcouruë en conféquence des
deux forces, ne furpaffera le côté *ab*, que d'un infiniment
petit du troifiéme genre ; car que du centre *a* on décrive
l'arc K*i* terminé par le prolongement de *ab*, cet arc ou
fa corde ne fera qu'un angle infiniment petit avec le côté
K*b* parallele à *ga*; donc l'augmentation *bi* de la viteffe
ab, ne fera qu'un infiniment petit du fecond genre par
rapport à cette viteffe, donc en fuppofant que les directions des forces qui détourneront le mobile de fon chemin foient toûjours perpendiculaires fur les tangentes
qu'il affectera de décrire, la viteffe de ce mobile ne fera

fenfiblement alterée que dans une fuite infinie d'infinité
de momens, ou dans un tems infiniment grand.

ARTICLE III.

Il fuit de-là qu'un corps mû au-dedans d'une courbe
quelconque *abcd* (*Fig.* 3.) qui s'oppoferoit à fes écarts,
continueroit de fe mouvoir avec une viteffe uniforme ;
c'eft que le mobile feroit continuellemenr repouffé fuivant une direction perpendiculaire fur les diverfes tangentes qu'il s'efforceroit de parcourir.

ARTICLE IV.

Il eft évident que dans le cas de la perpendicularité
des forces centripetes , la développée de la courbe que
décriroit le mobile, feroit le lieu des tendances ou des
centres des différens cercles ofculateurs qui répondroient
aux différens arcs infiniment petits de la courbe ; il eft
encore évident que dans ce cas la force centripete égaleroit toûjours la force centrifuge, & que ces forces feroient en raifon inverfe des rayons de la développée.

ARTICLE V.

Maintenant que l'angle *gab* cefsât d'être droit, l'angle
*b*K*i* cefferoit d'être infiniment petit ; & alors la bafe *bi*
du triangle *b*K*i* feroit du même genre que les côtes *b*K
& K*i* ; ainfi le mouvement *ab* s'altéreroit fenfiblement
dans un tems fini, ou dans une fuite infinie de momens ; ce
mouvement s'accelereroit fi *gab* devenoit (*Fig.* 4.) aigu,
il fe ralentiroit au contraire fi cet angle devenoit obtus.
(*Fig.* 5.).

ARTICLE

ARTICLE VI.

Un Tourbillon fpherique étant également refferré de tous côtés par la matiere qui l'environne, rien n'empêche qu'on ne fe le reprefente comme renfermé dans une fphere creufe qui le comprime, ou qui s'oppofe à fa dilatation.

ARTICLE VII.

On conçoit aifément qu'un tourbillon eft compofé d'une infinité de couches fpheriques ; or comme felon la loi de la décompofition des mouvemens, chaque partie de la couche fupérieure, agit fur les parties correfpondantes de la fphere creufe, & qu'elle les preffe par fa force centrifuge, fuivant une direction perpendiculaire fur la furface concave de la fphere, cette premiere couche confiderée comme folide à caufe de la réfiftance qu'elle éprouve, eft auffi pouffée de la même maniere par la feconde, & celle-ci l'eft de même par la troifiéme ; c'eft-à-dire que les couches inférieures agiffent de tous côtés fur celles qui les renferment, & qu'elles les pouffent & les compriment fuivant la direction des rayons de la fphere.

ARTICLE VIII.

Si on fuppofe la maffe d'un tourbillon partagée en différens plans circulaires paralleles à celui de l'Equateur, on trouvera que la force avec laquelle un corpufcule quelconque du fluide, tend à s'éloigner du centre du cercle qu'il décrit, eft à l'effort qu'il fait pour s'éloigner du centre de la fphere en raifon renverfée des rayons qui partant des deux centres fe terminent au point où le corpufcule fait effort.

S

Soit MGNH (*Fig.* 6.) une des couches fpheriques du tourbillon, MN le plan de fon Equateur, FL un plan circulaire parallele à MN, GH l'axe de la fphere, C fon centre, & A celui du plan circulaire FL ; fi on prolonge le rayon AF jufqu'à un point quelconque D, & qu'on prolonge auffi CF, rayon de la fphere jufqu'en I où tombe la perpendiculaire abaiffée du point D ; il eft clair qu'en fuppofant le corpufcule au point F, & prenant FD pour la force avec laquelle il tend à s'éloigner du centre A, FI exprimera fa force centrifuge par rapport au point C, centre de la fphere, & ce fera avec cette force que le corpufcule pouffera le plan tangent en F ; or les triangles DFI & CFA feront femblables, donc on aura FD, FI :: CF, FA ; C. Q. F. D.

ARTICLE IX.

Il fuit de-là que fi la viteffe du point F eft exprimée par V, & qu'on nomme R le rayon CF & r, le rayon AF, la force centrifuge de ce point par rapport au centre de la fphere, fera $\frac{VV}{2R}$, & fa force centrifuge par rapport au rayon A fera $\frac{VV}{2r}$ (*Art.* 1.)

ARTICLE X.

Suppofant encore le corpufcule au point F, je dis que fi la matiere que renfermeroit la couche fpherique MGNH (*Fig.* 7.), devenoit tout-à-coup infiniment penetrable, ce corpufcule cefferoit de décrire la circonference du cercle qui auroit FL pour rayon, il commenceroit à fuivre la trace de celle d'un grand cercle RMPN qui auroit en F un élement commun avec le cercle LK *. Car le prolongement de cet élement ferviroit de tangente aux deux cercles ; or comme le corpufcule tendroit à s'échapper par cette tangente, & que le Plan qui le repoufferoit feroit perpendiculaire fur celui de RMPN, on voit que fuivant la loi de la décompofition des mouvemens, il commenceroit à décrire un arc de ce grand cercle, puifqu'en conféquence de cette loi, la direction du mouvement reflechi eft toûjours dans le Plan où fe trouve celle du mouvement primitif, & la perpendiculaire abaiffée fur le point où fe fait le concours des deux directions fur le Plan frappé ; fi le corpufcule eft retenu dans celui de KL, c'eft qu'il ne peut vaincre la réfiftance que lui font les plans interpofés entre KL & MN.

ARTICLE XI.

La force qu'a le corpufcule pour preffer les Plans qui fe trouvent entre KL & MN, eft à celle qu'il employe à pouffer le Plan tangent en F, comme le finus de l'angle que font les Plans circulaires RMP & KFL, eft au finus total ; car en prennant RV pour la force avec laquelle le Plan tangent eft frappé en F, & fuppofant RT perpendiculaire fur le Plan KFL, il eft clair que fi le corpufcule commençoit à fuivre la trace de la circonference du cercle RMPN, l'arc infiniment petit qu'il décriroit, perceroit obliquement les Plans interpofés entre KL & MN, & alors l'enfoncement réduit à la perpendiculaire élevée fur KL, feroit égal à TR ; donc dans le cas où les Plans qui fe trouvent entre KL & MN, réfiftent à l'impreffion

---

* Ce qui ne doit point être pris dans la rigueur mathématique, puifque les élemens des circonférences des cercles font entr'eux comme ces circonférences.

TR, la force avec laquelle le corpuscule presse ces Plans, est à celle qu'il employe à pousser le Plan tangent, comme RT à RV, ou comme CF partie de l'axe GH & sinus de l'angle que font les Plans KFL & RMP, est à CV sinus total.

ARTICLE XII.

On remarquera que le corpuscule ne perd rien de sa vitesse primitive, en poussant le Plan tangent en F, & ceux qui sont interposés entre KL & MN ; c'est qu'en supposant que cette vitesse soit finie, ses pertes dans un tems fini (*Art.* **2.**), ne doivent être comptées pour rien.

ARTICLE XIII.

On remarquera encore que ce corpuscule ne peut faire dans son Plan, le même chemin qu'il feroit en décrivant l'arc infiniment petit FR, sans souffrir de nouvelles inflexions par la résistance des nouveaux Plans tangens qu'il rencontre, & l'on peut observer que le nombre infini des inflexions qu'il essuye alors en avançant sur son Plan, est au nombre infini de celles qu'il essuyeroit en décrivant l'arc infiniment petit FR, comme le Diametre du grand cercle, est au Diametre KL.

ARTICLE XIV.

Les parties de matiere qui forment les mêmes couches spheriques ont des forces centrifuges égales ; car ces parties doivent se trouver en équilibre ; donc si dans une couche spherique GHM (*Fig.* 8.), le petit corps A tend par sa force centrifuge à écarter les parties B & C, il faut que ces parties soient soûtenuës & mises en équilibre par les forces centrifuges de D & de F ; donc celles de D,

A, F, & de toutes les autres parties de la couche font égales entr'elles.

Il eft clair que les tourbillons ne font fpheriques que parce qu'ils font également pouffés de tous côtés, ou que de tous côtés ils pouffent également la matiere qui les environne, & de-là peut encore fe tirer l'égalité des forces avec lefquelles tous les points des mêmes couches fpheriques frappent ou compriment les points corref-pondans des couches fuperieures.

ARTICLE XV.

Tous les points d'une même couche fpherique ont des viteffes égales.

Soit MGNH (*Fig.* 9.) une de ces couches, MN l'é-quateur, GH l'axe de la fphere, C fon centre, FL & IK deux cercles paralleles à l'Equateur : foient nommés R, les rayons CF & CI, V la viteffe du point F & *U* celle du point I ; la force centrifuge du point F par rapport au centre C, fera (*Art.* 9.) $\frac{VV}{2R}$ & celle du point I par rapport au même centre fera (*Art.* 9.) $\frac{UU}{2R}$, mais $\frac{VV}{2R}$ = $\frac{UU}{2R}$ (*Art.* 14.), donc V = U.

ARTICLE XVI.

Les couches fpheriques d'un tourbillon, ont des forces centrifuges égales, autrement elles ne feroient pas en équilibre, donc fi on regarde la maffe du fluide comme formée de l'affemblage de plufieurs Piramides droites & unies par leurs fommets au centre de la fphere, & qu'on fuppofe ces Piramides coupées en différentes tranches paralleles à leurs bafes, ou bien, ce qui revient au même, fi on partage les différentes couches fpheriques du tourbillon en différentes Zônes paralleles à fon Equateur, il faudra concevoir que les tranches d'une même Piramide, auffi-bien que les Zônes qui fe répondront, & qui auront les mêmes latitudes, auront des forces centrifuges égales.

A R T I C L E XVII.

Les viteffes de deux points quelconques pris dans la maffe fpherique du fluide, font entr'elles en raifon renverfée des racines des rayons, qui partant du centre de la fphere, vont aboutir à ces points.

Soit nommé R le rayon CM de la couche MGNH (*Fig.* 10.) & r le rayon CD de la couche DSZT, fi on prend dans la maffe du fluide une Piramide FCI infiniment étroite qui ait pour bafe FI fur la couche MGNH, & qui foit coupée par la tranche OK dans la couche DSZT, la force centrifuge de cette tranche égalera celle de la bafe FI (*Art.* 16.), donc en défignant par dd & par DD les tranches OK & FI réduites au quarré, & nommant U & V les viteffes de la matiere, on aura $\dfrac{ddUU}{2r}$ $= \dfrac{DDVV}{2R}$; mais $\dfrac{d}{2r} = \dfrac{D}{2R}$; donc $dUU = DVV$, d'où l'on tirera $UU, VV :: D, d :: R, r$, ou $U, V :: \sqrt{R}, \sqrt{r}$; & l'on voit que ce qui eft prouvé pour OK & pour FI, eft de même prouvé pour tous les autres points des couches DSZT & MGNH, puifque (*Art.* 15.) aux mêmes diftances du centre, les viteffes font toûjours égales.

ARTICLE XVIII.

Les forces centrifuges de deux points quelconques de la maſſe ſpherique du fluide, ſont en raiſon renverſée des quarrés des rayons, qui partant du centre de la ſphere, vont aboutir à chacun de ces points.

Soit la viteſſe de $K = U$, celle de $F = V$, ſoit le rayon $CK = r$ & le rayon $CF = R$, la force centrifuge de K ſera $\frac{UU}{2r}$ (*Art.* 9.), & celle de F ſera $\frac{VV}{2R}$; mais UU, $VV :: R$, r (*Art.* 17.), donc $\frac{UU}{r}$, $\frac{VV}{R} :: \frac{R}{r}$, $\frac{r}{R}$ $:: RR$, rr.

Il eſt donc évident qu'afin que les couches ſpheriques d'un tourbillon ſe balancent, il faut que les forces centrifuges ſoient par-tout en raiſon renverſée des quarrés des diſtances au centre commun de ces couches ; donc la loi de l'equilibre demande que les particules des couches inférieures ayent plus de force centrifuge que celles des couches ſupérieures.

Mais de-là naît une difficulté qu'il importe d'éclaircir ; on dit : malgré l'égalité des forces centrifuges des deux ſurfaces ſpheriques priſes chacune dans leur totalité, il ſuffit pour confondre tout, que chaque point d'une couche inférieure ait plus de force centrifuge, que chaque point correſpondant des couches ſuperieures ; car puiſque ces points compoſent un fluide, & qu'ils n'ont nulle liaiſon enſemble, chacun des plus forts doit s'échaper pour aller prendre la place du plus foible qui lui répond.

Cette difficulté n'eſt que ſpecieuſe. Pour la réſoudre, il ſuffit d'obſerver que les particules de l'ether quelque

déliées qu'on les fuppofe , ne peuvent jamais être regar-
dées comme des points mathematiques , ce font de petites
fpheres qui ont leur étenduë & qui par conféquent peuvent chacune en frapper plufieurs autres à la fois ; donc
quoique le nombre des particules d'une tranche quelconque FI (*Fig.* 10.) puiffe furpaffer celui des particules de
la tranche inférieure OK , cela n'empêchera pas que celles-ci en frappant les premieres, ne trouvent autant de
réfiftance qu'elles auront de force.

ARTICLE XIX.

Dans les tourbillons, les quarrés des tems des révolutions de deux points quelconques de la maffe du fluide,
font entr'eux comme les quarrés des rayons des cercles
décrits multipliez par les rayons, qui partant du centre
de la fphere , vont aboutir à chacun de ces points.

Nommant y le rayon AF (*Fig.* 11. 12. 13.) & z le rayon
AK (*Fig.* 11.) ou BK (*Fig.* 12. & 13.), nommant auffi V &
U les viteffes des points F & K, T & T les tems de leurs
révolutions, R & r les rayons CF & CK ; fuivant ce qu'on
a déja vû (*Art.* 17.), on aura $VV , UU :: r , R$, ou RVV
$= rUU$; or les viteffes font en raifon directe des rayons
des cercles décrits, & en raifon inverfe des tems des révolutions, donc en mettant à la place de VV & de UU,
les quantités proportionnelles $\frac{yy}{TT}$ & $\frac{zz}{TT}$, on aura

$$\frac{Ryy}{TT} = \frac{rzz}{TT} \ \& \ TT , TT :: Ryy , rzz.$$

Que les points F & K circulent dans le plan de l'Equateur, y & z deviendront R & r, & TT fera à TT comme R^3 à r^3, de même fuppofant que les circulations
fe faffent fous deux Zônes qui ayent les mêmes latitudes

(*Fig.* 12.)

(*Fig.* 12.), la proportion y, $z :: R$, r donnera encore TT, $\tau\tau :: R^3$, r^3.

ARTICLE XX.

Si les tourbillons ne font point une émanation fubite de la toute-puiffance de l'Auteur de la Nature, ils doivent s'être formés à peu près de même que fe forment ces tourbillons d'air aufquels donnent naiffance des courans, qui, obligés de fe détourner de leur chemin, avancent du côté où le courant éprouve la moindre réfiftance.

ARTICLE XXI.

Si dans un tourbillon il vient à s'en former d'autres, ceux-ci doivent pour l'ordinaire fuivre la direction du mouvement tranflatif des couches fpheriques entre lefquelles ils fe forment ; car fuppofons que les particules qui compofent la matiere propre de ces tourbillons fuiviffent déja la direction du mouvement commun avant que de s'affocier, il eft évident que quand elles viennent à faire corps entr'elles, elles doivent toutes de concert fe mouvoir encore fuivant la même direction.

ARTICLE XXII.

De ce que les Planetes tournent toutes dans le même fens autour du Soleil, on a crû être en droit de conclure qu'elles font emportées par les couches fpheriques de fon tourbillon, ce qui ne peut fe concilier avec les Phénomenes, puifqu'il eft démontré (*Diff.* 3. *Art.* 8.) que les differens mouvemens tranflatifs d'une même Planete font autrement réglés que ceux des couches par où elle paffe, ou en s'approchant ou en s'éloignant du Soleil.

T

ARTICLE XXIII.

Lorſque dans un grand tourbillon il vient à s'en former de ſubalternes, ceux-ci doivent tourner ſur leurs axes dans le ſens que tourne le grand tourbillon.

Que les cercles concentriques *opq, rst, uxz* (*Fig.* 14.) ſoient les Sections communes des couches ſpheriques du Tourbillon & du Plan de ſon Equateur MGNH, qu'on ſuppoſe tourner de M en G ; ſi on conçoit qu'un courant, pendant qu'il ſuivra le mouvement commun de la maſſe totale, avance de A vers B par ſon mouvement propre, il eſt clair que ce courant ſera obligé de ſe détourner vers D, parce que les couches inférieures ayant plus de viteſſe que les couches ſupérieures, la matiere propre du courant éprouvera plus de réſiſtance du côté de B que du côté de D ; or on voit que cette matiere arrivée en D ſera dirigée vers F par l'action de la couche MGN ; & parce qu'en conſéquence de la nouvelle direction ſuivant laquelle elle prendra alors ſon cours, les couches inférieures lui réſiſteront moins que les couches ſupérieures dont les mouvemens ſeront les plus tardifs, cette matiere ſe rabattra vers K, ou ſe remêlant avec celle du courant, elle ſera obligée de remonter de nouveau vers B ; donc le tourbillon ſubalterne auquel le courant donnera naiſſance, commencera à tourner ſur ſon axe dans le ſens que tournera le grand tourbillon.

On verra dans la ſuite que l'inclinaiſon de l'Orbite d'une Planete doit toûjours répondre à la latitude de l'endroit où ſe forme ſon tourbillon.

ARTICLE XXIV.

Si on ſuppoſoit que le courant eut la même direction que les couches ſpheriques *opq, rst, uxz*, & que l'excès de sa vitesse sur celle de la couche *opq*, fut exprimée par *ab*, la matiere propre du courant seroit d'abord obligée de se détourner vers *d* où elle éprouveroit moins de résistance que du côté de *b*, mais arrivée en *d*, où je suppose que la tangente à la courbe qu'elle auroit commencé à décrire, seroit dirigée vers le centre C, elle cesseroit de circuler; c'est qu'alors les couches inférieures, loin d'occasionner son retour vers K, l'obligeroit à s'en écarter; un courant ne peut donc se convertir en tourbillon que quand son mouvement particulier est contraire à celui des couches entre lesquelles il prend son cours.

ARTICLE XXV.

Au reste il n'en est pas des tourbillons qu'on voit quelquefois se former dans les fluides grossiers comme de ceux qui se forment dans le fluide de l'éther.

Qu'un courant d'eau, par exemple, cotoye quelque obstacle, les parties qui s'y appliqueront immédiatement, ne couleront plus qu'avec un mouvement ralenti, & comme leur viscosité leur donnera prise sur celles qui les avoisineront, elles retarderont pareillement leur cours, ainsi l'alteration du mouvement translatif se communiquera de proche en proche, mais en décroissant par dégrés; & alors les particules dont les vitesses respectives seront inégalement alterées, & qui malgré cela continueront d'être associées à cause de leur tenacité, rouleront nécessairement en masse sur l'obstacle, en formant une sorte de tourbillon dont la partie inférieure ou la plus proche de l'origine des résistances, circulera suivant une direction contraire à celle du courant.

Mais les particules des courans qui se forment dans le fluide de l'éther, sont entierement détachées les unes des autres ; donc quand quelque obstacle les oblige à changer de direction, il faut qu'elles se détournent chacune séparément, & que leurs mouvemens se décomposent suivant la loi commune.

ARTICLE XXVI.

Que des courans allassent de l'Equateur vers l'un des Pôles ou de l'un des Pôles vers l'Equateur ; comme dans ce cas la direction de leurs mouvemens seroit par-tout perpendiculaire sur celle du mouvement translatif de la matiere, il ne se formeroit aucun tourbillon. On voit bien qu'afin que les parties d'un courant soient déterminées à se mouvoir circulairement, il faut qu'elles soient d'abord cotoyées par d'autres courans de matiere dont les vitesses soient inégales ; c'est-à-dire qu'afin que dans un grand tourbillon, un courant puisse former un tourbillon subalterne, il faut que son mouvement soit à peu près dirigé entre deux couches prises ou dans l'Equateur, ou dans un des paralleles du grand tourbillon. J'ajoute qu'il faut encore qu'il continue de se mouvoir quelque tems entre les mêmes couches, ce qui dans la supposition que ces couches soient peu élevées, demande que le courant avance sur le plan même de l'Equateur du grand tourbillon, ou du moins sur celui de quelque parallele voisin de ce plan ; car que sans éloigner le courant du centre du tourbillon, on le transportât dans le plan du petit cercle *m g n h* (*Fig. 15.*) on voit qu'il ne pourroit se mouvoir entre les couches *opq*, *rst* qu'un très-petit espace de tems, & qu'ensuite il iroit percer les couches supérieures en faisant avec elles des angles qui approcheroient d'autant plus de l'angle droit, qu'il s'éloigneroit davantage de son origine.

ARTICLE XXVII.

Comme les Planetes dont les révolutions nous sont connuës sont très proches du Soleil eu égard à la prodigieuse étenduë de son tourbillon, il n'est pas étonnant que les orbites de ces Planetes soient peu inclinées au Plan du grand cercle que décrit le Soleil autour de lui-même.

ARTICLE XXVIII.

Mais parce que les Plans des paralleles s'étendent à mesure que s'élevent les couches spheriques qui les terminent, on conçoit qu'à de grandes distances de Saturne il a pû se former des tourbillons subalternes dans le voisinage même des Pôles, & qu'ainsi les Orbites qu'ont ensuite parcouru ces tourbillons conjointement avec leurs masses centrales, ont dû être très inclinées à celles des autres Planetes, ce qui en effet se trouve vérifié par les observations.

COMETES des Années.	INCLINAISONS de leurs Orbites à l'Ecliptique.		
1577	74^d	32^i	45^{ii}
1580	64	40	0
1596	55	12	0
1652	79	28	0
1665	76	5	0
1672	83	22	10
1677	79	3	15
1680	60	56	0
1683	83	11	0
1684	65	43	40

ARTICLE XXIX.

Il est évident que comme dans un tourbillon les vitesses translatives décroissent depuis le centre jusqu'à la circonférence, il pourroit arriver qu'à de grandes distances du Soleil, le mouvement propre d'un courant l'emporteroit sur le mouvement direct des couches entre lesquelles il s'ouvriroit un passage; donc dans ce cas le tourbillon subalterne dont le courant fourniroit la matiere, pourroit après s'être formé, se mouvoir encore contre l'ordre des Signes ; aussi M. Newton soûtient-il qu'on a souvent vû des Cometes dont les mouvemens propres ont été vérifiés retrogrades.

ARTICLE XXX.

Au reste on voit bien qu'un tourbillon qui se forme dans un fluide y peut subsister de même que s'il étoit enveloppé d'une couche impénétrable ; car que les particules qui se font associées & qui circulent de compagnie, tendent à s'échapper par les tangentes des cercles qu'elles décrivent, il est évident que dès qu'elles trouvent d'autres particules étrangeres qui leur résistent, ou par leurs mouvemens, ou par leur inertie, elles font obligées de se détourner & de se replier vers celles qui les précedent, & qui en avançant elles-mêmes leur cédent la place qu'elles abandonnent, la particule *a* (*Fig.* 16.) ne pouvant suivre la direction *ag*, se détournera vers *b*, qui lui ouvrira un passage en tendant à suivre la direction *bh*. *b* se repliera de même vers *c* qui lui cedera sa place; c'est-à-dire que les particules qui formeront le tourbillon *a b c d*, trouveront toûjours plus de facilité à circuler de compagnie, qu'à percer le fluide dont elles feront environnées.

Article XXXI.

Pour avoir une idée complete du Méchanifme de la Nature, il faut qu'aux tourbillons de M. Defcartes, on ajoûte les petits tourbillons dont on doit la découverte aux Phificiens modernes, l'idée de ces Phificiens tient néceffairement à celle de l'hipotèfe Cartefienne, les mêmes loix fuivant lefquelles fefont formés les grands tourbillons ont dû donner naiffance à ceux que nous ne faifons que concevoir, & que leur petiteffe nous dérobe. Rien dans la nature n'eft ni grand ni petit que par comparaifon ; ainfi il nous eft aifé de juger que l'affemblage des parties de l'éther n'eft qu'un affemblage de tourbillons compofés d'une infinité d'autres plus petits, qui eux-mêmes en renferment de plus petits encore, & ainfi à l'infini ; car quelles bornes peut-on donner à la divifibilité de la matiere ; la moindre particule, un atôme, un point Phifique, eft un efpace immenfe dans fon genre, il fourniroit à Dieu dequoi former un ouvrage auffi compofé que celui de l'univers ; mais pourquoi les tourbillons prodigués dans le refte de la matiere manqueroient-ils dans cet efpece d'immenfité qui échappe à nos fens ? Les parties que cette immenfité renferme & qui fe divifent & fe fubdivifent à l'infini, n'ont-elles pas des mouvemens reglés fuivant les loix communes ? On ne pourroit préfumer le contraire fans admettre des exceptions dans la Nature, & fans y fuppofer un méchanifme manqué ou purement arbitraire ; mais nous devons avoir des idées plus faines, nous devons être affurés que tout eft analogue dans les Ouvrages de Dieu, & qu'il ne s'y trouve rien qui ne foit conduit & reglé par des loix également fimples & generales.

ARTICLE XXXII.

L'hipotèfe des petits tourbillons eft encore juftifiée par les lumieres qu'on en tire pour réfoudre la plûpart des queftions qui regardent la Phifique generale ; on fçait que le P. Malbranche en a fait d'heureux effais ; mais on va voir que cet hipotèfe jointe à celle des grands tourbillons avec laquelle elle a une affinité fi marquée, nous conduit néceffairement au principe de la pefanteur, & quelle nous le manifefte.

Remarquons en paffant qu'on pourroit réduire la matiere étherée à la moindre denfité poffible ; car qu'un efpace cubique MNPQ (*Fig.* 17.) fut partagé en une infinité de petits efpaces pareillement cubiques, & dont chacun feroit circonfcrit à une petite fphere telle que b, fi on fuppofoit que ces particules fphériques fuffent la matiere propre d'un fluide, la denfité de celui que renfermeroit ou l'efpace MNPQ ou l'efpace fphérique $dfgh$ feroit à la denfité d'un fluide qui n'auroit point de pores, comme la circonference du cercle, a fix fois fon diametre ; & parce que chacune des petites particules pourroit auffi être divifée en une infinité d'autres, rangées de la même maniere, & que rien ne borneroit de pareilles divifions, il eft clair qu'en nommant c la circonférence du cercle, d fon diametre & n le nombre des différens ordres de particules qui compoferoient la maffe du fluide, la denfité de cette maffe feroit proportionnelle à $\frac{c^n}{6^u d^n}$; or l'éther n'eft que l'affemblage d'une infinité de petits tourbillons compofés d'autres plus petits, qui eux-mêmes en renferment de plus petits encore, & ainfi à l'infini ; on

feroit

feroit donc en droit de réduire la matiere étherée à la moindre denfité poffible.

ARTICLE XXXIII.

On voit bien que les fluides qui coulent entre les interftices, que les petits Tourbillons de l'éther laiffent entr'eux, ou qui pénétrent leurs pores, ne font point affujettis à circuler autour d'un centre commun; ces fluides fe meuvent en tout fens; tantôt ils paffent d'un tourbillon dans un autre, & tantôt ils fe ramaffent dans les endroits qu'abandonne la matiere étherée; c'eft la matiere fubtile des Phyficiens modernes.

ARTICLE XXXIV.

On peut fuppofer que cette matiere eft à la matiere étherée, ce que celle-ci eft aux corps fenfibles; ainfi comme l'éther ne s'oppofe en aucune façon au mouvement de ces corps, la matiere fubtile ne fait de même aucun obftacle au mouvement de l'éther.

ARTICLE XXXV.

On peut encore fuppofer que le fluide qui coule entre les pores de la matiere étherée, eft lui-même compofé de petits tourbillons, qui font à ceux de l'éther ce que ceux de l'éther font aux grands tourbillons.

ARTICLE XXXVI.

Comme les petits tourbillons de l'éther ont une force qui les éloigne du centre du grand tourbillon dont ils font la matiere propre, il faut qu'ils s'écartent de ce centre le plus qu'il eft poffible, & qu'en même tems ils y foient remplacés par le fluide qui pénétre leurs pores, ou dans

V

lequel on peut fuppofer qu'ils nâgent ; c'eft-à-dire, qu'il faut qu'autour du centre de chaque tourbillon, foit un efpace fphérique uniquement rempli de matiere fubtile. On verra dans la fuite que ces fortes d'efpaces doivent être enveloppés d'une croute folide.

ARTICLE XXXVII.

Les Tourbillons font élaftiques, puifqu'ils tendent inceffamment à franchir leurs bornes, les Phyficiens prouvent même que l'élafticité des corps à reffort, vient de celle des petits tourbillons inférés dans les interftices qui fe trouvent entre les parties intégrantes de ces corps ; mais voici deux difficultés qu'il m'importe d'examiner & de réfoudre ; car quoiqu'elles foient en quelque forte étrangeres à mon fujet, on va voir que de leur éclairciffement, naîtra une nouvelle preuve de l'éxiftence des petits tourbillons de la matiere étherée ; voici la premiere difficulté.

Si on fuppofe qu'un corps A en mouvement, rencontre un autre corps B en repos, on fçait que la force du choc fera employée à faire avancer B, fuivant la direction du mouvement de A, & à repouffer le corps A, ou, fi l'on veut, à ralentir fon mouvement ; mais on fçait auffi que fi ces corps font élaftiques, leurs refforts feront bandés avec toute la force du choc, on aura donc alors un double emploi de la même force.

La feconde difficulté n'eft pas moins confiderable ; la voici. Que deux mobiles élaftiques fe rencontrent avec des forces égales, la contraction des refforts fe fera fucceffivement & par dégrés, jufqu'à ce que les viteffes relatives des mobiles étant éteintes, les refforts fe trouvent bandés avec toute la force du choc ; mais puifque cette force souffrira des diminutions à mesure que celle des ressorts augmentera ; pourquoi ces diminutions ne cesseront-elles pas d'un côté, & les augmentations de l'autre, quand les forces seront arrivées au point, où suivant la loi commune, il faudroit qu'elles se trouvassent en équilibre ? pourquoi celle des mobiles l'emportera-t'elle alors sur la force acquise des ressorts ? il paroît étonnant qu'il faille que l'une soit totalement épuisée avant que l'autre puisse produire le moindre effet.

Pour éclaircir la premiere difficulté, il faut remarquer que quand deux corps à ressort se choquent, les pores les plus voisins des endroits par lesquels ils se rencontrent, se rétrellissent, & qu'ainsi les petits tourbillons qu'interceptent ces pores, sont obligés de s'applatir ; or il est évident, qu'afin qu'ils s'applatissent, il faut que les particules rangées autour des petits Diametres qui se trouvent directement opposées à l'action du choc, s'écartent également de toutes parts avec des directions laterales & perpendiculaires sur celle du mouvement qui les oblige de s'écarter ; ainsi suivant ce que j'ai déja démontré (*Diss.* 2. *Art.* 25.) les impressions que reçoivent ces particules, & qui mettent les ressorts des petits tourbillons en action, ne prennent rien sur le mouvement direct des corps qui se choquent ; donc ce mouvement produit son effet, comme si le ressort ne se bandoit pas.

Pour éclaircir la seconde difficulté, il suffit de remarquer que toute force finie, doit vaincre celle du ressort, puisque celle-ci naît de l'action d'une force centrifuge, toûjours infiniment petite ; mais cela posé, voyons ce qu'il doit arriver quand un corps en frappe un autre : c'est le corps A qui vient frapper le corps B ; d'abord les particules les plus voisines du point du contact, plient

& s'enfoncent ; par-là les pores qui se trouvent entre ces
particules sont resserrés, & les petits tourbillons qui occupent ces pores, s'applatissent, le moindre mouvement
fini, suffisant pour causer leur applatissement, puisqu'ils
n'y opposent que leurs forces centrifuges ; or dans cet
instant le corps **A** partage avec le corps B un des élemens
de sa vitesse ; dans le second instant la même chose arrive,
les pores interceptés entre les particules voisines des premieres, mais plus éloignées du point du contact, se ré-
trecissent pareillement, les petits tourbillons s'affaissent,
parce qu'ils se trouvent encore entre deux masses, dont
l'une avance, pendant que l'autre ne lui oppose que son
inertie ; car celle-ci n'avance point encore avec la vitesse
qui reste au mobile qui la suit ; donc jusqu'à ce que le
corps B, après avoir acquis un nombre infini de vitesses
élementaires, commence à aller de compagnie avec le
corps A, on aura toûjours de nouveaux pores resserrés
& de nouveaux tourbillons applatis ; mais alors la vitesse
relative des deux masses devenant nulle, les forces centrifuges des petits tourbillons comprimés, quoique toûjours plus foibles que toute force finie, ne trouvant plus
d'obstacle à leur action, agiront par dégrés infiniment
petits, & rendront successivement aux deux corps autant
de mouvement que le corps A en aura employé pour les
vaincre.

Mais pour représenter plus sensiblement de quelle maniere les ressorts de deux corps qui se rencontrent se
tendent & se détendent avec tout l'effort du choc, supposons que les particules d'un fluide devinssent autant de
petits balons élastiques ; alors pendant que la colonne *a b*
(*Fig.* 18.) pousseroit la colonne *cd* par l'entremise du
petit balon *m*, & avec tout l'effort de son poids, cette

colonne à cause de l'applatissement de la particule intermediaire *m*, presseroit les colonnes laterales *fg* & *hi*, avec
une force égale au poids que porteroit la colonne *cd* ; or
il est clair qu'il en seroit de même si *ab* & *cd* devenoient
solides, & que *ab* poussât *cd* par l'entremise du petit balon
m ; donc si rien ne retenoit *cd*, & qu'après l'impression
successive du choc, cette colonne cessât de s'opposer
au mouvement de *ab*, c'est-à-dire qu'elles commençassent
d'avancer toutes deux de compagnie vers K , alors les
colonnes *fg* & *hi*, dont les particules auroient changé de
forme ; mais qui ne seroient plus retenuës dans un état
forcé, réagiroient de concert sur la particule *m* avec une
force égale à celle qu'auroit employée la colonne *ab* à
comprimer cette particule, pendant que *dc* réagissoit
encore sur *b a* ; donc ce seroit avec cette force que les
colonnes solides tendroient à s'écarter l'une de l'autre,
lorsque la particule applatie *m*, reprendroit sa premiere
forme.

ARTICLE XXXVIII.

Tout ressort parfait a un effet rétroactif égal à celui
de son action directe ; les Physiciens qui ont traité de
la percussion des corps à ressort, ont tous supposé ce principe.

ARTICLE XXXIX.

Les petits tourbillons de la matiere étherée, sont autant
de ressorts parfaits.

ARTICLE XL.

Si on partage un tourbillon sphérique en une infinité
de Piramides droites & unies par leurs sommets au centre

de la sphere, & qu'on suppose chacune de ces Piramides partagée en une infinité de tranches paralleles à leurs bases, ces bases seront comprimées par l'action de toutes les tranches inférieures.

A R T I C L E XLI.

La vitesse avec laquelle les parties d'une couche sphérique supérieure, tendent à s'éloigner du centre commun des circulations, n'est point augmentée par l'action des couches inférieures. Supposant la couche FG (*Fig.* 19.) infiniment proche de la couche HI ; & nommant CF, r, & FH, dr, on voit que la vitesse de la couche FG, doit être à la vitesse de la couche HI, comme $\sqrt{r+dr}$ à $\sqrt{r}$ (*Art.* 17.) ; ainsi la force centrifuge du point •F, est à celle du point H, comme $\frac{r+dr}{r}$ à $\frac{r}{r+dr}$; mais ces forces expriment les vitesses qu'ont les deux couches pour s'éloigner du centre C ; donc pour sçavoir quelle impression la couche FG fait sur les couches supérieures par l'entremise de HI, il faut avoir la différence de $\frac{r+dr}{r}$ & de $\frac{r}{r+dr}$; or cette différence qu'on trouve égale à $\frac{2dr}{r+dr}$, est à $\frac{r+dr}{r}$, comme $2dr$, à $r+2dr$, donc elle ne doit être regardée que comme un infiniment petit, par rapport à la vitesse avec laquelle la couche FG tend à s'éloigner du centre C ; ainsi l'impression communiquée à la somme des couches supérieures par l'entremise de la couche HI ne devient qu'un infiniment petit du second genre ; donc la somme des différences des vitesses de toutes les couches n'ajoûte qu'un infiniment petit du premier genre à celle avec laquelle les parties de la couche supérieure tendent à s'éloigner du centre commun des circulations. On voit bien que dans cette démonstration, on n'a pas même eu égard, ni à la diminution que souffrent les vitesses communiquées par rapport à la grandeur des couches qui augmentent comme les quarrés des rayons, ni à la diminution prise du côté de la différence des vitesses qui deviennent toûjours plus petites, à mesure que les rayons s'alongent.

ARTICLE XLII.

Je suppose que tous les tourbillons grands & petits en se formant suivant les loix communes du mouvement, tendent à se mettre en équilibre les uns avec les autres.

ARTICLE XLIII.

Afin que deux tourbillons qui se touchent, soient en équilibre, il faut que les couches sphériques qui les terminent ayent toutes des vitesses égales.

Que deux tourbillons A & B (*Fig.* 20.) ayent pour centres c & C, & pour rayons r & R, & que les dernieres couches sphériques de ces tourbillons se touchent par des cercles égaux dd infiniment petits, & pris pour les bases des Piramides cdd Cdd *, comme toutes les tranches paralleles à cette base, auront dans l'une & dans l'autre Piramide des forces centrifuges égales (*Art.* 16.), il est clair qu'en nommant U la vitesse de la base

de cdd & V celle de la base de Cdd, on aura $\dfrac{ddrUU}{2r}$ &

---

* dd Est ici simplement regardé comme le point Phisique par lequel les deux spheres se touchent, on ne doit point le prendre pour un élément commun des deux surfaces sphériques ; car il est évident que celui de la petite surface, ne peut être appliqué qu'à une partie de l'élement de la grande.

$\dfrac{dd\mathrm{R}\,\mathrm{VV}}{2\mathrm{R}}$ pour les forces centrifuges de cdd & de $\mathrm{C}dd$; donc afin que ces forces se balancent, il faudra que U devienne égal à V.

ARTICLE XLIV.

Il suit de-là que $\dfrac{dd\mathrm{UU}}{2r}$ (force centrifuge de la base de cdd) sera à $\dfrac{dd\mathrm{VV}}{2\mathrm{R}}$ (force centrifuge de la base de $\mathrm{C}dd$,) en raison renversée des rayons des deux spheres, ce qui est évident, puisque $dd\mathrm{UU} = dd\mathrm{VV}$ (*Art.* 43.)

ARTICLE XLV.

Il suit encore de-là que les forces centrifuges des deux couches sphériques supérieures, seront en raison directe des rayons des deux spheres ; car ces couches suivront la proportion des quarrés de leurs rayons, donc leurs forces centrifuges deviendront proportionelles aux quan-tités $\dfrac{rr\,dd\mathrm{UU}}{2r}$ & $\dfrac{\mathrm{RR}\,dd\mathrm{VV}}{2\mathrm{R}}$; elles seront donc entr'elles comme r à R.

ARTICLE XLVI.

Enfin il suit de ce qui vient d'être dit que la somme des forces centrifuges du Tourbillon A, sera à celle des forces centrifuges du Tourbillon B en raison directe des quarrés des rayons de A & de B ; car comme toutes les couches sphériques de chacune des deux spheres, au-ront des forces centrifuges égales (*Art.* 16.) celles des couches supérieures multipliées par r & par R, exprime-

ront

ront les forces centrifuges des deux tourbillons, & ces forces feront proportionnelles aux quantités $\frac{r^3 ddUU}{2r}$ & $\frac{R^3 ddVV}{2R}$ dont le rapport égalera $\frac{rr}{RR}$.

ARTICLE XLVII.

On voit que dans deux tourbillons les couches sphériques qui font éloignées des centres fuivant la proportion des Diametres, ont néceffairement des viteffes égales.

ARTICLE XLVIII.

On voit encore que dès que le Diametre d'un tourbillon eft donné, la viteffe de chacune de fes parties eft néceffairement déterminée, ce qui fait voir le mécompte de ceux qui donnent plus ou moins de mouvement aux petits tourbillons de la matiere étherée, felon les différentes places qu'ils leur font occuper, ou les différentes fonctions aufquelles ils les deftinent.

ARTICLE XLIX.

Quand les tourbillons fe forment, les plus forts doivent empiéter fur les plus foibles jufqu'à ce qu'ils viennent à fe toucher par des couches dont les viteffes foient égales; c'eft encore une conféquence de ce qui vient d'être prouvé (*Art.* 43.)

ARTICLE L.

Comme un tourbillon eft continuellement obligé de rentrer dans fes bornes, par la réaction de la matiere qui fait obftacle à fa dilatation, & que cette réaction eft égale à la force avec laquelle il tend à se dilater, il est aisé de prouver qu'il n'en est aucun qui ne doive être regardé comme un fluide qui pese alternativement & également du centre vers la circonférence, & de la circonférence vers le centre.

Soient (*Fig.* 21.) les lignes AB, BC les côtés d'un Poligone, si on suppose qu'un Globule *m*, soit poussé le long de AB sur BC, & que la ligne AB représente son mouvement, il est clair qu'en prolongeant CB jusqu'en D, où tombera la perpendiculaire AD abaissée du point A, le mouvement de *m* pourra être regardé comme composé des mouvemens AD & DB; cela posé, imaginons-nous que les lignes AB, BC soient couchées sur la surface intérieure d'une masse creuse & impénétrable au globule *m*; si on veut que ce globule n'ait aucune élasticité, il perdra son mouvement AD en frappant le côté BC, ensuite il avancera le long de BC avec une vitesse BH égale à DB, c'est qu'alors il n'éprouvera qu'une réaction morte, à cause de son manque d'élasticité ; mais qu'on le suppose élastique, la réaction vive qu'il éprouvera en frappant le côté BC, l'obligera à s'éloigner de ce côté avec un mouvement BF égal, mais contraire au mouvement AD ; ainsi il décrira la Diagonale BG du parallelograme BFGH; c'est-à-dire que dans le premier cas le globule cotoyera les côtés du Poligone, après les avoir frappés, & que dans le second, il les frappera, & ne pourra les cotoyer; donc si le Poligone devenoit un cercle, les mouvemens alternatifs qu'auroit le corpuscule, deviendroient infiniment prompts. Appliquons ce principe.

On a vû 1°. Que les particules de l'éther sont élastiques, & que comme elles changent continuellement de

place, leurs ressorts se tendent & se détendent sans cesse.
On a vû 2°. que les couches sphériques d'un tourbillon
n'ont d'action les unes sur les autres que suivant des directions paracentriques ; donc en reprenant ce qui vient
d'être dit, on doit conclure que chaque partie de l'éther,
est alternativement poussée du centre vers la circonférence, & de la circonférence vers le centre ; donc la
double pesanteur que j'avois à justifier, devient une dépendance nécessaire du méchanisme des tourbillons ;
c'est aussi ce que démontre le R. P. Castel dans son ex-
cellent Traité de Physique sur la pesanteur universelle.

ARTICLE LI.

Lorsque la matiere d'un tourbillon pese du centre vers
la circonférence, ses couches se dilatent, & l'obstacle qui
borne leurs dilatations, oblige les petits tourbillons de
l'éther à s'applatir de plus en plus.

ARTICLE LII.

Lorsque la matiere du tourbillon pese de la circonférence vers le centre, ses couches rentrent dans leurs
bornes, & les petits tourbillons de l'éther reprennent
par dégrés leur premiere sphéricité.

ARTICLE LIII.

Supposons qu'une particule *a* tende à décrire la tangente *a*K de l'arc infiniment petit *ad*, pris sur la couche
sphérique *agi* du tourbillon RXZ ; on concevra que pendant que cette particule s'élevera sur la ligne *d*K, son
ressort se tendra de plus en plus, jusqu'à ce que la force
*d*K qui l'aura contraint de plier, soit entierement éteinte,
après quoi venant à se détendre par dégrés, la particule

reviendra vers le centre S, avec une force réactive K*d*, égale à celle qu'elle avoit pour s'élever ; or comme de son mouvement translatif toûjours subsistant, naîtra une nouvelle force qui s'opposera incessamment à son retour ; il est clair que le mouvement qu'elle aura pour s'éloigner de la circonférence du tourbillon, sera continuellement retardé, & qu'enfin il se trouvera totalement éteint, quand le corpuscule se sera autant rapproché du centre S, qu'il s'en étoit éloigné.

ARTICLE LIV.

Puisque les couches sphériques d'un tourbillon ne peuvent se comprimer que suivant des directions perpendiculaires sur leurs surfaces, & que c'est sur la trace de ces directions, mais en sens contraire, que se détendent les ressorts de l'éther, il est évident que la matiere étherée refluëra, non vers l'axe sur lequel tournera la masse du tourbillon, mais vers le centre de cette masse.

ARTICLE LV.

Comme le retour des particules qui formeront les couches supérieures, ne sera parfaitement libre que quand les couches inférieures seront parvenuës au point de leur plus grande dilatation, on voit que suivant les loix de la méchanique, ces couches s'assujettiront bientôt à se dilater & à se resserrer comme de concert & dans les mêmes instans.

ARTICLE LVI.

Ainsi en prenant dans le tourbillon ABC (*Fig. 23.*) une Piramide quelconque RSI, on concevra, que puisque les mouvemens oscillatoires des tranches parallèles RI, *dg*, K*m*, *gh*, feront obligés de s'accorder, il faudra que les vitesses du flux & du reflux de ces tranches, soient en raison renversée de leurs surfaces, ou des quarrés de leurs distances au point S, pris pour le centre du tourbillon.

ARTICLE LVII.

Ce que je dis justifie que quand un tourbillon se forme, il faut que les mouvemens s'y combinent de façon qu'ils réduisent les couches inférieures à n'avoir ni plus ni moins de forces centrifuges que les couches supérieures.

ARTICLE LVIII.

Si on suppose que dans un tourbillon les couches inférieures ayent plus de forces centrifuges que les couches supérieures, elles s'étendront & forceront celles-ci à descendre ; mais que ce fussent les couches supérieures qui eussent plus de force que celles qu'elles embrasse-roient, il semble qu'il ne s'ensuivroit aucun dérangement dans le tourbillon ; c'est qu'une couche n'a pas besoin d'être soûtenuë par celle qu'elle enveloppe, elle se soû-tient par sa force centrifuge, elle tend d'elle-même à se dilater ; cependant, suivant ce qui vient d'être dit, il est aisé de concevoir que dans ce cas là même, les mou-vemens doivent se combiner de maniere que les couches inférieures regagnent ce qu'il leur manque de vitesse pour suivre le train commun des circulations.

ARTICLE LIX.

On a vû qu'il suit du méchanisme des tourbillons que la matiere propre dont ils font formés doit s'écarter de leurs centres autant qu'il est possible, & qu'ainsi confor-mément à ce qu'avoit déja dit M. Descartes, chaque espace central doit profiter de la furabondance du fluide deftiné par la Nature à remplir les pores de la matiere étherée ; on a vû auffi que ce fluide ne peut faire aucun obftacle au mouvement de l'éther ; cela pofé, fi QNOP (*Fig.* 24.) repréfente les couches fphériques qu'on fuppofe fervir de bornes à l'efpace central du tourbillon RABC, & que les particules qui formeront ces couches ayent moins de force pour s'éloigner du centre S, que n'en auront les couches fupérieures pour les en rapprocher, elles s'en rapprocheront en effet, mais avec une viteffe accelerée ; car qu'un corpufcule partant du point *a* foit déterminé à parcourir la tangente *ab* perpendiculaire fur le rayon S*a*, & qu'en même-tems il foit pouffé vers le centre S avec une force qui l'oblige à parcourir *aq*, il eft clair que fi la diagonale *ad* eft plus grande que la moyenne proportionnelle entre *aq* & 2*a*S, le corpufcule commencera à s'approcher du centre S ; or comme dans le fecond inftant il tendra à parcourir la ligne *dh* égale à *ad* dont elle fera le prolongement, la direction *dp* du mouvement paracentrique commencera à faire un angle aigu avec celle du mouvement tranflatif *dh* ; donc deflors (*Art.* 5.) la viteffe du corpufcule s'accelerera ; donc chacune des particules des couches inférieures s'approchera du centre S avec une viteffe accelerée : mais parce que ces particules en s'écartant de la couche RABC fe déroberont peu à peu aux coups de la matiere étherée, elles s'échapperont bientôt par les tangentes des nouvelles courbes qu'elles commençoient à décrire, & par conféquent iront rejoindre les couches fupérieures, en confervant ce qu'elles auront acquis de force ; & fi malgré cela leurs forces centrifuges ne répondent point encore à celles des autres parties du Tourbillon, elles fe rapprocheront de nouveau du centre S pour se relever ensuite avec un nouvel accroissement de vitesse ; c'est-à-dire que si l'équilibre ne se rétablit pas tout d'un coup, du moins se rétablira-t'il par dégrés.

ARTICLE LX.

Lorsque dans un tourbillon la matiere étherée pese du centre vers la circonférence , elle doit éprouver une réaction égale à son action , autrement elle franchiroit ses bornes ; mais quand elle pese de la circonférence vers le centre, elle n'a nul besoin d'être appuyée , elle se soûtient par l'efficace de sa force centrifuge , qui alors supplée à la réaction : Je dis plus , il ne seroit pas même possible de ménager un appui aux colonnes qui obéissent à l'impression de leur mouvement réactif ; c'est que suivant ce qu'on a déja dit (*Art.* 36.) les centres des tourbillons sont enveloppés de matiere subtile , & que cette matiere (*Art.* 34.) est infiniment pénétrable à l'éther.

ARTICLE LXI.

Cet appui qu'on ne trouveroit point vers le centre du tourbillon , on ne le trouveroit pas non plus sur la croute solide de sa masse centrale. Cette croute , à cause de son infinie porosité , ne pourroit au plus appuyer qu'une infinitiéme partie des filets de matiere qui tendroient à concourir au centre du tourbillon.

ARTICLE LXII.

Ce que je dis de la porosité des corps ne doit point surprendre ; M. Keil démontre qu'on seroit en droit de supposer qu'une sphere opaque & solide dont le rayon égaleroit celui de l'orbe de Saturne, ne contiendroit pas

plus de matiere (ſes pores retranchés), qu'en renfermeroit un atôme qui n'auroit point de pores ; & ſi du poſſible nous paſſons à ce que les faits juſtifient, nous trouverons avec **M. Newton**, que tout ce qu'une maſſe d'or
peut avoir de matiere propre, ſe réduit à une quantité
qui n'eſt pas à beaucoup près la millionéme partie de
celle qui pourroit être compriſe ſous ſon volume ; rien
même ne prouve qu'à la rigueur elle n'en pût être l'indéfinitiéme partie ; il ne faut donc compter pour rien
l'obſtacle que la ſolidité des Planetes peut faire aux mouvemens oſcillatoires de l'éther.

Article LXIII.

Si on ſuppoſoit que les particules d'une même couche
ſphérique dûſſent s'étayer, & par-là ſe ſervir mutuellement d'appui, la ſuppoſition qu'on feroit, ſeroit contraire à ce que l'expérience nous apprend. Que le fond
d'un vaſe rempli d'eau, ſoit ouvert, l'eau coule & tombe
malgré la convexité de ſes couches, la même que celle de
la ſurface de la terre. Afin que les particules de l'éther
pûſſent s'étayer mutuellement, il faudroit qu'elles fûſſent
inflexibles, & beaucoup plus groſſes que celles des fluides
ordinaires ; ou bien il faudroit que les courbures des couches ſpheriques dont elles feroient parties devinſſent infiniment grandes.

Article LXIV.

Maintenant pour découvrir le principe de la peſanteur
des corps ſenſibles, j'ai beſoin de rappeller celui d'où ſe
tire la loi fondamentale de l'hidroſtatique.

On ſçait que le poids abſolu p d'un corps X, eſt égal
à ſa maſſe M multipliée par ſa tendance V, à ſe mouvoir

vers

vers un point déterminé ; donc p est toûjours proportiohnel à MV ; donc quelque densité qu'eut le corps X son poids deviendroit nul si V s'évanoüissoit.

Que ce corps fut plongé dans un fluide soûtenu, sa pesanteur spécifique seroit la différence de son poids absolu & de celui du fluide, les volumes supposés les mêmes ; ainsi nommant m la masse d'une portion du fluide dont le volume égaleroit celui du corps X, nommant aussi u la tendance de cette masse vers un centre commun, on auroit MV — mu pour la pesanteur specifique du corps X, & mu — MV pour celle du fluide.

Que V égalât u, les pesanteurs specifiques deviendroient proportionnelles aux densités.

Que MV valut mu, les impressions que le fluide feroit sur le corps X seroient les mêmes de toutes parts, ainsi rien n'obligeroit ce corps à se déplacer.

Que le poids MV fut plus fort que le poids mu, le corps X se déplaceroit & suivroit la direction de sa pesanteur ; enfin que mu l'emportat sur MV, le corps X se déplaceroit encore, mais en s'éloignant de l'appui du fluide.

ARTICLE LXV.

Supprimons maintenant cet appui, & ne donnons nulle tendance au corps X ; je dis que dans ce cas, la premiere impression que recevra ce corps égalera le poids de la colonne à laquelle il servira de base, & dont l'effort ne sera plus balancé par celui des colonnes laterales, qui conjointement avec elle flueront librement suivant la direction de leur pesanteur absoluë ; ainsi nommant C la colonne supérieure qu'appuyera le corps X, la vitesse

Y

infiniment petite avec laquelle ce corps commencera à
fe mouvoir, égalera $\dfrac{Cu}{C+X}$.

A R T I C L E   L X V I.

Ces principes pofés, foit RSI (*Fig.* 23.), la Piramide
qui embraffera le corps X placé dans le tourbillon ABC ;
comme dans un tems infiniment petit dt, les particules
de l'éther s'éleveront par un mouvement progreffif à la
hauteur que déterminera la plus grande dilatation du tourbillon, les refforts de ces particules flechiront peu à peu,
ainfi dans chacun des inftans ddt, ils recevront un nouveau dégré de compreffion ; or dans le premier inftant
ddt, la compreffion ne pouvant avoir lieu, le fluide n'é-
prouvera point encore de réaction ; donc le corps X qui
portera le poids de la Piramide inférieure qSh à laquelle
il fervira de bafe, fera pouffé vers la circonférence du
tourbillon fans que rien le repouffe ; mais puifque dans
les inftans fuivans les refforts de l'éther acquerront toûjours de nouveaux dégrés de tenfion, la Piramide qSh
ceffera bientôt d'agir feule fur ce corps ; il faudra donc
que conformément au principe d'où fe tire l'équilibre
des liqueurs, fon effort foit balancé de plus en plus par
celui que feront les Piramides laterales, qui commençant
à trouver un appui du côté de la circonférence, réagiront
fur tout ce qui les obligera de fe contenir dans leurs bornes ; donc on peut fuppofer fans erreur que ces Piramides
rabattront le corps X, autant que la Piramide inférieure
qSh l'aura élevé, & qu'ainfi à la fin du tems infiniment
petit dt, ce corps fe retrouvera à peu près à la même
diftance du centre S.

ARTICLE LXVII.

Maintenant qu'au flux de la matiere on fasse succeder son reflux, il sera aisé de concevoir que puisque l'éther n'éprouvera aucune réaction en refluant, la Piramide tronquée RqhI, qui chargera le corps X de tout son poids, (*Art.* 65.) poussera ce corps de la même maniere qu'elle le pousseroit, si le centre du tourbillon étoit vuide.

ARTICLE LXVIII.

Je viens aux corps que pénétre la matiere étherée, & je dis que le poids de ces corps est nécessairement proportionnel à la force & à la quantité des colonnes ausquelles leurs particules intégrantes servent de bases.

ARTICLE LXIX.

Ceux qui regardent la pesanteur comme l'effet propre de l'attraction, supposent que les chûtes initiales des corps attirés, sont toûjours les mêmes aux mêmes distances de celui qui les attire, d'où ils concluent que le poids de chacun de ces corps est nécessairement proportionnel à sa masse.

ARTICLE LXX.

Mais si la pesanteur a l'impulsion pour principe, & que les corps ne donnent prise à l'éther que par l'étenduë & par la quantité des surfaces que leurs particules élementaires lui présentent, il semble qu'il soit très-possible que leurs poids ne répondent pas toûjours éxactement à leurs masses ; l'expérience même paroît confirmer ce soupçon. M. Boyle fait voir qu'il y a de certaines matieres dont le poids augmente quand elles sont éxactement renfermées dans des vases de verre exposés à l'action de la lumiere. La Chimie nous offre quantité de faits semblables. Qu'on prenne une masse de Regule d'Antimoine du poids d'une livre , & qu'après l'avoir pulverisée, on la fasse calciner au foyer d'un verre ardent d'un pied de diametre , le poids de la masse augmentera d'un dixiéme, quoique pendant tout le tems de la calcination qui durera au moins une heure , le Regule jette une fumée très-épaisse. On sçait que l'Etaim , le Plomb, le Zim & quelques autres mineraux pareillement calcinés , augmentent de poids malgré l'évaporation de leurs souffres : que devient donc la proportion des poids & des masses ?

Article LXXI.

Les Partisans de l'attraction, pour infirmer l'induction qui se tire de ces sortes d'expériences, disent que la lumiere est produite par le mouvement local d'une infinité de particules de feu que lance continuellement le Soleil, & qu'ainsi il n'est pas étonnant que ces particules étant ramassées, & trouvant des corps propres à les recevoir & à les retenir, fournissent plus de matiere à ces corps, qu'elles ne leur en enlevent.

Article LXXII.

Renfermons-nous dans cette hipotèse, & voyons quelles pertes feroit le Soleil dans un tems déterminé.

Si conformément à ce qui résulte du travail de M. Picard, & aux observations de M. Cassini, on donne 57060 toises au dégré de la terre, & qu'on en donne 71 924 537 942 au rayon de son Orbite, on trouvera que la surface de la sphere qui terminera ce rayon, sera à la surface d'un cercle qui auroit un pied de diametre comme 2 979 728 156 130 000 000 000 000 à 1, d'où on conclura que la somme des corpuscules que lancera le Soleil dans l'espace d'une heure, pesera au moins 297 972 815 613 000 000 000 000 livres; or le volume du Soleil vaut un million de fois celui de la terre, c'est-à-dire que comme celui-ci contient 31 615 900 777 000 000 000 000 pieds cubes, le volume du Soleil en doit contenir 316 159 007 770 000 000 000 000 000 000 mais si on compare les deux masses qui, suivant M. Newton, sont proportionnelles à leurs forces attractives connuës & constatées par les observations, on trouvera que la densité du Soleil est à celle de la terre comme 1 à 4 ; ainsi en prenant pour la moyenne densité de la terre, celle de la pierre commune dont le pied cube pese 140 livres, le Soleil toute proportion gardée en pesera 1 106 556 528 300 000 000 000 000 000 000 ; d'où il suit que ce qu'il lancera de corpuscules lui fera perdre une 3 713 616e partie de son poids & de son volume dans une heure. Il est vrai que pour lui donner moyen de réparer ses pertes, ceux qui ont recours à l'attraction lui envoyent des Cométes qu'il saisit à leur passage ; ils conviennent donc qu'il suit de leur principe, qu'afin que le Soleil s'entretienne dans l'état où nous le voyons, il faut qu'en 3^h 43^1 il consomme en nourriture une Comete d'un volume au moins égal à celui de la terre.

ARTICLE LXXIII.

Reprenons la Piramide RSI du tourbillon ABC (*Fig.* 23.), supposons la partagée en une infinité de tranches *hq*, *m*K, *gd* paralleles à la base IR, la vitesse réactive de la matiere dans chacune de ces tranches, fera, comme on l'a déja dit, en raifon renverfée des quarrés des rayons S*h*, S*m*, S*g*, SI ; ainfi ces tranches auront toutes des pefanteurs égales ; donc le poids de la Piramide tronquée R*qh*I, vaudra celui d'un Cilindre qui auroit le côté *q*R pour hauteur, la tranche *qh* pour bafe, & dont la vitefse réactive égaleroit celle de la couche fpherique dont la bafe *qh* feroit partie.

Article LXXIV.

Il fuit de-là que les différens poids dont fera chargé le corps X à différentes diftances du centre S, feront en raifon renverfée des quarrés de ces diftances, & en raifon directe des hauteurs des colonnes.

Article LXXV.

Il fuit encore de-là que fi le corps X fe trouve fuc-ceffivement à différentes diftances du centre S, mais que le rapport de fa mafse à celle des colonnes qui le poufse-ront vers ce centre, foit toûjours indéfiniment petit, les vitefses initiales des chûtes de ce corps, feront par-tout les mêmes que celles du fluide.

Article LXXVI.

Ce que je viens de dire peut s'appliquer aux tourbil-lons particuliers des Planetes ; car 1°. on doit les fuppo-fer impénétrables à la matiere propre des tourbillons dans lefquels ils font leurs révolutions ; c'eft qu'un tourbillon n'en pourroit pénétrer un autre fans le détruire ; il eft vrai que comme il n'en eft aucun qui ne foit compofé de petits tourbillons qui laifsent entr'eux des interftices que doivent remplir d'autres tourbillons plus petits encore,

rien n'empêche que ceux-ci ne paſſent d'un grand tourbillon dans un autre. 2°. Si la maſſe des colonnes dont
ſe trouve chargé le tourbillon particulier d'une Planete,
eſt par-tout indéfiniment plus grande que celle de ce
tourbillon, comme on le ſuppoſe ici ; il eſt évident que
conformément à ce que demande la loi de Kepler, ſa
peſanteur ſera toûjours en raiſon renverſée des quarrés
de ſes diſtances au centre vers lequel il ſera pouſſé.

ARTICLE LXXVII.

Suppoſons maintenant que le tourbillon *abcdg*,
(*Fig. 25.*) ſoit partagé en une infinité de Pïramides *aSb*,
bSc, *cSd*, &c. unies par leurs ſommets au centre S, ſi
*h*K eſt la ſurface d'une maſſe impénétrable au fluide,
la colonne *b*K*hc* peſera toute entiere ſur cette maſſe ;
c'eſt que les parties du fluide qui compoſeront la
colonne, ne pourront ſe répandre ni du côté de *am*, ni
du côté de *dn*, à cauſe de l'égalité des forces qu'auront
les colonnes *am*K*b*, *b*K*hc*, *chnd* ; mais qu'on faſſe mouvoir *h*K vers *cb* avec une viteſſe finie, l'équilibre ſe rom-
pra, & les particules que pouſſera *h*K, écarteront de
part & d'autre celles qui devroient leur faire réſiſtance,
afin que la colonne *b*K*hc* pût être ſoulevée ; donc toute
l'impreſſion que la maſſe fera ſur le fluide, ſe réduira à
celle qui obligera les particules voiſines de ſa ſurface à
circuler autour d'elle (*Diſſ. 5. Art.* 8.), encore cette circulation ſera-t'elle ſuppléé par l'effet propre de la com-
preſſion générale des petits tourbillons de l'éther, conformément à ce que nous avons déja dit en parlant du mouvement des corps dans les fluides ; donc ſi les particules
de l'éther ſont indéfiniment déliées, & qu'elles ſoient
élaſtiques, comme on a droit de le ſuppoſer, la maſſe

*h*K ne fera mouvoir à chaque inſtant que des ſurfaces dont les parties ſe dérobant de toutes parts, mais toûjours parallelement aux plans qui la toucheront, ne pourront (*Diff*. 5. *Art*. 11.) recevoir en avant qu'une viteſſe infiniment plus petite que celle de la maſſe qui les obligera à lui donner paſſage, en ſorte que dans un tems fini, cette maſſe (*ibid.*) ne perdra qu'une infinitiéme partie de ſon mouvement ; elle ſera donc à cet égard comme dans le vuide, & ne recevra d'impreſſion que celle qui la pouſſera vers le centre S ; & l'on voit qu'il en ſera de même ſi elle ſe meut vers ce centre , & qu'elle avance ſuivant la direction de ſa peſanteur , ou enfin ſi ayant moins de viteſſe que les couches du tourbillon , elle ſe trouve ſur leur paſſage ; ainſi les conditions que nous avons démontré (*Diſſert*. 3.) être abſolument néceſſaires , afin que la loi de Kepler puiſſe ſubſiſter, ſe trouvent parfaitement remplies dans l'hipotèſe de la plenitude univerſelle ; car

1°. Les Planetes ont les mêmes mouvemens tranſlatifs qu'elles auroient dans le vuide.

2°. Elles peſent vers un centre commun.

3°. Leurs chûtes initiales ſont par-tout en raiſon inverſe des quarrés de leurs rayons vecteurs.

ARTICLE LXXVIII.

Quand le tourbillon d'une Planete fait ſa révolution autour d'un centre étranger , s'il renferme d'autres tourbillons , il doit les aſſujettir à ſuivre ſon mouvement.

Soit un vaſe *abcd*, rempli d'un fluide qui peſe ſur le fond *bc* , ſi on y plonge un corps *m* , ſuppoſé d'une denſité égale à celle du fluide , ce corps ſe trouvera également pouſſé de toutes parts ; ainſi pour le faire mouvoir,

ił

il fuffira de vaincre la réfiftance que lui feront les particules qu'on déterminera à circuler autour de lui, & cette réfiftance (*Diff.* 5. *Art.* 35.) fera nulle fi le fluide eft comprimé, & qu'il foit compofé de particules infiniment déliées & infiniment élaftiques ; mais que ce foit la maffe du fluide qu'on fuppofe fe mouvoir conjointement avec le vafe fuivant une direction & avec une viteffe exprimée par *ig* (*Fig.* 26.) parallele à *cb*, il eft clair que le corps *m* ne pourra fe refufer au mouvement de la maffe totale ; car fi en conféquence des réactions caufées par la pefanteur des parties du fluide, la colonne *h m* pouffe le corps *m*, avec une force $+x$ égale à la force $-x$ qu'aura la colonne *im*, pour le pouffer vers *h*, comme les nouveaux mouvemens qu'acquerront les colonnes paralleles à *hi*, n'auront aucune réaction qui leur réponde, le corps *m* fera encore pouffé vers *i* ou vers *g* avec toute la force qu'acquerra la colonne *hm* ; c'eft-à-dire que fi on nomme $+Z$ cette force, la colonne *hm* fera impreffion fur *m* avec la force $x+Z$, pendant que la colonne *im*, n'oppofera à cette impreffion que la force $-x$.

Or on voit qu'il en fera de même fi un tourbillon L (*Fig.* 27.) fe trouve dans un autre tourbillon T qui circule autour d'un centre étranger S, c'eft que les forces centrifuges des parties du fluide dont fera compofé le tourbillon T, les feront pefer du centre O, vers la circonférence *abc* qui leur fervira d'appui, & que (*Diff.* 5. *Art.* 36.) relativement cette pefanteur la maffe L fe trouvera également comprimée de toutes parts ; (car il ne s'agit point ici de l'impreffion que recevra cette maffe par la pefanteur dont l'action fera dirigée vers le centre O du tourbillon T, & à laquelle (*Art.* 60.) ne répondra aucune réaction) ; fuppofons donc que T fe meuve vers *g* ou vers *h*, je dis qu'alors l'équilibre fera rompu, à caufe de la nouvelle force qu'acquerra la colonne qui tendoit à faire avancer la maffe L vers ce point ; donc cette maffe fera obligée de fuivre le mouvement du tourbillon T.

On voit bien que pendant que les deux maffes avanceront de compagnie, le tourbillon L continuera de pefer vers le centre O, & de circuler autour de ce centre.

ARTICLE LXXIX.

Une Planete eft toûjours affujettie à s'accommoder aux différentes pofitions de la maffe totale de fon tourbillon; c'eft une fuite de ce qui vient d'être démontré dans l'article précedent.

ARTICLE LXXX.

Un tourbillon qui fe meut autour d'un centre étranger, doit toûjours conferver fon Parallelifme ; car que *ab* (*Fig.* 28.) foit le mouvement tranflatif du tourbillon T, qu'on fuppofe avoir *pq* pour axe, ce tourbillon ne changera point de fituation s'il fe meut librement de *a* vers *b*, il n'en changera pas non plus, fi on fuppofe que par fon poids, il tombe librement de *a* en *c*, donc il confervera fon Parallelifme, s'il obéït aux deux impreffions à la fois, & qu'il décrive la Diagonale *ad*.

Il n'en feroit pas de même fi le tourbillon T étoit emporté par la matiere propre du grand tourbillon dans lequel il circuleroit ; car que les couches de l'équateur MGNH (*Fig.* 29.) circulaffent de M en G, & qu'elles contraigniffent le tourbillon T de s'accommoder à leurs mouvemens ; comme celles qui fe trouveroient les plus voifines du centre S auroient (*Art.* 17.) plus de viteffe que les autres, elles obligeroient la maffe T de circuler de F en K autour d'un axe parallele à celui du plan MGNH ; donc si l'axe *pq* étoit oblique à ce plan, il ne conserveroit plus son parallelisme ; ainsi les tourbillons particuliers des Planetes ne se meuvent parallelement à eux-mêmes, que parce que les couches spheriques de ceux dans lesquels ils circulent ne font sur eux aucune impression sensible ; c'est-à-dire que leur Parallelisme dépend du même principe que suppose la loi de Kepler.

Article LXXXI.

De ce que toute masse renfermée dans un tourbillon se meut comme si elle pesoit par elle-même, & qu'elle fut dans le vuide, il suit 1°. que l'obliquité des plans dans lesquels se meuvent les Planetes, dépend uniquement des différentes latitudes des paralleles où se forment leurs tourbillons particuliers ; il suit 2°. que dans la supposition que le méchanisme qui donne naissance à ces tourbillons, ne les déterminât point à prendre leurs cours du côté que circulent les couches spheriques entre lesquelles ils se forment, rien n'empêcheroit qu'ils ne circulassent suivant toute autre direction.

Article LXXXII.

Il me reste à éclaircir deux difficultés frappantes qui tombent sur le méchanisme des tourbillons ; voici la premiere.

Supposant un tourbillon partagé en une infinité de couches spheriques de même épaisseur, on conçoit que si les couches inférieures ont une vitesse angulaire plus prompte que celle des couches supérieures, l'ordre des circulations ne peut être conservé, à moins que le mouvement qu'acquiert chacune de ces couches par le frottement de fa furface concave, elle ne le perde par celui de fa furface convexe, de maniere que les mouvemens perdus & communiqués foient par-tout égaux entr'eux ; mais afin que cette condition fe trouve remplie, il faut, fuivant **M.** Newton, que les tems des révolutions foient, non comme les racines quarrées des cubes des diftances au centre commun des pefanteurs, ainfi que le demande la loi de Kepler, mais comme les quarrés de ces diftances. Tout frottement dans un tourbillon (dit cet illuftre Géometre), eft égal à la viteffe refpective des furfaces qui fe touchent immédiatement, multipliée par l'étenduë de l'une de ces furfaces & par les denfités ; ainfi en fuppofant que dans le tourbillon RPq (*Fig.* 30.) la viteffe de la couche b furpaffe celle de la couche d de la quantité hr, le frottement des deux couches fera proportionnel à la viteffe refpective exprimée par hr, multipliée par la furface de la fphere dont Cr fera le rayon, & par la denfité des parties qui fe toucheront. Il faut remarquer que pour réduire la viteffe refpective en mouvement angulaire, on doit divifer cette viteffe par le rayon que terminent les furfaces qui fe touchent ; ce qui eft évident, car fi on prenoit par exemple fur la furface convexe de la couche R, une diftance Re égale à hr, le nombre des dégrés que comprendroit Re, feroit à celui des dégrés que renfermeroit hr comme $\dfrac{Re}{CR}$ à $\dfrac{hr}{Cr}$; ainfi les mouvemens angulaires font toûjours en raifon directe des viteffes & en raifon renverfée des rayons.

Nommant prefentement v toute viteffe refpective, K la denfité des parties fur lefquelles fe fait le frottement, x le rayon que terminent les furfaces qui fe touchent, & f l'impreffion du frottement, f égalera vxxK, d'où on tirera $v = \frac{f}{xxK}$; or puifque les frottemens feront fuppofés par-tout les mêmes, on aura par-tout v proportionnel à $\frac{1}{xxK} = x^{-2}K^{-1}$; mais la viteffe ref- pective convertie en mouvement angulaire donnera $\frac{v}{x}$ proportionnel à $x^{-3}K^{-1}$; ainfi $x^{-3}K^{-1}$ exprimera la différence du mouvement angulaire, & la fomme de toutes les différences prifes depuis une couche quelconque b, jufqu'à l'extremité du tourbillon, égalera tout le mouve- ment angulaire de Cr dans la fuppofition que celui de la derniere couche foit indéfiniment petit ; car fi on fuppofe par exemple que $rCi + iCf + fCR$, foit la fomme de toutes les différences des mouvemens angulaires, l'angle bCr égalera cette fomme.

Maintenant fi on mene la ligne infinie CZ, & que fur les points m, n, p, q, &c. où cette ligne coupera les couches b, d, g, R, &c. on éleve des perpendicu- laires ms, nt, pu, qy, &c. qui foient entr'elles comme les différences angulaires, l'aire $msoZ$ exprimera la fomme de tous ces mouvemens pris depuis la couche b, jufqu'à l'extremité du tourbillon. Or foit $Cm = r$, l'indétermi- née $Cp = x$, la perpendiculaire $pu = x^{-3}K^{-1}$, on aura l'aire $upqy = \frac{dx}{x^3 K^{+1}}$; & fi on fuppofe que la denfité K foit proportionnelle à une puiffance quelconque n du rayon x, $\frac{dx}{x^3 K^{+1}}$ deviendra $\frac{dx}{x^{3+n}}$ dont l'integrale fera $= -\frac{1}{2+n} \times x^{-2-n} + A$; que x devint r, la quantité $-\dfrac{1}{2+n} \times r^{-2-n} + A$ deviendroit 0; d'où il suit que $A = \dfrac{1}{2+n} \times r^{-2-n}$; donc on aura $\dfrac{1}{2+n} \times \dfrac{1}{r^{2+n}} - \dfrac{1}{x^{2+n}} =$ l'aire *smqy* ; mais comme pour avoir tout le mouvement angulaire de r, il faudra que x devienne infinie, ce mouvement qui fera proportionnel à l'aire entiere *smZO* le fera auffi à $\dfrac{1}{r^{2+n}}$, parce que $\dfrac{1}{2+n}$ exprimera une quantité conftante.

Cela pofé, puifque les tems périodiques des révolutions font en raifon renverfée des mouvemens angulaires, nommant T le tems de la révolution de la couche terminée par le rayon r, on aura T proportionnel à $r^{+2+n} = r^{+2} K^{+1}$; mais fi on fuppofe que la denfité foit par-tout la même, la valeur de K deviendra conftante, & alors T fera proportionnel à r^{+2}, ainfi les tems des révolutions feront comme les quarrés des diftances; donc les couches fupérieures auront un mouvement plus lent que celui que demande la loi de Kepler.

Que deviennent donc les tourbillons de M. Defcartes s'ils ne peuvent fubfifter fans démentir les obfervations, fans renverfer une loi que tout confirme dans la Nature ? effayons cependant de les fauver, nous le pouvons faire aifément en accommodant le calcul des frottemens à celui qui fe tire des principes que fourniffent les premiers Memoires de l'Academie.

ARTICLE LXXXIII.

M. Amontons a fait voir par des expériences réïte-

rées , que la résistance qu'éprouvent deux corps qui
frottent l'un contre l'autre, répond, non à l'étendüe de
leurs surfaces, mais au poids du plus foible ; ce que justifient les expériences de cet Academicien, est encore appuyé sur un raisonnement démonstratif que l'illustre M.
de Fontenelle nous donne comme de la part de M. de
la Hire ; voici comment il le fait raisonner.

„ La résistance que deux corps qui frottent ensemble
„ éprouvent l'un de l'autre, vient de ce que les parties
„ qui hérissent leurs surfaces doivent, si elles sont flexi-
„ bles se plier & se coucher, ou, si elles sont dures, se
„ dégager & se désengrener les unes de dedans les autres.

„ Dans le premier cas, ce sont des ressorts qu'il faut
„ courber, & toute la difficulté du mouvement se réduit
„ là, qu'un même poids doive être porté par un seul,
„ ou par deux ressorts égaux chacun au premier, ce sera
„ la même chose ; car s'il en a deux à vaincre, il les
„ courbera chacun une fois moins. Ainsi supposé que
„ dans des parties égales de la surface d'un corps, il y
„ ait un nombre égal de parties flexibles à ressort, une
„ autre surface qui coulera dessus, & dont le poids sera
„ toûjours le même, n'éprouvera que la même résistance,
„ soit qu'elle ait plus ou moins d'étendüe ; parce que si
„ elle a à plier un plus grand nombre de ressorts, aussi
„ les pliera-t'elle moins ; mais si son poids étoit plus
„ grand, il faudroit qu'elle les pliât davantage, & par
„ conséquent elle trouveroit plus de difficulté.

„ Dans le second cas où il s'agit de désengrener des
„ parties dures, engagées les unes dans les autres, si ces
„ parties dures le sont à tel point qu'elles ne puissent se
„ briser, ni s'user du moins par leurs extremités , il est
„ clair que pour dégager les deux surfaces, il en faut élever

„ une, & que ce qui s'oppose à cette action, ce n'est
„ que le poids & non la grandeur de la surface.

  „ Mais si ces parties dures peuvent s'user par leurs
„ pointes, & se rompre en coulant les unes sur les autres,
„ alors leur nombre fait la difficulté ; & comme on sup-
„ pose qu'il y en a davantage dans de plus grandes sur-
„ faces, les frottemens suivront la proportion des sur-
„ faces.

Ce n'est donc que relativement à ce cas & à ceux qui
peuvent s'y rapporter, qu'on doit avoir égard aux surfaces dans le calcul des frottemens ; mais quand une
couche spherique glisse sur une autre, le cas est différent, rien ne se brise, les petits tourbillons de la matiere
étherée restent dans leur entier, ils ne font que s'engre-
ner & se défengrener successivement comme feroient
les globules de M. Descartes ; d'ailleurs supposant qu'ils
dûssent s'enfoncer par leurs frottemens, les résistances
mutuelles qu'ils se feroient à cause de leur élasticité, produiroient le même effet que les engrenemens.

Cela posé, figurons-nous que les particules de la surface *hi* du corps A (*Fig.* 31.) soient engrenées dans
celles de la surface *fg* d'un corps immobile Z, & qu'on
tire horisontalement le corps A pour le faire mouvoir
sur Z avec une vitesse quelconque exprimée par AC ;
on voit qu'il faudra que ce corps s'éleve pour se défengrener, mais on voit aussi qu'il ne pourra s'élever sans
acquerir un mouvement dont la direction sera contraire
à celle de sa chûte, en sorte que si sa pesanteur venoit
à être supprimée, il s'éleveroit sans cesse au-dessus du
plan horisontal *fg* avec une vitesse proportionnelle à la
force AC ; car que le petit plan oblique *a*K (*Fig.* 32.)
représente une des éminences de la surface *fg*, & que

le

le corps A réduit au corpuscule *a*, soit tiré avec la force *ca*, ou plûtôt poussé avec la force *ba*, égale à *ca*, il est clair que si on décompose le mouvement *ba* en deux autres mouvemens *b*M & M*a*, le premier perpendiculaire sur le Plan K*a*, l'autre parallele à ce plan, le corpuscule acquerra le mouvement M*a* qui sera composé du mouvement perpendiculaire MN & du mouvement horifontal N*a*; ainsi ce corpuscule s'élevera au-deffus du Plan *bc* avec la vitesse MN; mais que l'impression horifontale n'eut d'abord valu que N*a*, & qu'on menât N*m* & *mn* perpendiculaires sur K*m* & sur N*a*, *mn* marqueroit la vitesse qu'acquereroit le corpuscule pour s'élever au-deffus du plan *bc*; or *mn* seroit à MN comme N*a* à *ba*; donc en remettant A (*Fig.* 31.) à la place de *a* (*Fig.* 32.) les vitesses avec lesquelles ce corps s'éleveroit sans cesse dans la supposition qu'il perdit sa pesanteur, seroient toûjours entr'elles comme les vitesses horifontales.

Mais faisons peser le corps A, la force qu'il aura pour s'élever, s'affoiblira continuellement jusqu'à ce qu'elle s'anéantiffe; ainsi ce corps ne s'élevera qu'à une hauteur déterminée pour retomber enfuite dans un tems égal à celui qu'il aura employé à s'élever.

Or suivant la loi de Galilée, ce tems sera proportionnel aux forces MN & *mn*, & par conséquent aux vitesses tranflatives *ba* & N*a* (les pesanteurs supposées les mêmes) & si les pesanteurs font différentes, les tems feront en raison directe des vitesses, & en raison renverfée de ces pesanteurs; ainsi en nommant les tems T & τ, les vitesses *v* & *u*, & les pesanteurs X & *x*, on aura T, $\tau :: \dfrac{v}{X}, \dfrac{u}{x}$.

Mais la quantité de fois qu'un corps retombera & se rengrenera dans un tems déterminé, sera en raison renverfée du tems des chûtes, donc dans les frottemens cette quantité fuivra toûjours la proportion des chûtes initiales divifées par les viteffes refpectives des deux furfaces.

Ces principes pofés, fi on partage un tourbillon en une infinité de Piramides unies par leurs fommets au centre C (*Fig. 33.*), & qu'on prenne dans une de ces Piramides deux tranches quelconques infiniment proches l'une de l'autre telles que BH & DI, on concevra que l'impreffion du frottement fera proportionnel, 1°. à l'excès de la viteffe de la tranche BH, fur la viteffe de la tranche DI; 2°. au poids de la Piramide BCH; 3°. à la quantité fucceffive des engrenemens; 4°. à l'action du levier; car c'eft une attention qu'on eft obligé de faire, comme l'a remarqué M. Bernoulli: ,, Puifqu'il eft vifible que la même ,, force appliquée fuivant la tangente de la circonférence ,, d'une grande rouë, a plus d'efficace pour la faire tour- ,, ner, qu'elle n'en a lorfqu'on l'applique à la circonfé- ,, rence d'un rayon plus petit ''. Nommant donc f l'impreffion du frottement, u la viteffe relative des deux couches, p le poids, r la longueur du levier CB & K la quantité fucceffive des engrenemens, on aura par-tout $f = uprK$; mais p égalera la maffe multipliée par fa chûte initiale ou par la force centrifuge du point B, toûjours proportionnelle au quarré de la viteffe abfoluë divifé par le rayon, ainfi nommant V cette viteffe & r^3 la maffe, p fera proportionnel à $VVrr$, & puifque la quantité des engrenemens fera comme les chûtes initiales divifées par les viteffes refpectives, on aura K proportionnel à $\frac{VV}{ur}$. Mettant donc ces valeurs dans $uprK$, f égalera $V^4 r^2$; or par la fuppofition, l'impreffion des frottemens fera par-tout la même, donc on aura par-tout $V^4 = \frac{1}{rr}$ &

$V = \frac{1}{\sqrt{r}}$, mais le tems de la révolution est proportionnel au rayon divisé par la vitesse absoluë ou par $\frac{1}{\sqrt{r}}$, donc si T exprime ce tems, on aura $T = r^{\frac{3}{2}}$ conformément à la loi de Kepler ; donc afin que les tourbillons subsistent, il faut que les tems des révolutions soient comme les racines quarrées des cubes des distances.

Au reste quoique la couche la plus proche du centre commun des circulations n'éprouve par sa surface concave aucun frottement capable de lui rendre ce qu'elle perd de vitesse par le frottement de sa surface convexe, il ne s'ensuit pas que son mouvement translatif doive se ralentir. On a vû (*Art.* 59.) que la réaction vive de l'éther une fois admise, il faut que les mouvemens des différentes couches sphériques d'un tourbillon, se combinent de maniere que l'équilibre s'y conserve, ou qu'il s'y rétablisse s'il vient à se rompre.

ARTICLE LXXXIV.

M. Bulfinger fait une autre objection, non contre l'éxistence des tourbillons, mais contre leur méchanisme. On a vû que c'est uniquement de la forme des tourbillons que dépend la direction de la pesanteur. Qu'un tourbillon par exemple fut forcé de prendre une forme cilindrique, alors suivant la loi de la décomposition des mouvemens, les pesanteurs seroient dirigées vers l'axe du Cilindre, en supposant que ce fût autour de cet axe que se fissent les circulations ; mais les tourbillons de M. Descartes sont supposés arondis en conséquence de l'égalité des forces qui les compriment de toutes parts ; ainsi leurs différentes couches spheriques ne pouvant agir les unes sur les autres que fuivant des directions perpendiculaires fur leurs furfaces (*Art.* 7.) c'eft toûjours vers le centre du tourbillon que leurs réactions font dirigées.

A ce raifonnement démonftratif M. Bulfinger oppofe une expérience qui, felon lui, femble prouver que fi toutes les parties d'un tourbillon fpheriques tournent autour d'un diametre unique, comme le fuppofe M. Defcartes, c'eft vers ce diametre que les pefanteurs font dirigées; car qu'on faffe circuler autour d'un axe horifontal une fphere creufe & tranfparente remplie d'eau mêlée d'un peu d'air, on verra qu'alors, l'air moins propre que l'eau à recevoir l'impreffion du mouvement circulaire, & cedant à la force réactive des couches fpheriques du fluide, fera rabatu, non vers le centre de la fphere, mais vers fon axe autour duquel il formera un noyau Cilindrique; voilà l'experience que M. Bulfinger dit avoir faite; mais cette expérience que prouve-t'elle ? rien autre chofe, finon que les particules qui forment les différentes couches fpheriques de la maffe totale du fluide, confervant toûjours leur propre poids, ne fe compriment pas fimplement fuivant la direction des rayons de la fphere, mais qu'elles fe compriment encore fuivant une direction perpendiculaire fur le Plan horifontal auquel l'axe de la fphere eft parallele.

On aura beau faire, la pefanteur des particules qui compofent les fluides fenfibles, empêchera toûjours qu'aucune expérience puiffe repréfenter l'état des tourbillons.

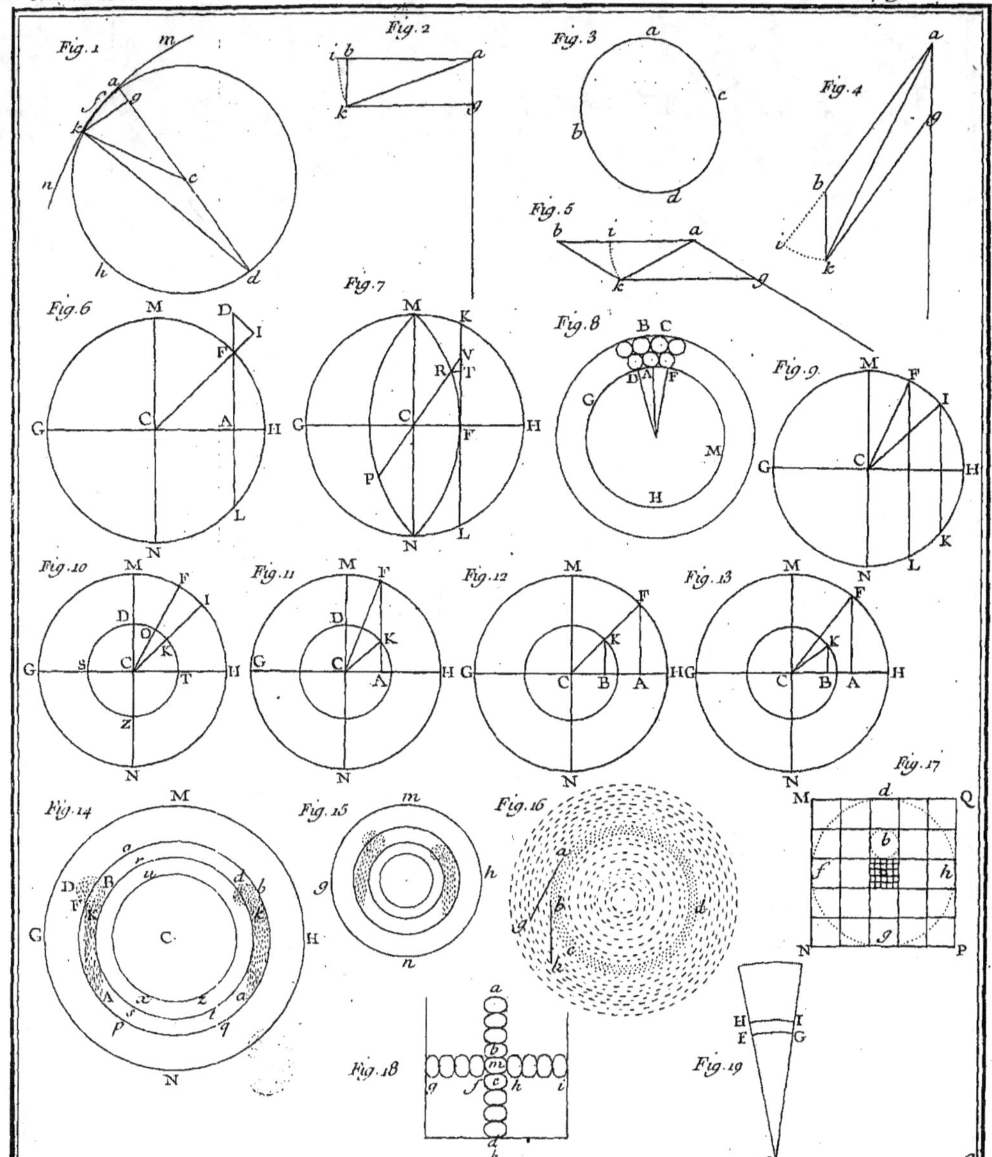
Fig. 1
Fig. 2
Fig. 3
Fig. 4
Fig. 5
Fig. 6
Fig. 7
Fig. 8
Fig. 9
Fig. 10
Fig. 11
Fig. 12
Fig. 13
Fig. 14
Fig. 15
Fig. 16
Fig. 17
Fig. 18
Fig. 19

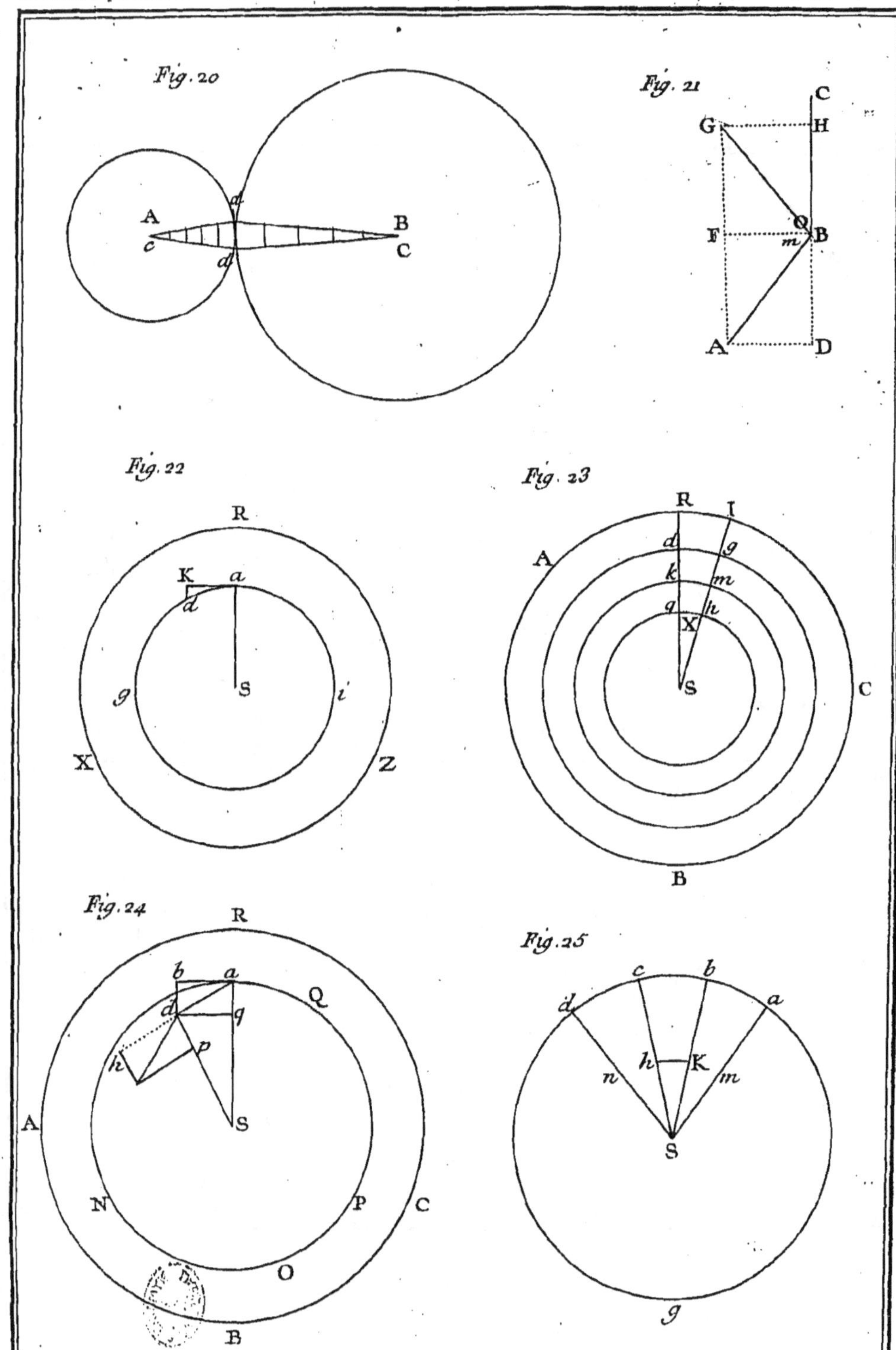

Fig. 20
Fig. 21
Fig. 22
Fig. 23
Fig. 24
Fig. 25

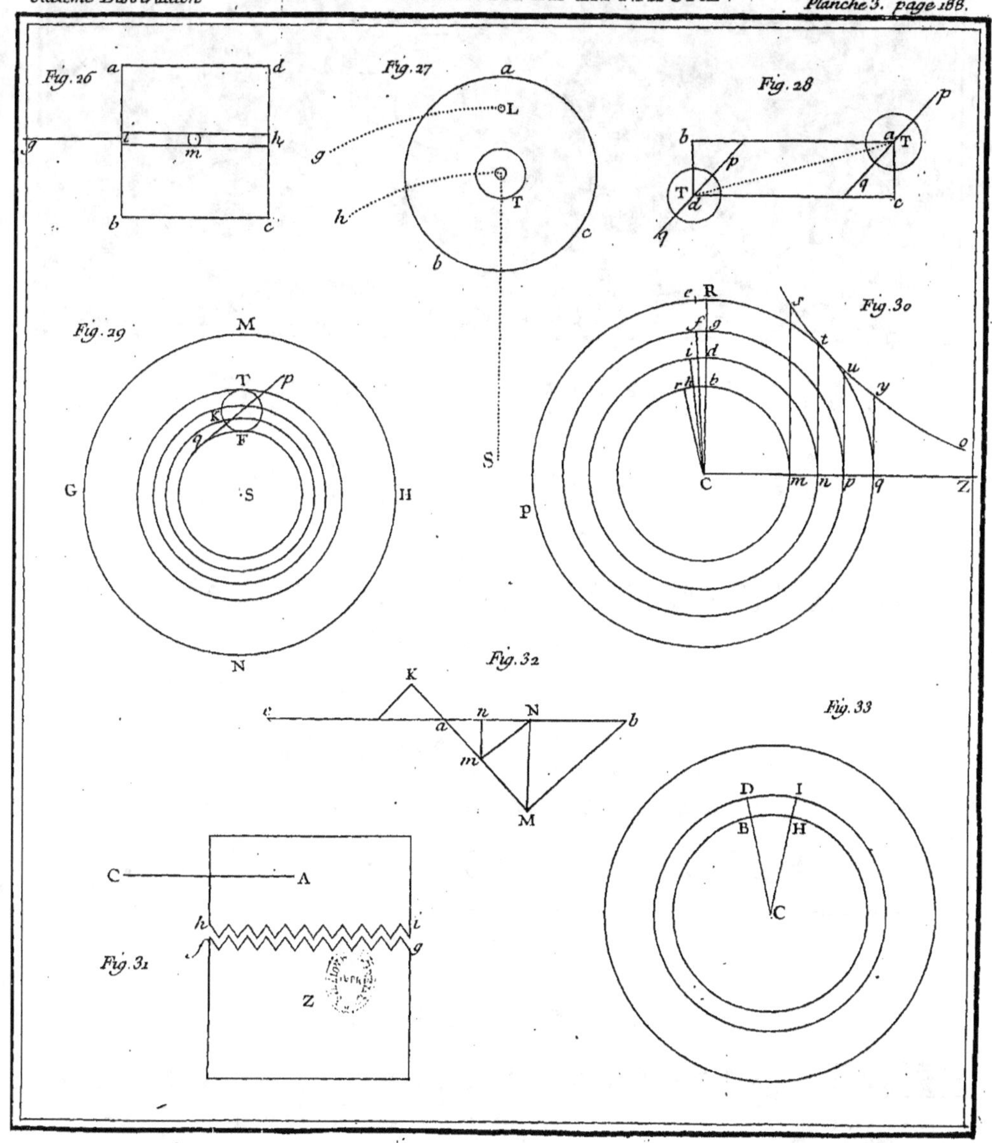
Fig. 26
Fig. 27
Fig. 28
Fig. 29
Fig. 30
Fig. 31
Fig. 32
Fig. 33

PRINCIPES GÉNÉRAUX
DE LA NATURE,
APPLIQUÉS
AU MECANISME ASTRONOMIQUE,
ET COMPARÉS
AUX PRINCIPES DE LA PHILOSOPHIE
DE M. NEWTON.

✦✦✦✦✦✦✦✦✦✦✦✦✦✦✦✦✦✦✦✦✦✦✦✦✦✦✦✦✦✦✦

SEPTIÉME DISSERTATION.

Théorie Générale des Planetes.

ARTICLE I.

APRE'S avoir justifié les principes particuliers que suppose la loi de Kepler, je crois qu'il est nécessaire de donner la Théorie générale d'où se tire cette loi.

On supposera dans cette Dissertation plusieurs proprietés des Sections Coniques, les moins

familieres seront démontrées dans les Lemmes sui-
vans.

ARTICLE II.

Lemme. Dans l'Ellipse & dans l'Hiperbole les Parallelogrames faits sous les côtés des Diametres conjugués,
sont égaux entr'eux.

Démonstration pour l'Ellipse. Soient M*m* & N*n* (*Fig.* 1.)
deux Diametres conjugués pris dans le cercle M*nm*N,
R*g* & H*h* les deux diametres correspondans pris dans
l'Ellipse inscrite A*ba*B ; si on abaisse sur le grand axe
A*a*, les perpendiculaires MRE, NHD, & qu'on joigne
les points M & N, R & H, par les lignes droites MN
& RH, les Trapezes MEDN, REDH, seront entr'eux
comme les axes A*a*, B*b*, ou comme leurs moitiés AC, BC ;
or que du grand Trapeze MEDN, on ôte les triangles
MCE & NCD, & que du petit Trapeze REDH, on
ôte les triangles proportionnels RCE & HCD, les
triangles MCN & RCH seront encore entr'eux comme
AC à BC, & ce rapport sera par-tout le même ; mais
tous les triangles tels que MCN huitiéme partie des Parallelogrames faits sous les diametres conjugués dans le
cercle sont égaux, donc tous les triangles proportionnels tels que RCH huitiéme partie des Parallelogrames
faits sous les diametres conjugués dans l'Ellipse, sont
pareillement égaux.

Démonstration pour l'Hiperbole. Soit un Hiperbole XAZ
(*Fig.* 2.) qui ait A*a* & B*b* pour axes, CM & C*m* pour
assimptotes ; si on mène un diametre quelconque RC*g*
& son diametre conjugué HC*h*, & que les lignes AL &
AK soient respectivement paralleles aux assimptotes CM
& C*m*, je dis que le triangle CRG huitiéme partie du Pa-

rallelograme fait fous les diametres conjugués R*g* & H*h*, fera égal au Parallelograme ALCK huitiéme partie du Parallelograme fait fous les axes A*a* & B*b* ; car menant l'ordonnée RS, le Parallelograme CSRO égal au triangle CRG, égalera ALCK (*propr. de l'Hiperb.*) ; donc les Parallelogrames faits fous les diametres conjugués font égaux entr'eux.

ARTICLE III.

Corollaire. Nommant 2*a* l'axe A*a* de l'Ellipfe (*Fig.* 1.) ou de l'Hiperbole (*Fig.* 2.) 2*b* l'axe conjugué B*b*, 2*h* le diametre conjugué H*h* & *q* ; la perpendiculaire R*q* abaiffée du point R fur H*h*, on aura le rectangle *qh*, égal au rectangle *ab*, ce qui eft évident, puifque *qh* vaudra l'aire du Parallelograme fait fous les côtés RC & CH.

ARTICLE IV.

Lemme. Soit AB*ab* (*Fig.* 3.) une Ellipfe qui ait F & *f* pour foyers, & C pour centre, je dis que H*h* diametre conjugué de R*g*, coupe le rayon FR en un point D tel que DR eft toûjours égal à CA.

Démonftration. Si on méne *f*E parallele à la tangente *t*RT & au diametre conjugué *h*H, le triangle ER*f* fera ifocele ; car les angles ERT & *f*R*t* étant égaux (*propr. de l'Ell.*) leurs alternes RE*f* & R*f*E feront pareillement égaux ; d'où il fuit que ER égalera *f*R ; mais FC $=$ C*f* ; donc FD $=$ DE ; donc DE fera la moitié de la difference de FR & de *f*R ; donc DE $+$ ER égalera la moitié de la fomme des rayons FR & *f*R, ou la moitié du grand axe A*a*.

ARTICLE V.

Lemme. Soit XAZ (*Fig.* 4.) une hiperbole qui ait F

& *f* pour foyers & C pour centre, je dis que H*h* diametre conjugué de R*g*, coupe le rayon *f*R en un point D, tel que DR est toûjours égale à AC, moitié de l'axe A*a*.

Démonstration. Du second foyer *f* menant *f*E parallele à la tangente *t*RT & au diametre conjugué H*h*, on aura RE, prolongement du rayon FR égal à R*f*; car (*propr. de l'Hiperb.*) les angles FRT *f*RT sont égaux, & à cause des paralleles *f*E & TR, l'angle RE*f* = FRT, & l'angle R*f*E = FRT, donc R*f*E = RE*f*; donc RE = R*f*: de même RI = RD, parce que le triangle IRD est semblable au triangle isocele ER*f*, & à cause des paralleles C*h* & *f*E, & de l'égalité des lignes FC & C*f*, FI = IE; donc RI ou RD est la moitié de la différence de FR & de RE, ou de FR & de R*f*; mais la différence de FR & de R*f*, est égale à A*a*; donc RD $= \dfrac{\mathrm{A}a}{2}$.

A R T I C L E   VI.

Lemme. Nommant
>   *a*, la moitié du grand axe de l'Ellipse AB*ab* (*Fig.* 3.).
>   *b*, la moitié du petit axe B*b*.
>   *x*, la coupée CO.
>   *c*, la demi-excentricité CF.
>   *r*, le rayon FR mené du foyer F à un point quelconque R de la courbe AB*ab*.

On aura $r = \dfrac{aa \pm cx}{a}$, quantité dont le second terme sera affecté du signe $+$ ou du signe $-$, suivant que l'extremité R du rayon FR se trouvera au-dessus ou au-dessous du petit axe B*b*.

Démonstration.

Démonstration. $\overline{RO}^2 = \dfrac{aabb - bbxx}{aa}$ (propr. de l'Ellipse.)

& $\overline{FO}^2 = cc \pm 2cx + xx$; donc $\overline{FR}^2 = \dfrac{aabb - bbxx}{aa}$

$+ cc \pm 2cx + xx$; mais $bb = aa - cc$; donc cette valeur subſtituée dans l'expreſſion du quarré de FR, on aura

$$rr = \dfrac{a^4 \pm 2aacx + ccxx}{aa}, \text{ ou } r = \dfrac{aa \pm cx}{a}.$$

ARTICLE VII.

Corollaire. $\pm x = \dfrac{ar - aa}{c}$ & $xx = \dfrac{a^2 r^2 - 2a^3 r + a^4}{cc}$.

ARTICLE VIII.

Lemme. Nommant

a la moitié de l'axe Aa de l'hiperbole XAZ (Fig. 4.)
b la moitié de l'axe conjugué Bb.
x la coupée CO.
c la demi-excentricité CF.
r le rayon FR mené du foyer F à un point quelconque de la courbe XAZ.

On aura $r = \dfrac{cx - aa}{a}$.

Démonſtration. $\overline{RO}^2 = \dfrac{bbxx - aabb}{aa}$ (propr. de l'Hiperb.)

$\overline{FO}^2 = xx - 2cx + cc$; donc $\overline{FR}^2 = \dfrac{bbxx - aabb}{aa}$

$+ aaxx - 2aacx + aacc$; mais $bb = cc - aa$; donc cette

valeur subſtituée à la place de bb dans l'expreſſion du

quarré de FR, on aura $rr = \dfrac{a^4 - 2aacx + ccxx}{aa}$, ou

B b

$r = \dfrac{cx - aa}{a}$, parce que dans l'hiperbole, x aussi-bien que

c, sont plus grands que a.

ARTICLE IX.

Corollaire. $x = \dfrac{ar + aa}{c}$ & $xx = \dfrac{a^2 r^2 + 2a^3 r + a^4}{cc}$.

ARTICLE X.

Lemme. Nommant encore

   a, la moitié du grand axe de l'Ellipse AB ab (Fig. 5.).

   b, la moitié du petit axe Bb.

   r, le rayon FR mené du foyer F au point R.

   x, la coupée CO.

   g, la moitié du diametre Rg.

   h, la moitié du diametre conjugué Hh.

   q, la perpendiculaire Rq abaissée du point R sur Hh.

   t, la perpendiculaire menée du point F sur la tangente au point R.

On aura $t = \dfrac{b\sqrt{r}}{\sqrt{2a - r}}$.

Démonstration. $\overline{RO}^2 = \dfrac{aabb - bbxx}{aa}$ (*propr. de l'Ellipse.*)

donc $\overline{RC}^2$ ou $\overline{RO}^2 + xx = \dfrac{aabb + aaxx - bbxx}{aa}$; mais

$aa - bb = cc$; donc $\overline{RC}^2 = \dfrac{aabb + ccxx}{aa}$: d'un autre côté

$\overline{RC}^2 + \overline{CH}^2$ ou $gg + hh = aa + bb$ (*propr. de l'Ellipse.*)

donc $hh = \dfrac{a^4 - ccxx}{aa}$, & $h = \dfrac{\sqrt{a^4 - ccxx}}{\sqrt{aa}}$; mais qh, ou

$q\dfrac{\sqrt{a^4 - ccxx}}{\sqrt{aa}} = ab$ (*Art. 3.*) ; donc $q = \dfrac{aab}{\sqrt{a^4 - ccxx}}$; or à cause des triangles semblables DRq & RFT, on aura cette proportion DR, ou a, (*Art.* 4.) Rq :: FR, FT,

ou a, $\dfrac{aab}{\sqrt{a^4 - ccxx}}$ :: r, $\dfrac{rab}{\sqrt{a^4 - ccxx}} = t$; & si à la place

de xx (*Art.* 7.) on met sa valeur $\dfrac{aarr - 2a^3 r + a^4}{cc}$, on

aura $t = \dfrac{rb}{\sqrt{2ar - rr}} = \dfrac{b\sqrt{r}}{\sqrt{2a - r}} = \dfrac{b\sqrt{r}}{\sqrt{f}}$ en nommant f le rayon fR.

ARTICLE XI.

Lemme. Donnant les mêmes dénominations aux lignes correspondantes qui appartiendront à l'hiperbole XAZ (*Fig.* 4.) on aura $t = \dfrac{b\sqrt{r}}{\sqrt{2a + r}}$.

Démonstration. $\overline{RO}^2 = \dfrac{bbxx - aabb}{aa}$ (*propr. de l'Hiperb.*)

donc $\overline{RC}^2$ ou $\overline{RO}^2 + xx = \dfrac{bbxx - aabb + aaxx}{aa}$; mais

$aa + bb = cc$ (*propr. de l'Hip.*); donc $\overline{RC}^2 = \dfrac{ccxx - aabb}{aa}$:

d'un autre côté $\overline{RC}^2 - \overline{CH}^2$ ou $gg - hh = aa - bb$

(*propr. de l'Hiperb.*) ; donc $\overline{CH}^2$ ou $hh = \dfrac{ccxx - a^4}{aa}$, &

$h = \dfrac{\sqrt{ccxx - a^4}}{\sqrt{aa}}$; mais qh ou $q \dfrac{\sqrt{ccxx - a^4}}{\sqrt{aa}} = ab$ (*Art.* 3.) ;

donc $q = \dfrac{aab}{\sqrt{ccxx - a^4}}$; or à cause des triangles semblables

DRq & RFT, on aura cette proportion DR, ou a, (*Art.* 5.) Rq :: FR, FT, ou a, $\dfrac{aab}{\sqrt{ccxx - a^4}}$ :: r, $\dfrac{rab}{\sqrt{ccxx - a^4}}$

$= t$; & si à la place de xx (*Art.* 9.) on met sa valeur

$$\frac{aarr + 2a^3 r + a^4}{cc},$$ on aura $t = \dfrac{b\sqrt{r}}{\sqrt{2a+r}} = \dfrac{b\sqrt{r}}{\sqrt{f}}$ en nommant f le rayon fR.

A R T I C L E XII.

Lemme. Soit

   a, la distance du foyer F au sommet A de la Parabole ARZ (*Fig. 6.*)

   r, le rayon FR.

   t, la perpendiculaire FT menée du point F sur la tangente RTG.

On aura $t = \sqrt{ra}$.

Démonstration. FR = FG (*propr. de la Parab.*) ; ainsi le triangle GFR est isocele , & la perpendiculaire FT coupe la Base GR en deux parties égales.

Maintenant si du point R on abaisse la perpendiculaire RO sur l'axe AFO, & qu'on mene la tangente AK au sommet A, cette tangente coupera aussi RG au point T, puisque AO = AG (*propr. de la Parab.*) ; mais le triangle GFT sera semblable au triangle TFA , donc on aura cette proportion FG ou r , $t :: t$, a, ce qui donnera $t = \sqrt{ra}$.

A R T I C L E XIII.

Corollaire general tiré de ce qui est démontré dans les trois Articles précedens.

Si m , exprime une quantité plus grande que l'unité, & que la perpendiculaire t devienne τ , quand R deviendra mr , on aura

Pour la Parabole t , $\tau :: \sqrt{r}$, $\sqrt{mr}$.

Pour l'Ellipse t, $T :: \dfrac{\sqrt{r}}{\sqrt{2a-r}}, \dfrac{\sqrt{mr}}{\sqrt{2a-mr}} :: \dfrac{\sqrt{2a-mr}}{\sqrt{m}},$

$\sqrt{2a-r} :: \sqrt{r}, \sqrt{mr} \times \dfrac{\sqrt{2a-r}}{\sqrt{2a-mr}}.$

Et pour l'Hiperbole t, $T :: \dfrac{\sqrt{r}}{\sqrt{2a+r}} ; \dfrac{\sqrt{mr}}{\sqrt{2a+mr}}$

$:: \dfrac{\sqrt{2a+mr}}{\sqrt{m}}, \sqrt{2a+r} :: \sqrt{r}, \sqrt{mr} \times \dfrac{\sqrt{2a+r}}{\sqrt{2a+mr}}.$

Ainsi 1°. dans les trois Sections la perpendiculaire croît quand le rayon s'alonge ; mais 2°. dans la Parabole, les perpendiculaires croissent suivant la proportion des racines des rayons ; dans les Ellipses, elles croissent davantage, & dans l'Hiperbole, elles croissent moins.

<h2 style="text-align:center">ARTICLE XIV.</h2>

Lemme. Les mêmes choses supofées que dans les articles 10 & 11, on aura (*Fig.* 4. & 5.) FR, FT :: DR, Rq, ou r, t :: a, q, & $q = \dfrac{ta}{r}$; & fi à la place de t, on

met sa valeur $\dfrac{b\sqrt{r}}{\sqrt{f}}$ (*Art.* 10. & 11.), on aura $q = \dfrac{ab}{\sqrt{rf}}$.

<h2 style="text-align:center">ARTICLE XV.</h2>

Lemme. Soit Aa le grand axe d'un Ellipse, ou d'une Hiperbole (*Fig.* 5. & 7.) - - - - - - - = $2a$

Bb, le petit axe - - - - - - - - - = $2b$

Le rayon FR mené du foyer F - - - = r

Le Diametre Rg - - - - - - - - = $2g$

Le Diametre conjugué Hh - - - - - = $2h$

Le rayon RN de la développée - - - = n

La ligne Rq - - - - - - - - - - = q

La perpendiculaire abaissée du foyer F sur
la tangente RT $- - - - - - - - - = t$
L'ordonnée infiniment petite Lu, ou Lx,
ou Lz $- - - - - - - - - - - = y$
  La ligne Ru $- - - - - - - - - = u$
  L'abscisse Rx $- - - - - - - - = x$

Et la ligne Rz sinus verse de l'arc LR $- = z = \dfrac{yy}{2n}$

Je dis que n, le rayon de la développée, égalera
$\dfrac{aabb}{q^3}$, ou $\dfrac{bbr^3}{at^3}$, & qu'ainsi ce rayon sera proportionnel

à $\dfrac{1}{q^3}$ ou à $\dfrac{r^3}{t^3}$; car à cause des triangles semblables

Rxz, RCq, on aura x, $\dfrac{yy}{2n}$ :: g, q, d'où on tirera

$n = \dfrac{gyy}{2qx}$; mais yy, $2gx$ :: hh, gg, donc $yy = \dfrac{2hhx}{g}$;

donc n égalera $\dfrac{hh}{q}$; or $hq = ab$ (*Art.* 3.) donc $h = \dfrac{ab}{q}$;

donc n égalera $\dfrac{aabb}{q^3}$, & sera proportionnelle à $\dfrac{1}{q^3}$: de

plus à cause des triangles semblables FRT, RDq, on

aura (*Art.* 4. & 5.) $q = \dfrac{at}{r}$ & $\dfrac{1}{q^3} = \dfrac{r^3}{a^3t^3}$, donc n ou

$\dfrac{aabb}{q^3}$ sera égal à $\dfrac{bbr^3}{at^3}$, & proportionnelle à $\dfrac{r^3}{t^3}$.

ARTICLE XVI.

Lemme. Soit dans la Parabole ARS (*Fig.* 8.) la ligne
FA menée du foyer au sommet A $- - - = a$
  Le rayon FR $- - - - - - - - = r$
  La perpendiculaire FT sur la tangente RT $- = t$

Le rayon RN de la développée - - - $= n$

L'ordonnée infiniment petite Lx, ou Lz,

ou Lu - - - - - - - - - - - - $= y$

L'abscisse Rx - - - - - - - - $= x$

La ligne Rz sinus verse de l'arc LR - $= z = \dfrac{yy}{2n}$

La ligne Ru - - - - - - - - - - $= u$

Je dis que n, le rayon de la dévelopée sera égal à $\dfrac{2rr}{t}$, & par conséquent proportionnel à $\dfrac{rr}{t}$ aussi-bien qu'à $\dfrac{r^3}{t^3}$; car 1°. $u = x$; or à cause des triangles semblables Rzu, TFR, on aura $x, \dfrac{yy}{2n} :: r, t$; donc $n = \dfrac{ryy}{2tx}$; mais (*propr. de la Parab.*) $yy = 4rx$; donc n égalera $\dfrac{2rr}{t}$; or (*Art.* 12.) $t = \sqrt{ar}$ & $tt = ar$; donc $n = \dfrac{2rr}{t} \times \dfrac{ar}{tt}$ $= \dfrac{2ar^3}{t^3}$, & sera par conséquent proportionnelle à $\dfrac{r^3}{t^3}$.

ARTICLE XVII.

Lemme. Le rayon FR d'une Section conique (*Fig. 9.*), l'angle FRT que fait la tangente RT avec ce rayon, & le Parametre de la Section étant donnés, on pourra décrire la Section à laquelle appartiendra ce Parametre.

On voit d'abord qu'ayant l'angle FRT, on a aussi l'angle tRf que doit former la tangente tR avec le rayon fR qui partira du second foyer de la Section cherchée ; il ne s'agira donc plus que de déterminer la longueur de ce rayon, ce qui sera facile ; car supposons que la

Section fut une Ellipse, si on nomme

2a, son grand axe

2b, son petit axe

r, le rayon FR

f, le rayon fR

t, la perpendiculaire sur la tangente RT

p, le Parametre de la Section.

On aura $r + f = 2a$, ou $f = 2a - r$; on aura aussi (*Art.* 10.) $t = \dfrac{b\sqrt{r}}{\sqrt{f}}$, & $tt = \dfrac{bbr}{f}$; donc $2a - r$ ou f égalera

$\dfrac{bbr}{tt}$, d'où on tirera $2att - rtt = bbr = \dfrac{par}{2}$; on aura

donc $a = \dfrac{2rtt}{4tt - pr}$, & f ou $2a - r = \dfrac{4rtt}{4tt - pr} - r = \dfrac{prr}{4tt - pr}$,

& alors

1°. Si $4tt$ est plus grand que pr, le Parametre donné p, appartiendra à l'Ellipse. 2°. Si $4tt$ est égal à pr, le rayon f sera infini & partira du second foyer de la Parabole. 3°. Si $4tt$ est plus petit que pr, la valeur du rayon f sera négative, & ce rayon appartiendra à l'Hiperbole, & par conséquent sera pris au-dessus de la tangente Tt par rapport au foyer F; or on voit que dans chacun de ces cas, il sera facile de décrire la section que tracera le mobile.

ARTICLE XVIII.

Principe. Quand un corps en mouvement est continuellement détourné de son chemin par l'impression, soit uniforme, soit variable d'une force qui le fait tendre vers un point fixe, il décrit une courbe, & les aires des triangles mixtilignes qui ont ce même point pour sommet commun, & les traces du mouvement pour bases, sont

toûjours

toûjours proportionnelles aux tems dans lesquels ces bases font parcourües.

Démonstration. Qu'on partage en une infinité d'inftans égaux le tems pendant lequel fe meut un corps, & qu'il tende à parcourir dans le premier inftant la ligne B*c* (*Fig.* 10.) & une autre ligne BG dirigée vers le point S, le mobile en obéïffant à l'une & à l'autre impreffion à la fois, décrira la diagonale BC ; or fuppofons que dans le fecond inftant rien ne l'obligeât à fe détourner de fon chemin, il parcourroit la ligne C*d* égale à la ligne BC dont elle feroit le prolongement, & le triangle CS*d* égaleroit le triangle BSC ; mais que pendant que le mobile tendra à décrire C*d*, une force étrangere CH le rabate encore vers S, la trace de fon mouvement formera la diagonale CD du Parallelograme CHD*d* ; donc le triangle CSD qui égalera le triangle CS*d*, égalera pareillement le triangle BSC ; or ce qu'on dit ici de BSC & de CSD, on le dira de tous les autres triangles qui feront décrits de même dans la fuite des momens égaux qui partageront le tems de la circulation ; donc en regardant les lignes BC, CD, DE, comme les élemens d'une courbe, les fommes des aires décrites autour du point S, feront proportionnelles à celles des momens qu'employera le mobile à les décrire.

ARTICLE XIX.

Corollaire. On a déja vû (*Diff.* 3. *Art.* 3.) qu'à caufe des triangles égaux BSC CSD, les viteffes qui répondront à la longueur des bafes BC CD, feront réciproquement comme les perpendiculaires menées du point S fur BC & fur CD prolongées s'il eft néceffaire.

On a vû aussi que si des points C & D, on abaisse sur SB & sur SC les perpendiculaires CG & DH, & qu'on regarde les mouvemens BC & CD comme composés des mouvemens paracentriques BG & CH, & des mouvemens translatifs GC & HD, ceux-ci seront en raison renversée des distances SB & SC, ce qui suit de l'égalité des triangles BSC & CSD.

ARTICLE XX.

Mais j'ajoûte que les angles BSC & CSD proportionnels aux vitesses translatives divisées par les rayons SB & SC, seront en raison inverse des quarrés de ces rayons.

ARTICLE XXI.

Si on suppose qu'un espace terminé par une courbe ABCDE (*Fig.* 10.) soit partagé en une infinité de triangles égaux dont les sommets aboutissent à un point quelconque S, & que les bases AB, BC, CD, DE, soient prolongées jusqu'aux points c, d, e, en sorte que les lignes AB, BC, CD, soient respectivement égales aux lignes Bc, Cd, De, il est clair que les rapports qu'auront entr'elles les petites lignes Cc, Dd, Ee, seront déterminés par la nature de la courbe ABCDE & par la position du point S.

ARTICLE XXII.

Problême. Trouver l'expression generale des différentes pesanteurs d'un corps qui parcourt une courbe ARL, en pesant toûjours vers un point déterminé S.

Soit (*Fig.* 11.) le rayon vecteur SR $= r$, le rayon de la développée RN $= n$, la perpendiculaire ST sur la tangente $RT = t$, on aura la vitesse RL proportionnelle à $\frac{1}{t}$ (*Diff. 3. Art. 3.*) ; donc (*Diff. 6. Art.* 1.) la force centripete par rapport au point N, sera $\frac{1}{2ttn}$; or si cette force est exprimée par Rz & qu'on mene zL parallele à RT, cette ligne coupera SR au point u ; ainsi à cause des triangles semblables uRz, RST, on aura Rz, Ru :: t, r ; donc Ru, la force centripete par rapport au point S, sera toûjours proportionnelle à $\frac{r}{t^3 n}$.

A R T I C L E XXIII.

Si on suppose que les lignes r, t, & n, ayent par-tout les mêmes rapports entr'elles, comme dans la Logaritmique spirale, les forces centripetes qui seront proportionnelles à $\frac{r}{t^3 n}$, le seront pareillement à $\frac{1}{r^3}$.

A R T I C L E XXIV.

Si le point S où tendent les forces centripetes, se trouve au centre C d'une Ellipse ABab (*Fig.* 12.), ces forces seront entr'elles comme les distances.

Démonstration. Nommant r le rayon CR, t la perpendiculaire CT menée du centre C sur la tangente RT, n le rayon Rn de la développée, q la partie Rq interceptée entre la tangente & le diametre Hh conjugué de Rg ; comme dans l'Ellipse (*Art.* 15.) n, le rayon de la développée est proportionnel à $\frac{1}{q^3}$, & que CT ou t sera egal à q, $\frac{r}{t^3 n}$ deviendra proportionnel à r.

C c ij

ARTICLE XXV.

Si le point S est au foyer de l'une des trois sections coniques, les forces centripetes seront en raison renversée des quarrés des distances, c'est qu'alors (*Art.* 15. & 16.) on aura n proportionnelle à $\frac{r^3}{t^3}$; donc $\frac{r}{t^3 n}$ deviendra $\frac{1}{rr}$.

ARTICLE XXVI.

Les mêmes choses suppolées que dans les articles 15 & 16, il est aisé de déterminer quelles sont les différentes pesanteurs absoluës d'un corps qui en décrivant une Ellipse, ou une Parabole, ou une Hiperbole, est continuellement poussé vers un des foyers de la section.

Du point L (*Fig.* 5. 7. 8.) soit abaissée la perpendiculaire LK sur le rayon FR ; nommant K cette perpendiculaire, les triangles semblables uRz & uLK, donneront $u, \frac{yy}{2n} :: y, K$; donc $u = \frac{y^3}{2Kn}$; mais si la section est une Ellipse ou une Hiperbole, n (*Art.* 15.) égalera $\frac{bbr^3}{at^3} = \frac{bby^3}{aK^3}$; parce que les triangles RFT LuK seront semblables ; donc mettant cette derniere valeur de n dans $\frac{y^3}{2Kn}$, on aura $u = \frac{aKK}{2bb}$; ainsi nommant π le Parametre de la section égal $\frac{2bb}{a}$, on aura $u = \frac{KK}{\pi}$; & si la section est une Parabole, comme n (*Art.* 16.) égalera $\frac{2rr}{t}$, $\frac{y^3}{2Kn}$ deviendra $\frac{ty^3}{4\mathrm{K}rr}$; or puisque y, $\mathrm{K} :: r$, t, on aura $y^3 = \frac{\mathrm{K}^3 r^3}{t^3}$,

ce qui donnera $\frac{ty^3}{4\mathrm{K}rr} = \frac{\mathrm{KK}r}{4tt}$; mais (*Art.* 12.) $tt = ar$;

donc u égalera $\frac{\mathrm{KK}}{4a}$ ou $\frac{\mathrm{KK}}{\pi}$.

ARTICLE XXVII.

Suppoſons maintenant que la force centrale ſoit donnée, & qu'il faille trouver la courbe que décrira le mobile avec cette force, on ſe ſervira encore de la formule générale $\frac{r}{t^3 n}$ (*Art.* 22.). Qu'on veuille, par exemple, que la force exprimée par cette formule, ſoit proportionnelle au rayon r, le rapport de $\frac{r}{t^3 n}$ à r ſera déterminé ; donc en diviſant $\frac{r}{t^3 n}$ par r, on aura $\frac{1}{t^3 n}$ égal à une grandeur conſtante, d'où on tirera n proportionnelle à $\frac{1}{t^3}$; ce qui fera voir (*Art.* 24.) que ſi les peſanteurs ſont partout comme les diſtances, la courbe que décrira le mobile, ſera une Ellipſe dont le centre deviendra celui des tendances.

Si on ſuppoſoit que les peſanteurs fuſſent proportionnelles à $\frac{1}{rr}$, $\frac{r}{t^3 n}$ diviſé par $\frac{1}{rr}$ donneroit n proportionnelle à $\frac{r^3}{t^3}$, & par-là, (*Art.* 15. & 16.), on auroit l'équation générale des trois ſections coniques par rapport à leur foyer qui alors deviendroit le centre des tendances.

ARTICLE XXVIII.

Qu'on se renferme dans cette derniere supposition, si on nomme p & π les Parametres de deux différentes sections ARQ arq (*Fig.* 13.), & que les triangles RLF rlF soient décrits en tems égaux, nommant la perpendiculaire LK, K, & la perpendiculaire lk, k, les rayons FR & Fr, R & r, on aura $\frac{RK}{2}$, $\frac{rK}{2}$ :: $\sqrt{p}$, $\sqrt{\pi}$, c'est-à-dire, que les aires décrites en tems égaux, seront entr'elles comme les racines des Parametres des deux sections.

Démonstration. Menant les paralleles LU & lu aux tangentes RT & rt, & nommant RU, U, & ru, u, comme pU égalera KK (*Art.* 26.), & que πu égalera kk, on aura $\frac{KK}{U}$, $\frac{kk}{u}$ :: p, π ; mais U, v :: $\frac{1}{RR}$ $\frac{1}{rr}$ (*Art.* 25) ; donc mettant $\frac{1}{RR}$ & $\frac{1}{rr}$ à la place de U & de u on aura RRKK, rrkk :: p, π, & $\frac{RK}{2}$, $\frac{rK}{2}$ :: $\sqrt{p}$, $\sqrt{\pi}$.

ARTICLE XXIX.

Quand deux ou plusieurs Planetes décrivent des Ellipses autour d'un foyer commun, les quarrés des tems de leurs révolutions sont entr'eux comme les cubes des grands diametres des Ellipses décrites, ou comme les cubes des distances moyennes moitiez de ces grands diametres.

Démonstration. Les mêmes choses supposées que dans la proposition précédente, & nommant S la somme des instans de la révolution d'une Planete autour du foyer F, & s celle des instans de la révolution d'une autre Planete autour du même foyer, $S \vee p$ sera à $s \vee \pi$ comme $\dfrac{S \times R \times K}{2}$ à $\dfrac{s \times r \times K}{2}$ (*Art.* 28.), quantités qui exprimeront les aires des Ellipses décrites ; mais si on nomme 2A & 2*a* les grands diametres de ces Ellipses, 2B & 2*b* leurs petits diametres, on aura $S \times R \times K$, $s \times r \times K$ :: $A \times B$, $a \times b$, (*propr. de l'Ellipse.*) ce qui donnera $S \vee p$, $s \vee \pi$ :: $A \times B$, $a \times b$, d'où on tirera S, s :: $\dfrac{A \times B}{\vee p}$, $\dfrac{a \times b}{\vee \pi}$; or (*propr. de l'Ell.*) $\vee p = \dfrac{B \vee 2}{\vee A}$, & $\vee \pi = \dfrac{b \vee 2}{\vee a}$, donc S, s, :: $A \vee A$, $a \vee a$, & SS, ss :: A^3, a^3.

ARTICLE XXX.

Corollaire. Que dans le plan de l'équateur d'un tourbillon la matiere décrive un cercle, qui ait pour rayon la moyenne distance d'une Planete qu'on suppose parcourir son orbite elliptique en pesant vers le centre du tourbillon, ce sera en tems égaux que se feront les circulations.

ARTICLE XXXI.

Si on supposoit que les pesanteurs fussent par-tout proportionnelles aux distances, ce seroit en tems égaux que les Planetes feroient leurs révolutions en pesant vers le centre commun des Ellipses qu'elles décriroient.

Démonstration. Soient QP & BG, *qp* & *bg* (*Fig.* 14.) les grands & les petits axes de deux sections QBPG & *qbpg*, C leur centre commun ; si on nomme A & B, *a* & *b*, les rayons CQ & CB, C*q* & C*b*, ceux des développées aux points Q & *q* égaleront (*Art.* 15.) $\dfrac{BB}{A}$

& $\frac{bb}{a}$, parce que les perpendiculaires abaissées des points Q & q sur les petits diametres BG & bg, égaleront A & a; ainsi en exprimant par V & U les vitesses aux points Q & q, on aura A, $a :: \frac{VVA}{2BB}, \frac{UUa}{2bb} :: \frac{VVA}{BB}, \frac{UUa}{bb}$, ce qui est évident, puisque par la supposition les forces centripetes seront proportionnelles aux distances, & qu'aux points Q & q (*Diff. 6. Art.* 1.) elles égaleront les quarrés des vitesses divisés par les Parametres; mais cette proportion donnera $\frac{VVAa}{BB} = \frac{UUAa}{bb}$; ainsi on aura V, U :: B, b. Maintenant nommant T & τ les tems des révolutions, si on mene CZ & Cz infiniment proches de CQ & Cq, & qu'on suppose que les triangles QCZ & qCz soient décrits en tems égaux, ces triangles proportionnels aux rayons multipliés par les vitesses ou par les bases QZ & qz, seront entr'eux comme A×B & a×b; ainsi T×B×A & τ×b×a exprimeront les aires des deux Ellipses; or T×B×A, τ×b×a :: A×B, a×b (*propr. de l'Ell.*), donc on aura T = τ; donc si les pesanteurs étoient proportionnelles aux distances, ce seroit en tems égaux que circuleroient les Planetes, mais parce que le méchanisme de la Nature nous oblige de supposer que les pesanteurs sont par-tout en raison inverse des quarrés des distances, ce sera à cette supposition que nous nous en tiendrons dans la suite.

Article XXXII.

Les différentes vitesses de deux Planetes qui circulent dans un même tourbillon sont entr'elles comme les racines des Parametres des Sections qu'elles décrivent divisées

visées par les perpendiculaires menées du foyer sur les tangentes aux différens points par où passent successivement ces Planetes.

Démonstration. Si on suppose que dans les sections ARA, *ara*, (*Fig.* 13.) les triangles infiniment petits RFL, *rFl*, soient décrits en tems égaux par deux Planetes, nommant

p & π les Parametres de ces sections.

R & r les rayons FR & Fr.

L & l les petits arcs RL & rl

K & к les perpendiculaires LK & lк sur les rayons FR & Fr.

T & t les perpendiculaires FT & Ft sur les tangentes aux points R & r.

A cause des triangles semblables RLK, RFT, & rlк, rFt, on aura R, T :: L, K, & r, t :: l, к ; donc L $=\dfrac{RK}{T}$, & $l=\dfrac{r\kappa}{t}$; mais RK, rк :: $\sqrt{p}$, $\sqrt{\pi}$ (*Art.* 28.) donc L, l :: $\dfrac{\sqrt{p}}{T}$, $\dfrac{\sqrt{\pi}}{t}$. C. Q. F. D.

ARTICLE XXXIII.

Corollaire. Les vitesses aux extremités des grands axes de deux sections quelconques, sont comme les racines des Parametres de ces sections divisées par les distances ; c'est qu'alors les distances sont mesurées par les perpendiculaires T & t.

ARTICLE XXXIV.

Corollaire. Les vitesses dans deux sections qui ont des Parametres égaux, sont en raison renversée des perpendiculaires sur les tangentes ; que π soit égal à p, on aura $\dfrac{\sqrt{p}}{T}$, $\dfrac{\sqrt{\pi}}{t}$ :: t, T.

D d

ARTICLE XXXV.

Corollaire. Soit (*Fig.* 15.) F le foyer d'une section conique quelconque, A son sommet & *p* son Parametre; la vitesse au point A pris dans la section, sera à la vitesse dans le cercle qui aura FA pour rayon, comme la racine du Parametre de la section, à la racine du Parametre du cercle (*Art.* 32.), c'est-à-dire, comme $\sqrt{p}$ à $\sqrt{2FA}$.

ARTICLE XXXVI.

Problême. Si dans un tourbillon & à l'extremité du rayon FA (*Fig.* 15.), une Planete commence à parcourir la perpendiculaire AT, & que suivant la loi commune, elle soit obligée à chaque instant de s'approcher du point F avec une vitesse toûjours proportionnelle à l'unité divisée par le quarré de son rayon vecteur, cette Planete pourra décrire toute section conique qui aura A pour sommet, & F pour foyer; mais on demande quelle section particuliere elle décrira avec une vitesse déterminée relativement à celle qui la feroit circuler autour du cercle qui auroit FA pour rayon.

Résolution. Supposant que 1 fut le Parametre du cercle ADA, on auroit (*propr. des Sect. Coniq.*) x plus petit que 2 & plus grand que 1 pour celui de l'Ellipse, 2 pour celui de la Parabole, & y plus grand que 2 pour celui de l'Hiperbole; donc les différentes vitesses qui feroient décrire à une Planete ces différentes sections prises dans le même ordre qu'elles font ici marquées, feroient proportionnelles à $\sqrt{1}$, $\sqrt{x}$, $\sqrt{2}$, $\sqrt{y}$.

ARTICLE XXXVII.

Remarque. On peut remarquer que plus $\sqrt{x}$ approcheroit de $\sqrt{2}$, plus le grand diametre de l'Ellipse s'allonge-roit, & que si $\sqrt{x}$ venoit à ne différer de $\sqrt{2}$ que d'un infiniment petit, l'Ellipse deviendroit une Parabole, puisque la Parabole est une Ellipse dont les foyers sont infiniment éloignés l'un de l'autre.

Article XXXVIII.

On peut remarquer encore qu'en supposant que $\sqrt{x}$ fut plus petit que $\sqrt{1}$, on ne se trouveroit plus dans le cas du Problême, le point A ne seroit plus le sommet de l'Ellipse, il deviendroit le point opposé à ce sommet, & se trouveroit par conséquent à la plus grande distance du centre des tendances.

Enfin, si on supposoit que la vitesse $\sqrt{x}$ fut infiniment petite, l'Ellipse deviendroit infiniment étroite, & ne differeroit plus de la ligne AF, aux extremités de laquelle se trouveroient alors les foyers ; ainsi qu'un corps tombât du point A au point F, centre de l'action des forces réactives, le corps arrivé à ce point remonteroit vers A, pour retomber encore vers F, & ainsi successivement.

Article XXXIX.

Supposons maintenant que dans le tourbillon du Soleil, un corps à un point quelconque A, pris pour son Aphelie, eut moins de vitesse que la matiere étherée, on démontreroit suivant les principes qu'on vient d'établir, que ce corps décriroit une Ellipse plus ou moins étroite : selon qu'au point A, il iroit ou plus ou moins lentement : on démontreroit aussi qu'il pourroit s'approcher infiniment du foyer de l'Ellipse qu'il décriroit, & que depuis l'angle droit, il n'y auroit point d'angle que son orbite ne put faire avec l'Equateur du tourbillon du Soleil, sans que le mouvement de ce corps eut rien d'opposé aux principes sur lesquels la théorie des Planetes est fondée ; on voit même que s'il prenoit son cours contre l'ordre des signes, rien ne l'obligeroit à changer de direction ; c'est qu'il continueroit de se mouvoir comme s'il étoit dans le vuide, & qu'il n'obéît qu'à l'impression generale de la pesanteur.

Sur ce pied-là les Cometes ne gâteront plus rien dans l'œconomie des tourbillons, elles seront, si l'on veut, des Planetes dont les orbites auront des excentricités considérables, mais des Planetes ou des corps qui pour s'approcher trop près du Soleil au point de leur Perihelie, s'embrâseront de maniere que leurs masses fourniront avec abondance dans tout leur cours, & pousseront au loin des parties fuligineuses qui seront dirigées & éclairées par les rayons du Soleil. Mais revenons aux vitesses comparées dans les différentes sections que peut décrire un mobile.

A R T I C L E   XL.

La vitesse à la moyenne distance dans l'Ellipse, est égale à la vitesse dans le cercle à la même distance ; car (*Fig.* 16.) nommant $2a$ le grand axe & $2b$ le petit axe, $\frac{2bb}{a}$ sera le Parametre de l'Ellipse, & b égalera la perpendiculaire FT abaissée du point F sur la tangente au point B ; ainsi la vitesse à ce point (*Art.* 32.) sera $\frac{\sqrt{2}}{\sqrt{a}}$, & la vitesse dans le cercle au même point sera $\frac{\sqrt{2a}}{a} = \frac{\sqrt{2}}{\sqrt{a}}$; donc, &c.

ARTICLE XLI.

On voit qu'afin qu'une Planete supposée à sa moyenne distance, put décrire la circonférence d'un cercle, il faudroit que la direction de son mouvement devint la même que celle du mouvement de la matiere étherée.

ARTICLE XLII,

Il seroit aisé maintenant de déterminer les différentes vitesses absoluës des couches sphériques d'un tourbillon; car comme les masses des colonnes qui pesent sur les tourbillons particuliers des Planetes, sont supposées indéfiniment plus grandes que les masses de ces tourbillons, il est clair que la loi commune de la percussion demande que la chute initiale des Planetes soit par-tout égale aux vitesses réactives de la matiere étherée; or on vient de voir qu'une Planete à sa moyenne distance, a rélativement à sa pesanteur le dégré de vitesse qui lui feroit décrire la circonférence d'un cercle, en supposant qu'elle se mût suivant une direction perpendiculaire sur son rayon vecteur; donc puisqu'à chaque instant le sinus verse de l'arc qu'elle décriroit, seroit égal au sinus verse de l'arc que décriroit la matiere à la même distance, les vitesses translatives seroient les mêmes de part & d'autre; ainsi comme on auroit la vitesse absoluë de la matiere à une distance déterminée, on auroit aussi (*Diss. 6. Art.* 17.) ses différentes vitesses dans toute l'étenduë du tourbillon.

ARTICLE XLIII.

Dans la Parabole, la vitesse à une distance quelconque, est à la vitesse dans le cercle à la même distance, comme $\sqrt{2}$ à $\sqrt{1}$; car dans la Parabole (*Art.* 12.), les perpendiculaires menées du foyer sur les tangentes, sont comme les racines des distances; donc (*Art.* 19) les vitesses sont partout en raison renversée de ces racines; mais cette proportion est aussi gardée entre les vitesses prises dans les cercles à différentes distances du centre commun des circulations (*Diff.* 6. *Art.* 17.), donc aux mêmes distances, dans la Parabole & dans le cercle, le rapport des vitesses sera toûjours le même; or au point A (*Fig.* 15.) $\frac{\sqrt{2}}{\sqrt{1}}$ exprime ce rapport (*Art.* 36.); donc par-tout où les distances seront supposées égales, la vitesse dans la Parabole sera à la vitesse dans le cercle, comme $\sqrt{2}$ à $\sqrt{1}$.

ARTICLE XLIV.

Le rapport des vitesses dans l'Ellipse aux vitesses dans les cercles concentriques à des distances égales, varie continuellement, & cela parce que les perpendiculaires menées du foyer sur les tangentes aux points qui s'éloignent du sommet A, croissent dans un plus grand rapport que les racines des distances ou des rayons qui partent du même foyer (*Art.* 13.), d'où il suit que les vitesses dans l'Ellipse aux différens points qui s'éloignent du sommet A, décroissent dans une raison continuellement plus grande que celle suivant laquelle décroissent les vitesses dans les cercles qui atteignent ces différens points; donc si on suppose qu'au point A, la vitesse dans le cercle soit $\sqrt{1}$, & que la vitesse dans l'Ellipse soit $\sqrt{x}$ plus grande que $\sqrt{1}$, mais plus petite que $\sqrt{2}$, ce rapport ne sera celui des vitesses qu'au seul point A, depuis ce point, il décroîtra continuellement jusqu'au point *a*, le plus éloigné de F; c'est-à-dire que les vitesses dans l'Ellipse décroîtront dans une plus grande raison que les vitesses dans les cercles aux mêmes distances ; ainsi elles arriveront au rapport d'égalité , & ce sera à la moyenne distance comme on l'a déja vû (*Art.* 40.) , après quoi les vitesses dans les cercles l'emporteront, & toûjours de plus en plus sur les vitesses dans l'Ellipse , pendant que le mobile avancera vers le point *a* , terme de la plus grande distance.

Article XLV.

Le rapport des vitesses dans l'hiperbole aux vitesses dans les cercles concentriques, à des distances égales , varie continuellement , & cela parce que les perpendiculaires sur les tangentes aux points qui s'éloignent du sommet A , croissent dans un moindre rapport que les racines des distances ou des rayons (*Art.* 13.) ; donc les vitesses dans l'hiperbole aux différens points qui s'éloignent du sommet A , décroissent dans une raison continuellement plus petite que celle suivant laquelle décroissent les vitesses dans les cercles qui atteignent ces différens points ; donc si on suppose qu'au point A , la vitesse dans le cercle soit $\sqrt{1}$, & que la vitesse dans l'hiperbole soit $\sqrt{y}$ plus grande que $\sqrt{2}$, ce rapport ne sera celui des vitesses qu'au seul point A , depuis ce point il croîtra continuellement ; c'est-à-dire que les vitesses dans l'hiperbole décroîtront dans un moindre rapport que les vitesses dans les cercles aux mêmes distances.

Article XLVI.

Corollaire. La vitesse dans la Parabole est plus grande que la vitesse dans l'Ellipse, & plus petite que la vitesse dans l'hiperbole, les distances supposées égales.

ARTICLE XLVII.

Prenant le point R à une distance quelconque du foyer F, si ce point appartient à la Parabole, la vitesse à la distance FR, égalera celle qu'aura la matiere à la distance $\frac{FR}{2}$; car soit $\sqrt{2}$ la vitesse dans la Parabole au point R, la vitesse au même point dans le cercle sera $\sqrt{1}$ (*Art.* 43.); mais dans les cercles les quarrés des vitesses sont réciproquement comme les distances (*Diff.* 6. *Art.* 17.), donc si $\sqrt{1}$ exprime la vitesse dans le cercle à la distance FR, $\sqrt{2}$ exprimera la vitesse qu'aura la matiere à la distance $\frac{FR}{2}$; c'est qu'on aura cette proportion 2, 1 :: FR, $\frac{FR}{2}$.

ARTICLE XLVIII.

Supposant comme dans la proposition précédente, une distance FR, si le point R appartient à l'Ellipse, la vitesse à ce point égalera la vitesse de la matiere à une distance plus grande que $\frac{FR}{2}$; car si $\sqrt{x}$ plus petit que $\sqrt{2}$ exprime la vitesse au point R pris dans l'Ellipse, & que $\sqrt{1}$ marque la vitesse dans le cercle à la distance FR, on aura (*Diff.* 6. *Art.* 17.) la distance ou la matiere circulera avec la vitesse $\sqrt{x}$ en faisant cette proportion x, 1 :: FR, $\frac{FR}{x}$, dans laquelle $\frac{FR}{x}$ surpassera $\frac{FR}{2}$.

ARTICLE XLIX.

Si le point R appartient à l'hiperbole, la vitesse à ce point,

point, égalera celle qu'aura la matiere à une diftance plus petite que $\frac{FR}{2}$; car fi Vy plus grand que V_2, marque la viteffe au point R pris dans l'hiperbole, & que V_1 exprime la viteffe dans le cercle à la diftance FR, on aura *(Diff. 6. Art.* 17.) la diftance ou la matiere circulera avec la viteffe Vy en faifant cette proportion, y, $1 :: FR, \frac{FR}{y}$, dans laquelle $\frac{FR}{y}$ fera plus petit que $\frac{FR}{2}$.

ARTICLE L.

Connoiffant la viteffe tranflative de la matiere à une diftance quelconque, celle d'une Planete à cette diftance, & la direction de fon mouvement, les fections coniques en fourniront toûjours une particuliere que pourra décrire la Planete.

Démonftration. Suppofant le foyer au point F *(Fig. 9.)*, la Planete au point R, & prenant RT pour la direction de fon mouvement, la perpendiculaire FT fera donnée; prefentement fi on nomme FR, r, & FT, t, U la viteffe de la matiere au point R, u, la viteffe de la Planete au même point, & p, le Parametre de la fection, on aura la valeur de p; car *(Art.* 32.) la racine du Parametre du cercle divifée par le rayon, fera à la racine du Parametre de la fection divifée par la perpendiculaire FT, comme la viteffe de la matiere au point R, à la viteffe de la Planete au même point; ce qui donnera $\frac{V_{2r}}{r}$, $\frac{Vp}{t} :: U, u$,

d'où on tirera $p = \frac{2ttuu}{rUU}$; ce Parametre connu, on aura la fection en fe fervant de la formule tirée de ce qu'on a démontré dans le 17e Article de cette Differtation.

E e

ARTICLE LI.

Corollaire. Puisque la distance d'une Planete , sa vitesse
& la direction de son mouvement étant données , on peut
toûjours lui faire décrire une section conique , en supposant que les chûtes initiales vers un point déterminé ,
soient par-tout en raison renversée des quarrés de ses
distances à ce point , il est évident que dans cette supposition , la Planete ne pourra jamais décrire que quelqu'une des sections coniques ; car comme les mêmes
causes, dans les mêmes circonstances, ne peuvent produire
des effets différens , la trace du mouvement d'un corps
est nécessairement déterminée par l'action des forces qui
l'obligent à se mouvoir.

ARTICLE LII.

Corollaire. On voit présentement que si on connoît
la vitesse d'une Planete à une distance quelconque FR ,
(*Fig.* 9.) & celle de la matiere à la même distance , on
aura la nature de la section que tracera cette Planete;
car supposant que la vitesse de la matiere au point R
soit $\sqrt{1}$, & que celle de la Planete soit $\sqrt{2}$, cette Planete
décrira une Parabole (*Art.* 43.); si sa vitesse est plus grande
que $\sqrt{2}$, elle décrira une hiperbole (*Art.* 45.) , si elle
est moindre elle décrira une Ellipse (*Art.* 44.) , & alors
si sa vitesse moindre que $\sqrt{2}$, égaloit $\sqrt{1}$, & que la direction de son mouvement fut perpendiculaire sur FR , la
circulation se feroit autour d'un cercle qui auroit FR pour
rayon ; si cette direction étoit oblique, la section qui seroit décrite feroit une Ellipse qui auroit le double de FR
pour grand diametre , & le point R se trouveroit à une
des extremités du petit axe (*Art.* 40.) ; mais supposé que

la direction du mouvement de la Planete restât perpendiculaire sur le rayon, & que sa vitesse fut plus grande que $\sqrt{1}$ & moindre que $\sqrt{2}$, le lieu où elle se trouveroit seroit le sommet de l'Ellipse par rapport au foyer F (*Art. 36.*); enfin si sa vitesse étoit moindre que $\sqrt{1}$, son lieu seroit au point le plus éloigné du foyer F (*Art. 38.*).

Article LIII.

Si on supposoit que l'Ellipse que décriroit un corps devint infiniment étroite (*Fig. 17.*), les vitesses qu'auroit ce corps en tombant vers le centre des tendances, seroient entr'elles comme les racines des espaces qu'il auroit déja parcourus divisées par les racines de ceux qu'il auroit encore à parcourir.

Supposons que HF fut la ligne suivant la direction de laquelle le corps seroit poussé vers le foyer F avec une force variable, mais toûjours reglée sur le rapport renversé des quarrés des distances à ce foyer ; nommant $2a$ le grand axe FH, $2b$ le petit axe, r, la distance variable FR, & t la perpendiculaire menée du point F sur la tangente à l'extremité du rayon FR, la vitesse seroit partout proportionnelle à $\dfrac{\sqrt{2a-r}}{b\sqrt{r}}$ (*Art.* 10. *&* 19.), & par conséquent à $\dfrac{\sqrt{2a-r}}{\sqrt{r}}$, parce que b exprimeroit une grandeur constante ; cette vitesse seroit donc comme la racine de l'espace parcouru HR, divisée par la racine de l'espace RF, que le mobile auroit encore à parcourir.

Au point H, la vitesse seroit infiniment petite, parce qu'à ce point $\dfrac{\sqrt{2a-r}}{\sqrt{r}}$ deviendroit $\dfrac{0}{\sqrt{2a}}$.

Au point F, la vitesse seroit infiniment grande, parce qu'à ce point $\frac{\sqrt{2a-r}}{\sqrt{r}}$ deviendroit $\frac{\sqrt{2a}}{\sqrt{0}}$.

Comme le mobile qui décriroit l'Ellipse HF, auroit la même vitesse aux mêmes distances, soit en s'approchant, soit en s'éloignant du centre des tendances, il est évident que dans la supposition qu'il remontât de F vers H, sa vitesse seroit toûjours proportionnelle à la racine de l'espace qu'il auroit encore à parcourir divisée par la racine de celui qu'il auroit déja parcouru.

Article LIV.

Supposons qu'un mobile M (*Fig.* 18.) tombe encore le long de la ligne H*r*F, & qu'un autre mobile N parcoure la courbe *stu* en conséquence d'une premiere projection, & de sa pesanteur qu'on suppose dirigée vers le point F, je dis que si les deux mobiles ont la même vitesse à deux points quelconques *r* & *s* également éloignés du centre commun des tendances, ils auront aussi les mêmes vitesses à tous les autres points *x* & *u* également éloignés de F.

Du centre F soit décrit l'arc *sr*, & au-dessous un autre arc *ux* infiniment proche de *sr* ; comme par la supposition les vitesses aux points *s* & *r* seront égales, les tems dans lesquels les espaces *rx* & *su*, seront parcourus, répondront à ces espaces ; or que du centre F on décrive encore l'arc *yq* au-dessous de *sr*, & qu'on regarde la distance de ces deux arcs comme un infiniment petit du second genre, il est clair qu'en prenant *rq* pour la force acceleratrice qui agira sur le mobile M pendant que ce mobile décrira l'espace infiniment petit *rx*, la ligne *sy* égale à *rq*, exprimera aussi la force qui poussera le mobile N vers F, pendant que ce mobile décrira la ligne *su*; mais en menant *yt* perpendiculaire fur *su*, on concevra que la force *sy* fera compofée de deux autres forces, l'une qui agira fuivant la direction de la perpendiculaire *ty*, l'autre fuivant la direction de la tangente *st*; or comme la force *ty* fera dirigée perpendiculairement fur la courbe, il eft clair qu'elle ne fervira qu'à empêcher le mobile de s'en écarter, & qu'il n'y aura que la force *st* qui alterera fon mouvement, mais en l'accelerant; ainfi comme dans chaque inftant l'acceleration de la viteffe fera proportionnelle à la force acceleratrice multipliée par le tems pendant lequel agira cette force, il eft évident que comme *su* & *rx* exprimeront les tems auffi-bien que les efpaces parcourus, on aura *su* × *st* pour l'acceleration de la viteffe du mobile N au point *u*, & *rx* × *rq* pour l'acceleration de celle du mobile M au point *x*; mais parce que les triangles *sty*, *szu* feront femblables, & que les lignes *rq* & *rx* égaleront les lignes *sy* & *sz*, on aura *su*, *rx* :: *rq*, *st*; donc les accelerations *su* × *st* & *rx* × *rq* feront égales; donc les mobiles M & N auront les mêmes viteffes aux points *x* & *u*, & generalement à tous les autres points également éloignés du centre commun des tendances.

La même démonftration fubfifteroit toûjours en fuppofant que les deux mobiles s'éloignaffent de ce centre; c'eft qu'aux mêmes diftances les viteffes retardées fuivroient la proportion des viteffes accelerées.

ARTICLE LV.

Comme les viteffes aux points *s* & *r*, *u* & *x* feroient égales, on voit que fi H*r* marquoit la hauteur dont il faudroit que tombat le mobile M, pour acquerir la viteffe qu'il auroit au point *r*, la circonférence H, H, H,

décrite du point F & de l'intervale FH, renfermeroit
tous les points d'où il faudroit que le mobile N fut tombé
pour avoir acquis les vitesses qu'il auroit aux différens
points s, u, &c. de la courbe tu.

A R T I C L E　L V I.

Si on suppose que F & f (*Fig.* 19.) soient les foyers
de l'Ellipse ABab, & qu'on nomme R & r deux rayons
quelconques FR & Fr, $2a$ le grand axe, $2b$ le petit axe,
les vitesses aux points R & r, seront entr'elles comme
$\frac{\sqrt{2a-R}}{b\sqrt{R}}$ à $\frac{\sqrt{2a-r}}{b\sqrt{r}}$ (*Art.* 10.) ; si on suppose de plus que
les points H & H pris sur la circonférence du cercle
H, H, H, & sur les prolongemens de FR & de Fr,
soient les hauteurs d'où devroit être tombé un corps,
pour avoir aux points R & r les vitesses exprimées par
$\frac{\sqrt{2a-R}}{b\sqrt{R}}$ & par $\frac{\sqrt{2a-r}}{b\sqrt{r}}$, il est clair qu'en regardant la
ligne FAH comme une Ellipse infiniment étroite, &
nommant $2x$ le grand axe FAH, 2β, le petit axe, &
prenant sur FAH deux rayons Fu & Fz respectivement
égaux aux rayons FR & Fr, les vitesses aux points u
& z égales aux vitesses $\frac{\sqrt{2a-R}}{b\sqrt{R}}$ & $\frac{\sqrt{2a-r}}{b\sqrt{r}}$ seront proportionnelles aux quantités $\frac{\sqrt{2x-R}}{\beta\sqrt{R}}$ & $\frac{\sqrt{2x-r}}{\beta\sqrt{r}}$, ainsi on
aura $\frac{\sqrt{2a-R}}{b\sqrt{R}}$, $\frac{\sqrt{2a-r}}{b\sqrt{r}}$ :: $\frac{\sqrt{2x-R}}{\beta\sqrt{R}}$, $\frac{\sqrt{2x-r}}{\beta\sqrt{r}}$; d'où on
tirera $2x = 2a$; donc quand un corps décrit une ellipse
en pesant vers un des foyers de la courbe, il faut que
sa vitesse soit par-tout la même que celle qu'il auroit

acquife en atteignant l'extremité de fon rayon vecteur, après être tombé d'une hauteur égale à la différence du grand axe & de ce rayon.

Si on fuppofoit que le foyer F centre des tendances, fut infiniment éloigné du foyer f, 1°. l'arc fini H, H, H, (*Fig.* 20.) deviendroit une ligne droite qui feroit la directrice de la Parabole, & la hauteur dont il faudroit que fut tombé un mobile pour avoir acquis la viteffe qu'il auroit au point A, feroit égale au quart du Paramètre. 2°. Les rayons qui aboutiroient à des diftances finies R & r du fommet A, feroient cenfées parallèles au grand axe. 3°. Les viteffes exprimées par $\frac{\sqrt{2a-R}}{b\sqrt{R}}$ ou par $\frac{\sqrt{2a-r}}{b\sqrt{r}}$ deviendroient proportionnelles à $\sqrt{2a-R}$ & à $\sqrt{2a-r}$; c'eft que dans ce cas les divifeurs $b\sqrt{R}$ & $b\sqrt{r}$ feroient cenfés égaux ; ainfi à des diftances finies du point A, les viteffes feroient comme les racines des hauteurs dont il faudroit qu'un corps fut tombé pour avoir à chaque point de la courbe une viteffe égale à celle qui la lui feroit décrire.

PRINCIPES GÉNÉRAUX
DE LA NATURE,
APPLIQUÉS
AU MECANISME ASTRONOMIQUE,
ET COMPARÉS
AUX PRINCIPES DE LA PHILOSOPHIE
DE M. NEWTON.

✦✦✦✦✦✦✦✦✦✦✦✦✦✦✦✦✦✦✦✦✦✦✦✦✦✦✦✦✦

HUITIÈME DISSERTATION.

Figure des Planetes.

ARTICLE I.

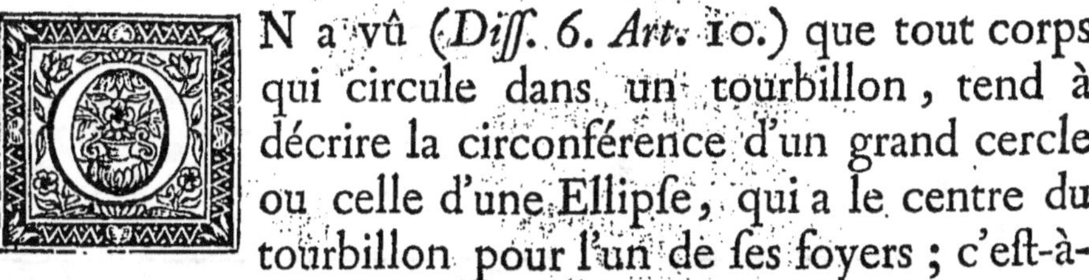

O N a vû (*Diss. 6. Art. 10.*) que tout corps qui circule dans un tourbillon, tend à décrire la circonférence d'un grand cercle ou celle d'une Ellipse, qui a le centre du tourbillon pour l'un de ses foyers ; c'est-à-dire que si on suppose, par exemple, qu'au point F,

(*Fig. 1.*)

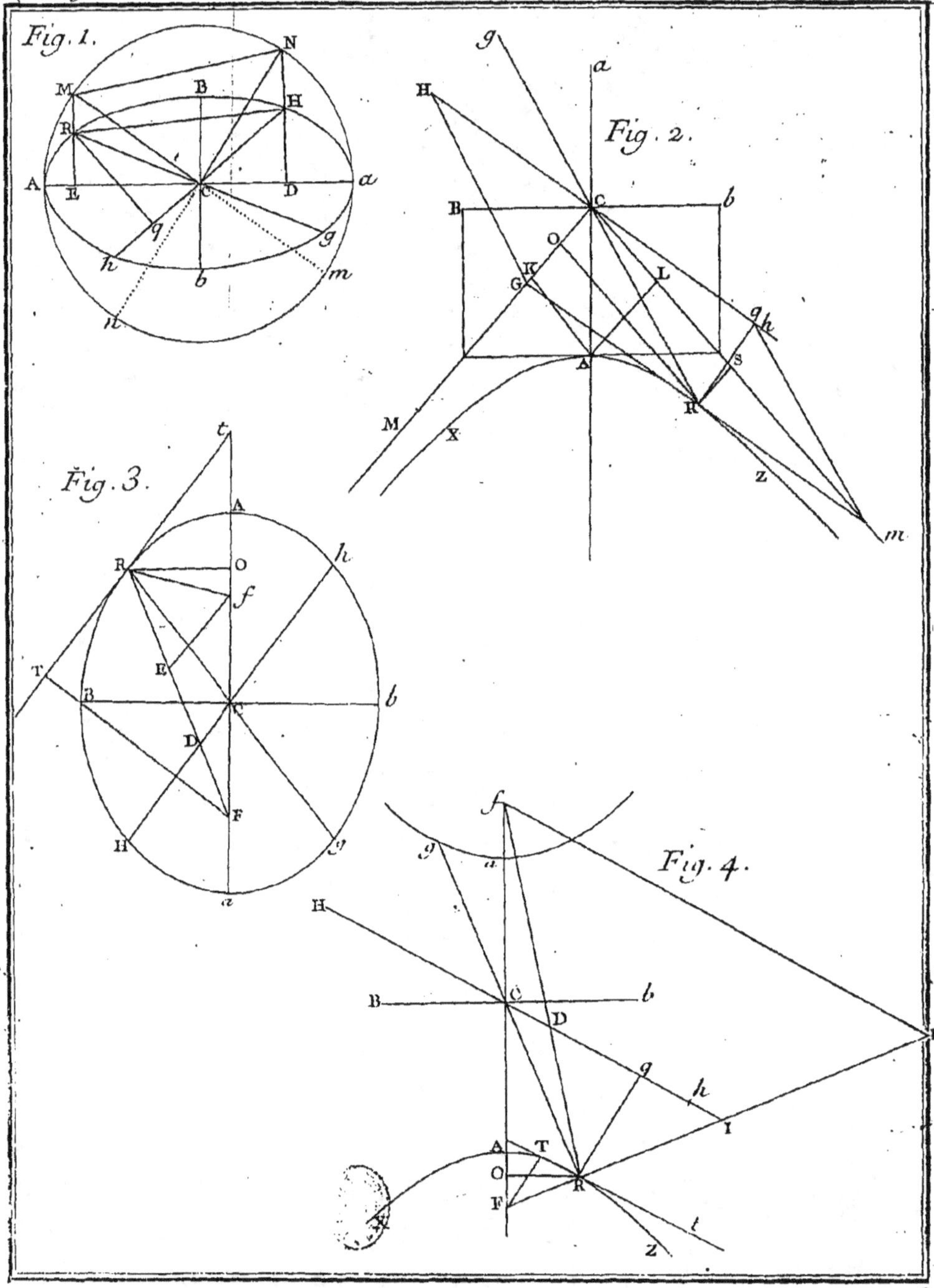

Fig. 1.
Fig. 2.
Fig. 3.
Fig. 4.

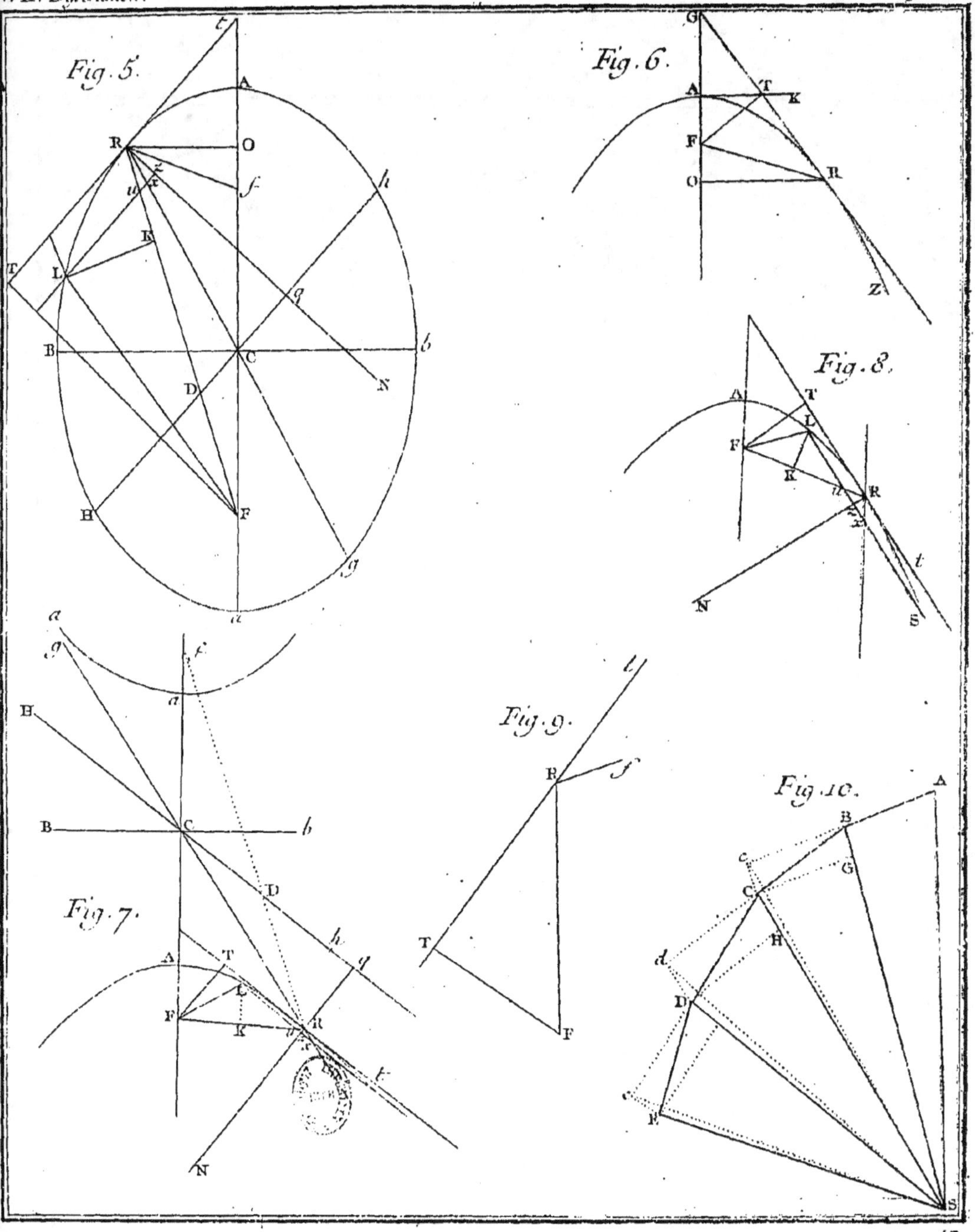

Fig. 5.
Fig. 6.
Fig. 8.
Fig. 9.
Fig. 7.
Fig. 10.

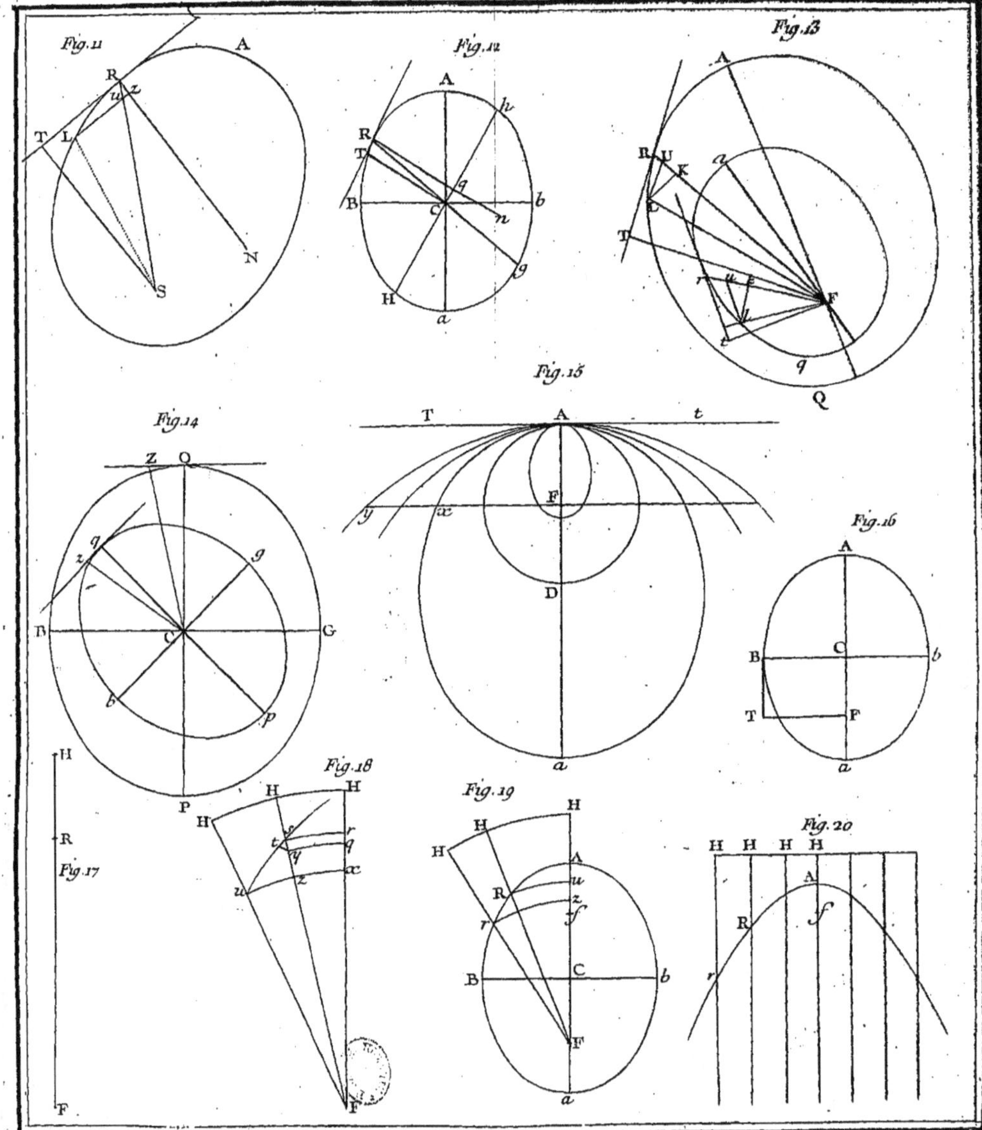
Fig. 11
Fig. 12
Fig. 13
Fig. 14
Fig. 15
Fig. 16
Fig. 17
Fig. 18
Fig. 19
Fig. 20

(*Fig.* 1.) un corps foit pouffé fuivant une direction & avec une force exprimée par la ligne FV, tangente commune au petit cercle KFL & au grand cercle FMN, ce corps qui fera détourné de la ligne FV avec une force quelconque VR, mais (*Diff.* 6. *Art.* 10.) néceffairement dirigée vers le centre du tourbillon, le même que celui du plan FMN, décrira l'élement FR de la circonférence FMN. Si les petits tourbillons de la matiere étherée qui circulent dans le plan FKL parallele à MCN pris pour l'équateur du tourbillon, ne s'approchent point du plan MCN, c'eft (*Diff.* 6. *Art.* 10.) qu'ils ne peuvent vaincre la réfiftance que leur font les plans interpofés entre le plan KFL & celui de l'équateur.

ARTICLE II.

On doit fuppofer que la matiere propre d'un tourbillon, eft toûjours mêlée d'une infinité de particules heterogenes, plus ou moins groffieres ; or qu'une molécule en partant du point R, pris dans le parallele RS (*Fig.* 2.) tende à décrire le grand cercle RCP, il faudra, fuivant ce qui vient d'être dit, qu'elle le décrive en effet, fi la matiere interpofée entre les plans RS & MN ne lui fait point d'obftacle ; mais que le paffage d'un plan à l'autre lui foit entierement fermé, elle décrira la circonférence du Parallele RS ; & fi la matiere interpofée entre les deux plans, ne lui réfifte qu'en partie, l'obftacle qu'elle aura à furmonter l'obligera d'abord à parcourir RT, enfuite Ty & puis yZ ; c'eft-à-dire, qu'après quelques révolutions, cette molécule fera enfin affujettie à circuler dans le plan de l'équateur du tourbillon.

F f

Qu'on fasse tourner sur un axe quelconque, une sphere creuse & transparente, remplie d'eau mêlée d'un peu de limaille de fer, on verra que conformément à ce qui vient d'être dit, presque toute la limaille gagnera le plan de l'équateur du petit tourbillon que formera le fluide. Cette expérience revient à celle dont parle M. Bulfinger dans son Ouvrage intitulé *De causa gravitatis*. La lumiere réflechie à laquelle on donne le nom de lumiere zodiacale, prouve sensiblement que l'équateur du tourbillon du Soleil, est chargé de particules héterogenes.

<h2 style="text-align:center">ARTICLE III.</h2>

Mais revenons aux molécules qu'on suppose circuler librement, comme font les Planetes, & qui par conséquent décrivent des orbites régulieres autour du centre commun vers lequel leurs pesanteurs sont dirigées ; on a vû (*Diff*. 7. *Art*. 39.) qu'il n'y a point d'angle que le plan de l'orbite d'une Planete ne puisse faire avec celui de l'équateur du tourbillon dans lequel elle circule ; or je dis qu'il en est de même des orbites que tracent les molécules ausquelles la matiere étherée ouvre un libre passage ; ainsi en supposant que MGNH (*Fig*. 3.) soit la projection de l'hémisphere du tourbillon, & que la matiere circule dans l'équateur MN suivant la direction MCN, les molécules qui partiront des points B, D, G, circuleront suivant les directions BCO, DCP, GCH, & celles qui partiront des points K, R, H, circuleront suivant les directions KCS, RCQ, HCG.

<h2 style="text-align:center">ARTICLE IV.</h2>

On peut remarquer en passant, que le mouvement

des molécules qui partiront du point G, pour aller vers H, ayant une direction contraire à celle des molécules qui partiront du point H pour aller vers le point G, on aura le double cours de matiere que suppose la vertu directrice de l'aimant, il n'étoit question que de trouver dans le mécanisme des tourbillons, la-cause naturelle de ce double cours dont on sçait que M. Descartes a donné la premiere idée.

ARTICLE V.

On peut remarquer encore que ce double cours de particules grossieres, qui suivent à peu près la direction des méridiens, doit occasionner de fréquentes rencontres vers les Pôles où se rétrecit l'espace qu'occupent ces particules ; peut-être que de leur assemblage & de la contrarieté de leurs mouvemens, naissent dans l'Atmosphere de la terre des embrâsemens Aeriens, semblables à ceux ausquels on donne le nom d'Aurores Boreales.

ARTICLE VI.

Les mêmes choses supposées que dans les Articles précédens, on voit que les courbes suivant lesquelles se meuvent les corpuscules qui décrivent des orbites régulieres, se croisent par-tout ; & qu'ainsi, ceux qui sont à des distances égales du centre commun des circulations, & qui se rencontrent en même-tems aux points où leurs orbites se coupent, perdent une partie de leur mouvement primitif, & par-là, se sollicitent mutuellement à s'approcher du centre du tourbillon ; car qu'à l'extrémité du rayon FR (*Fig.* 4.) un corpuscule n'eût plus que la vitesse Rt, pendant que la matiere auroit la vitesse RT, si on supposoit que Rt fût oblique au rayon

FR, mené du centre des tendances au point R, il eſt clair qu'en tranſportant le corpuſcule au point A, à ſa plus grande diſtance du foyer F de l'Ellipſe ARq, la différence des deux viteſſes augmenteroit encore, parce que celle de la matiere ne décroîtroit (*Diſſ. 6. Art. 17.*) qu'en raiſon renverſée des racines des diſtances, au lieu que celle du corpuſcule (*Diſſ. 7. Art. 19.*) décroîtroit en raiſon renverſée des perpendiculaires menées du centre F ſur les tangentes aux différens points où aboutiroient les rayons FR & FA, & que ces perpendiculaires (*Diſſ. 7. Art. 13.*) croîtroient dans un plus grand rapport que les racines des diſtances ; ainſi en ſuppoſant que An perpendiculaire ſur FA, marquât la viteſſe du corpuſcule, & que Am fût celle de la matiere, le rapport de An à Am ſeroit plus petit que celui de Rt à RT ; mais ſi AK exprimoit la peſanteur, & qu'on achevât les Parallelogrames AKDn & AKGm, on auroit l'élement AD $=$ An $=$ DK, & l'élement AG $=$ Am $=$ GK ; ainſi en nommant к & K les viteſſes DK & GK, u la peſanteur AK, $2p$ le Parametre de l'Ellipſe ARq, $2a$ celui du cercle qui auroit FA pour rayon, & dont AG ſeroit l'élement, on auroit (*Diſſ. 7. Art. 26.*) $2pu =$ кк & $2au =$ KK, ou $\dfrac{\text{кк}}{2p} = \dfrac{\text{KK}}{2a}$; donc les Parametres $2p$ & $2a$ ſeroient entr'eux comme кк à KK, c'eſt-à-dire, comme les quarrés des viteſſes.

Il ſuit delà que plus le rapport de ces viteſſes s'éloigneroit du rapport d'égalité, plus la différence de FA & de Fq augmenteroit ; ainſi l'apſide inférieur de l'orbite que décriroit le corpuſcule, pourroit s'approcher de plus en plus du centre des tendances.

ARTICLE VII.

Comme les apsides inférieurs des orbites que décrivent les corpuscules dont les mouvemens font ralentis, se trouvent renfermés dans des bornes étroites, il est clair que ces corpuscules en se ramassant, doivent bientôt s'entrelasser de maniere qu'il ne leur soit plus possible de suivre leur cours ; ils formeront donc alors une espece de croute plus ou moins épaisse autour de cet espace central que nous avons dit (*Diss. 6. Art. 36.*) ne pouvoir être rempli que de matiere subtile.

On conçoit que quand les molécules qui viennent de toutes parts se rendre vers le centre commun des tendances, commencent à s'y ramasser & à faire corps entr'elles, celles qui sont les plus solides pénétrent plus avant que les autres dans l'intérieur de la masse qu'elles forment en se réunissant, & qu'ainsi les couches spheriques de cette masse, ont plus ou moins de densité suivant qu'elles sont ou plus proches ou plus éloignées du centre du tourbillon.

On conçoit aussi que les couches les plus denses font un noyau solide, au-dessus duquel s'élevent les particules les plus déliées & les plus propres à ceder aux impressions du mouvement. Tel est l'état des Planetes qu'environnent leurs atmospheres, non qu'elles se forment de cette maniere, mais c'est ainsi qu'elles se conservent, & que les pertes continuelles qu'elles font par l'évaporation de leurs parties, se trouvent incessamment réparées ; c'est que les ouvrages de la Nature doivent se conserver par les principes mêmes qui auroient servi à les produire.

Article VIII.

Comme les particules qui composent le corps d'une Planete font adherentes les unes aux autres, & que celles qui composent son atmosphere, se trouvent réünies dans une même masse où elles s'entrelassent à cause de l'irrégularité de leurs figures, il est clair que si on suppose qu'elles circulent, elles doivent toutes circuler dans le même sens & comme de compagnie.

Article IX.

Figurons-nous maintenant qu'au centre du tourbillon MGNH (*Fig.* 3.) soit une Planete T envelopée de son atmosphere A, si on prend encore GH pour l'axe de ce tourbillon, & le plan MCN pour son équateur, les corpuscules qui s'approcheront continuellement de la masse TA en circulant dans le plan MCN, feront effort pour faire tourner cette Planete dans le même sens que circulera la matiere propre du tourbillon, & l'effort qu'ils feront sera soutenu par l'action de la matiere étherée qui circulera dans toute l'étenduë de la masse TA. A l'égard des corpuscules qui iront de G vers H, & de H vers G, comme ils auront des directions contraires, ils ne pourront nuire à l'action des corpuscules qui circuleront dans le plan de l'Equateur.

Article X.

Or parce que le mouvement circulaire de toute la matiere renfermée dans la masse TA, résultera de la composition d'une infinité de mouvemens compliqués, la circulation des parties de cette masse sera nécessairement plus lente que celle que demandera la loi de Kepler, eu égard à la vitesse avec laquelle circuleront les autres parties du tourbillon : il est vrai que les corpuscules dont les mouvemens auront été d'abord ralentis, acquerront ensuite de nouvelles vitesses (*Diss.* 7. *Art.* 19.) à mesure qu'ils s'approcheront du centre du tourbillon, & qu'ainsi ceux qui auront leurs orbites dans le plan de l'Equateur de la masse centrale, feroient circuler promptement cette masse, si elle-même n'affoiblissoit leurs mouvemens par son inertie, & que les autres corpuscules ne fissent pas effort pour la faire circuler sur différens axes.

A R T I C L E   XI.

Au reste, puisque les particules heterogenes qui viennent se rendre autour du centre de chaque tourbillon, suivent des routes différentes, on conçoit aisément que la contrarieté de leurs mouvemens, & la force avec laquelle elles se choquent, peuvent causer une fermentation capable d'embrâser les masses qui les rassemblent ; aussi suppose-t'on communément que les masses centrales des grands tourbillons, celles où les chocs ont dû être les plus violens, font autant de Volcans enflâmés.

Que les chocs des particules hétérogenes qui se rencontrent vers le centre d'un grand tourbillon soient beaucoup plus forts que ceux des particules qui se rassemblent autour du centre d'un tourbillon subalterne, c'est un fait dont il est aisé de s'assurer.

On a démontré (*Diss.* 7. *Art.* 33.) que la vitesse d'un mobile qui parcourt librement son orbite elliptique *mpn* (*Fig.* 5.) MPN (*Fig.* 6.) est à celle qu'a la matiere aux apsides *m* & *n*, M & N, comme la racine du Parametre de l'Ellipse à la racine de deux fois la distance du mobile au centre *c* vers lequel ſes peſanteurs ſont dirigées (*Diſſ.* 7. *Art.* 32.) : or ſi les Ellipſes *mpn* & MPN ſont inégales, mais ſemblables, & que les apſides inférieurs *n* & N touchent les ſurfaces des deux maſſes centrales *tn* & SN, dont on ſuppoſe les diametres *tn* & SN proportionnels aux Parametres *pq* & PQ, nommant *p* & P ces Parametres, *r* & R les rayons *cn* & CN, la viteſſe d'un mobile *a* au point *n*, ſera à la viteſſe de la matiere au même point, comme √*p* à √2*r*, & la viteſſe d'un mobile A au point N, ſera à celle de la matiere à la diſtance CN, comme √P à √2R ; mais par la ſuppoſition on aura √*p*, √P :: √2*r*, √2R ; donc les viteſſes des mobiles *a* & A aux points *n* & N ſuivront la proportion des viteſſes de la matiere aux mêmes points.

Cela poſé, il ſera facile de comparer la force du choc des particules qui, par leurs rencontres, ont formé les maſſes de Saturne, de Jupiter, & de la terre, avec la force du choc des particules qu'a ramaſſé le Soleil.

On ſçait 1°. que dans les mouvemens uniformes la viteſſe eſt proportionnelle à l'eſpace parcouru diviſé par le tems employé à le parcourir, & ſuivant ce qu'on a démontré (*Diſſ.* 7. *Art.* 40.). 2°. La viteſſe de la matiere à la moyenne diſtance d'une Planete, eſt égale à celle qu'a la Planete à la même diſtance. 3°. (*Diſſ.* 6. *Art.* 17.) Dans un tourbillon ſpherique les viteſſes de la matiere ſont en raiſon inverſe des racines des diſtances. Ces trois principes poſés, ſoit

r, ou **1** le rayon de la Terre,

xr, ou *x* la moyenne diſtance d'un Satellite au centre vers lequel ſes peſanteurs ſont dirigées.

t . . . . . . le tems de ſa révolution autour de la maſſe centrale qu'embraſſe ſon orbite.

En

En conséquence des deux premiers principes $\frac{x}{t}$ exprimera la vitesse du Satellite à sa moyenne distance, ou celle de la matiere ; & par le troisiéme principe, on aura $\frac{\sqrt{x^3}}{t\sqrt{n}}$ pour la vitesse de la matiere sur la surface de la masse centrale qu'embrassera l'orbite du Satellite.

Maintenant soit le rayon de la masse de Saturne $= - - - - - - - - - - - - , - = nr = 10$
la moyenne distance de son 4e Satellite $= xr = 180$
le tems de la révolution de ce Satellite $= t = 22961'$
$\frac{\sqrt{x^3}}{t\sqrt{n}}$, ou la vitesse de la matiere sur la surface de la

Planete, égalera $- - - \dfrac{2415}{72609}$ ou $\dfrac{33}{1000}$.

Soit le rayon de Jupiter $- - - - - - - = nr = 10$
la moyenne distance de son 4e Satellite $= xr = 230$
le tems de la révolution de ce Satellite $= t = 24032'$
on aura $\frac{\sqrt{x^3}}{t\sqrt{n}}$ $- - - - - - - - = \dfrac{3488}{75996} = \dfrac{46}{1000}$.

Soit le rayon de la Terre $- - - - - = \quad\; 1$
la moyenne distance de la Lune $- = xr = 60$
le tems de sa révolution périodique $= t = 39343'$
$\frac{\sqrt{x^3}}{t\sqrt{n}}$ égalera $- - - - - - - - \dfrac{465}{39343} = \dfrac{12}{1000}$.

Soit enfin le rayon du Soleil $- - - = nr = 100$
la moitié du grand axe de l'orbite de la Terre $= 22000$
le tems qu'employe la Terre à décrire son orbite $= t$
$= - - - - - - - - - = 525949'$
la quantité $\frac{\sqrt{x^3}}{t\sqrt{n}}$ proportionnelle à la vitesse de la matiere sur la surface du Soleil égalera $\dfrac{3263118}{5252490} = \dfrac{620}{1000}$

Donc les vitesses de la matiere sur les surfaces de Saturne, de Jupiter, de la Terre & du Soleil, sont entr'elles comme 33, 46, 12, 620. Donc, toutes proportions gardées, le choc des particules qui en se rencontrant ont formé le Soleil, a dû être bien plus violent que celui des particules qui ont concouru à la formation des Planetes.

ARTICLE XII.

Ce qui vient d'être démontré donne moyen de répondre à une objection qu'on a coutume de faire contre le systême de Copernic. On dit, dès qu'on suppose que la Terre tourne autour du Soleil, il faut supposer en même-tems que le Diametre de son orbite n'est pas une mesure suffisante pour donner la parallaxe des étoiles fixes, puisque cette parallaxe est insensible ; quel doit donc être l'espace qui les sépare de Saturne ? cet espace doit être immense, cependant il devient inutile, la Nature ne l'a point mis à profit. Cette objection tourne encore contre le systême de M. Descartes ; car il est manifeste qu'un tourbillon beaucoup plus petit que n'est celui du Soleil, eut été suffisant pour renfermer les Planetes qui y sont contenuës ; mais pourquoi Dieu a-t'il prodigué la matiere sans nécessité ? C'est une maxime reçûë, nulle superfluité ne doit se trouver dans son Ouvrage.

Voilà l'objection, elle est spécieuse, cependant elle tombe d'elle-même ; car comme le Soleil n'est ni trop ardent ni trop lumineux par rapport aux fonctions ausquelles il est destiné, je dis qu'il étoit nécessaire que son tourbillon eut toute l'étenduë que lui a donné l'Auteur de la Nature ; & je le prouve.

Suppofons que DGH (*Fig.* 7.) reprefente un grand tourbillon qui ait le point C pour centre & *rgh* pour maffe centrale ; nommant les rayons CD , D , C*d* , *d* , & C*r* , *r* , les viteffes aux points D , *d* , & *r* , feront entr'elles (*Diff.* 6. *Art.* 17.) comme $\frac{1}{\sqrt{D}}$, $\frac{1}{\sqrt{d}}$, $\frac{1}{\sqrt{r}}$; or que le tourbillon DGH , pris pour celui du Soleil , fut réduit à n'avoir que l'étenduë *di*K , & qu'on le mit encore en équilibre avec les tourbillons qui lui feroient contigus , & qui par conféquent s'oppoferoient à fa dilatation , la viteffe du point *d* ne vaudroit plus que $\frac{1}{\sqrt{D}}$; car on a vû (*Diff.* 6. *Art.* 43.) que celles des dernieres couches fpheriques des tourbillons qui fe touchent & qui fe compriment mutuellement avec des efforts égaux , font pareillement égales ; mais parce que celles des couches du tourbillon réduit *di*K , fuivroient encore la proportion inverfe des racines des diftances au centre C , la viteffe de la matiere à l'extremité du rayon C*r* , deviendroit $\frac{\sqrt{d}}{\sqrt{Dr}}$, & feroit par conféquent à la viteffe $\frac{1}{\sqrt{r}}$, comme $\sqrt{d}$ à $\sqrt{D}$; donc en fuppofant que le tourbillon du Soleil eut moins d'étenduë que ne lui en a donné l'Auteur de la Nature , le choc des corpufcules qui auroient concouru autour de fon centre , auroit été moins violent que celui qui a donné au Soleil le dégré de lumiere & de chaleur qui lui convenoit relativement aux befoins des Planetes.

On peut obferver que cette chaleur & cette lumiere toûjours confervées , fuppofent la même force impulfive dans les particules élementaires qui viennent inceffamment remplacer celles qui fe diffipent.

ARTICLE XIII.

Lorsqu'on a la vitesse de la matiere à une distance quelconque du centre d'un tourbillon particulier, le même que celui de sa masse centrale, on a aussi la pesanteur absoluë de chacun des corps dont cette masse est composée, pesanteur toujours égale au quarré de la vitesse de la matiere divisé par le Diametre de la couche spherique dans laquelle se fait la circulation.

ARTICLE XIV.

Que de la force centripete d'un corps, on retranche sa force centrifuge, on aura sa pesanteur réelle.

ARTICLE XV.

Dans un petit espace la pesanteur de quelqu'espece qu'elle soit, peut être regardée comme uniforme.

ARTICLE XVI.

Qu'on assujettisse un corps à circuler autour d'un point fixe, on pourra toujours comparer sa pesanteur réelle à la force centrifuge qui naîtra de son mouvement circulaire.

On sçait que l'espace que parcourt un mobile qui tombe librement, & qui dans chacun des instans de sa chute, acquiert des dégrés égaux de vitesse, est en raison de la force qui lui est continuellement appliquée, & du quarré de la somme des instans pendant lesquels agit cette force ; en sorte qu'en nommant L l'espace parcouru, p la pesanteur, & T le tems de la chute, on a toujours L proportionnelle à pTT.

On sçait encore que l'espace parcouru suit aussi la

proportion de la moitié du produit du tems par la derniere vitesse acquise, & qu'ainsi nommant V cette vi-
tesse, on a toujours $L = \dfrac{VT}{2}$ ou $V = \dfrac{2L}{T}$; or que R
soit le rayon d'un cercle décrit avec la vitesse V, la
force centrifuge $\dfrac{VV}{2R}$ égalera $\dfrac{2LL}{TTR}$ & $\dfrac{2Lp}{R}$, d'où on tirera cette proportion $R, 2L :: p, \dfrac{VV}{2R}$; ainsi la pe-
santeur d'un mobile ou sa chute initiale, sera à la force
centrifuge qui naîtroit de sa circulation, comme le rayon
du cercle qu'il décriroit, a deux fois la hauteur dont il
faudroit qu'il tombât pour acquerir une vitesse égale à
celle qu'il auroit en circulant.

ARTICLE XVII.

La vitesse de la réaction d'une couche spherique
étant égale à celle de sa force centrifuge, qui ne doit
être regardée pour chaque instant que comme un infiniment petit du second genre , en supposant que les
différentes parties de la couche circulent avec une vitesse finie, il est clair que si le mouvement d'un corps
pesant ne s'acceleroit point, ce corps employeroit un
tems infini à parcourir un espace fini.

ARTICLE XVIII.

L'idée de l'acceleration du mouvement des corps pe-
sans, fait naître une difficulté ; la voici. Quand un corps
pesant a une fois acquis une vitesse égale à la vitesse
réactive de la colonne à laquelle il sert d'appui, il semble
que la matiere étherée devroit cesser de le pousser ; car
un mobile qui en suit un autre, ne peut accélerer son

mouvement, à moins que celui-ci n'avance plus lentement que le mobile qui le fuit : c'eft une difficulté qu'il eft aifé de réfoudre en fe renfermant dans l'hipotèfe de la plenitude univerfelle ; en effet, il eft clair que dans cette hipotefe un corps ne peut changer de place, que dans le même inftant il ne fe trouve remplacé par d'autres corps ; ainfi quelque viteffe qu'un corps ait acquife en tombant, la matiere étherée qui le remplace inceffamment avec une viteffe égale à celle de fa chute, doit lui être inceffamment appliquée ; donc fi à cette viteffe qu'acquiert la matiere, on ajoute celle de fa réaction, il faut qu'elle comprime le mobile de la même maniere qu'elle le comprimeroit s'il étoit en repos.

ARTICLE XIX.

Si deux corps pefans, fuppofés aux mêmes latitudes, & également élevés dans l'atmofphere de la terre, viennent à tomber, ces corps, quelqu'inégalité qu'il fe trouve entre leurs maffes, décriront des efpaces refpectivement égaux dans des tems égaux ; mais c'eft dans la fuppofition qu'on n'ait point d'égard à la réfiftance de l'air qu'on fçait être peu confidérable.

ARTICLE XX.

Soit l, l'efpace que parcourt un mobile en tombant, t, le tems de fa chute, & V fa viteffe acquife à la fin du tems t, on aura $t\text{V} = 2l$; mais fuivant la loi de Galilée, V égalera $\sqrt{l}$; donc on aura $t = \dfrac{2l}{\sqrt{l}} = 2\sqrt{l}$.

ARTICLE XXI.

Soit ASa (*Fig.* 8.) la demi-circonférence du cercle générateur de la Cycloïde GHa qui aura AG pour bafe

& le point *a* pour sommet ; d'un point quelconque C pris sur le Diametre A*a*, soit décrit une autre demi-circonférence BN*a* qui touche AS*a* au point *a* ; si du point B extremité du rayon CB, on mene BH parallele à AG, Je dis qu'un mobile qui tombera le long de la Cycloïde en partant, soit du point G, soit du point H, emploiera le même tems à parcourir l'arc G*a* ou l'arc H*a*, & que ce tems sera à celui de sa chute verticale le long de A*a*, comme la demi-circonférence du cercle à son Diametre.

Que d'un point quelconque P, pris au-dessous de B, on mene l'ordonnée PM qui coupe AS*a* au point S, & BN*a* au point N ; que d'un point infiniment proche de P, on mene aussi l'ordonnée *pm* qui coupe BN*a* au point *n*, & que N*q* & K*m* soient parallleles à P*p* ; nommant $2a$ le diametre A*a*, $2b$ le diametre B*a*, *z* la coupée BP, *t* le tems de la chute dans la Cycloïde, *dz* l'élement P*p* $=$ N*q* $=$ K*m*, & *dt* le tems qu'emploiera le mobile à parcourir M*m* avec la vitesse qu'il aura acquise en tombant du point H, d'où on suppose qu'il sera parti ; on voit que comme l'espace infiniment petit M*m* sera censé être décrit d'un mouvement uniforme, *dt* égalera cet espace divisé par $\sqrt{z}$ proportionnelle à la vitesse acquise ; or à cause des triangles semblables M*m*K & *a*SP, on aura

$$\mathrm{M}m,\ dz :: a\mathrm{S},\ a\mathrm{P} :: \sqrt{\mathrm{A}a},\ \sqrt{\mathrm{A}\mathrm{P}} :: \sqrt{2a},\ \sqrt{2b-z},$$

d'où on tirera

$$\mathrm{M}m = \frac{dz\sqrt{2a}}{\sqrt{2b-z}}, \quad \& \quad dt,\ \text{ou}\ \frac{\mathrm{M}m}{\sqrt{z}}$$

$$= \frac{dz\sqrt{2a}}{\sqrt{2bz-zz}} = \frac{b\,dz\sqrt{2a}}{b\sqrt{2bz-zz}} ;$$

mais les triangles semblables N*nq* & CNP donneront

$$\mathrm{N}n,\ \mathrm{N}q :: \mathrm{CN},\ \mathrm{PN},\ \text{ou}\ \mathrm{N}n,\ dz :: b,\ \sqrt{2bz-zz},$$

& par conséquent

$$\mathrm{N}n = \frac{b\,dz}{\sqrt{2bz-zz}} ;$$

donc dt qui égalera $\dfrac{bdz\sqrt{2a}}{b\sqrt{2bz-zz}}$ égalera pareillement

$\dfrac{Nn\sqrt{2a}}{b}$; & parce que dt devenant t, l'élement Nn deviendra égal à la demi-circonférence BNa, nommant $\dfrac{c}{2}$ cette demi-circonference, on aura $t = \dfrac{c\sqrt{2a}}{2b}$; donc

1°. $\dfrac{c\sqrt{2a}}{2b}$ étant une grandeur conſtante, le tems t ſera toujours le même de quelque hauteur que tombe le mobile dans la Cycloïde. 2°. Ce tems ſera à $2\sqrt{2a}$ tems de la chûte verticale par Aa (*Art.* 20.) comme $\dfrac{c}{2}$ à $2b$, ou comme la moitié de la circonférence ASa au diametre Aa.

ARTICLE XXII.

La longueur du pendule ſimple qui fait une demi-oſcillation dans un tems égal à celui de la chûte d'un corps le long d'une ligne perpendiculaire à l'horiſon, eſt à la hauteur de cette chûte comme 32 au quarré du nombre irrationnel, qui multipliant le rayon du cercle donne ſa circonférence.

Soit (*Fig.* 9.)

K - - le Pendule ;

T - - le tems qu'il employe à faire une demi-oſcillation ,

L - - la hauteur La de la chûte verticale d'un corps qui tombe librement, dans le tems T,

R - - le rayon du cercle générateur de la Cycloïde GHa parcouruë dans un tems égal à celui de la chûte verticale.

X

X - - le tems de la chute le long du diametre Aa du cercle générateur,

Z - - la quantité qui multipliant le rayon du cercle, donne fa circonférence.

Suivant ce qu'on vient de démontrer (*Art.* 21.), le tems de la chute dans la Cycloïde, fera au tems de la chute verticale le long de Aa, comme la demi-circonférence du cercle à fon diametre ; on aura donc cette proportion T, X :: $\frac{ZR}{2}$, 2R. Ainfi X le tems de la chute le long du diametre Aa égalera $\frac{4T}{Z}$; or le quarré de ce tems fera au quarré du tems de la chute dans la Cycloïde, comme le diametre du cercle générateur à la ligne La, ce qui donnera $\frac{16TT}{ZZ}$, TT :: 2R, L, ou 16, ZZ :: 2R, L ; mais le Pendule vaudra 4R ; donc on aura K, L :: 32, ZZ.

ARTICLE XXIII.

Les chutes étant comme les pefanteurs (les tems fuppofés les mêmes) & la longueur du Pendule fuivant toujours la proportion des chutes (*Art.* 22.), il eft clair que fi les pefanteurs deviennent inégales aux différentes latitudes de la Terre, les longueurs du Pendule fuivront les mêmes inégalités.

ARTICLE XXIV.

Il eft conftaté par les expériences de M. de Mairan, qu'à la latitude 48^d 50' la longueur du Pendule qui fait une vibration entiere dans une feconde, doit être de 440^l : 57, & qu'ainfi les corps qui tombent librement

H h

à notre latitude, & qui font voifins de la furface de la Terre, parcourent (*Art.* 22.) $543^1 : 531\ 451$ dans une demi-feconde.

ARTICLE XXV.

Soit une maffe centrale AB*ab* (*Fig.* 10.) qui circule fur l'axe B*b*, & qui ait le plan A*a* pour équateur, fi du point R extremité d'un rayon quelconque CR, on abaiffe la perpendiculaire R*y* fur B*b*, nommant le rayon AC, *a*, le rayon R*y*, *y*, & *f* la force centrifuge du point A, celle du point R prife par rapport au centre *y*, égalera $\frac{fy}{a}$, ce qui eft évident, puifque les finus verfes des arcs égaux, font proportionnels aux rayons qui les décrivent.

ARTICLE XXVI.

Les mêmes chofes fuppofées que dans l'article précedent, & nommant *r* le rayon CR, la force centrifuge du point R prife par rapport au centre C, fera à la force $\frac{fy}{a}$ (*Diff.* 6. *Art.* 8.) comme *y* à *r*; donc elle égalera $\frac{fyy}{ar}$.

ARTICLE XXVII.

Les forces centrifuges des différens points d'un même rayon, décroiffant comme les diftances, on aura $\frac{fyy}{ar} \times \frac{r}{2}$ ou $\frac{fyy}{2a}$ pour la fomme des forces centrifuges de tout le rayon CR, & $\frac{fy}{a} \times \frac{y}{2}$ ou $\frac{fyy}{2a}$ pour celle des forces centrifuges du rayon *y*R ; donc ces forces feront égales.

Article XXVIII.

On voit bien que dans une maſſe centrale, les forces centrifuges n'alterent pas ſimplement les peſanteurs, il faut qu'elles changent encore leurs directions.

Que le point R faſſe effort pour s'éloigner du centre y, & que cet effort ſoit à celui de la peſanteur abſoluë, comme Rd à RL pris ſur le prolongement de CR, il eſt clair que la ligne RF parallele à Ld, marquera alors la direction ſuivant laquelle peſera le point R.

Article XXIX.

Si on ſuppoſe que le tems de la révolution de la maſſe ABab (*Fig.* 10.) ſoit donné, & qu'on ait la longueur du rayon Ry, on aura la force centrifuge Rd. De plus, ſi par le Pendule on a la chute réelle Ld, & qu'on connoiſſe la vraie latitude ACR du point R, ou la latitude apparente AFR, on connoîtra tout le triangle RLd; on aura donc, & la peſanteur abſoluë LR & l'angle de divergence RLd.

Article XXX.

On voit qu'en ſuppoſant que la Terre fut ſpherique, les corps ne tomberoient perpendiculairement ſur ſa ſurface qu'aux pôles & à l'équateur, & que par-tout ailleurs la direction de leurs chutes ſeroit oblique à l'horiſon ; or je dis que ce ſeroit au 45e dégré de la latitude que cette direction auroit ſa plus grande divergence.

Qu'on abaiſſât ds (*Fig.* 10.) perpendiculaire ſur LR, & que f exprimât la force centrifuge à l'équateur, nommant CA ou CR, r, la coupée Cy, x, & l'ordonnée

Ry, y, on auroit (*Art.* 25.) $Rd = \dfrac{fy}{r}$; & à cause des triangles semblables Rds RCy, le sinus ds de l'angle dLR égaleroit $\dfrac{fxy}{rr}$ qui seroit un plus grand ; ainsi en prenant la différentielle de cette quantité, on auroit $\dfrac{fydx}{rr} + \dfrac{fxdy}{rr} = o$; or $rr - xx = yy$ & $dx = -\dfrac{ydy}{x}$; mettant donc cette valeur de dx dans l'équation $\dfrac{fydx + fxdy}{rr}$

$= o$, on auroit $\dfrac{fxdy}{rr} = \dfrac{fyydy}{rrx}$ & par conséquent $x = y$; donc les angles RCy & yRC vaudroient chacun 45 dégrés.

<h3 style="text-align:center">ARTICLE XXXI.</h3>

Il est clair que si la masse AB*ab* perdoit sa sphericité, & qu'elle prit la forme d'un spheroïde alongé vers les pôles B & *b* (*Fig.* 11.) l'obliquité des chutes sur les tangentes aux differens points de la masse, augmenteroit encore.

<h3 style="text-align:center">ARTICLE XXXII.</h3>

Ce qui suit delà, c'est qu'en supposant toûjours que les pesanteurs absoluës soient dirigées vers le centre d'une masse centrale qui tourne sur son axe, cette masse ne peut présenter directement ses differentes surfaces à l'action de la pesanteur réduite, à moins qu'elle ne prenne la forme d'un spheroïde applati vers les pôles (*Fig.* 12.).

<h3 style="text-align:center">ARTICLE XXXIII.</h3>

Si AB*ab* (*Fig.* 13.) represente un des méridiens de la

masse applatie, qu'on suppose tourner sur son axe Bb, & que les pesanteurs absoluës soient dirigées vers le centre C de cette masse, je dis qu'afin que les directions des pesanteurs réduites, soient par-tout perpendiculaires sur la courbe ABab, il faut qu'à chaque point la pesanteur absoluë, soit à la force centrifuge, comme la différence de l'ordonnée sur Bb, à la différence du rayon mené du centre C.

Soit CR un rayon quelconque de la courbe ABab. CK, un autre rayon infiniment proche de CR, yR, & ZK les ordonnées que termineront les points R & K; si du point C on décrit l'arc KS, & qu'on mene KT parallele à l'axe Bb, TR sera la différence de l'ordonnée, & SR la différence du rayon; ainsi en supposant que RC marque la pesanteur absoluë du point R, & que CF réponde à sa force centrifuge, il faut démontrer qu'afin que la direction RF de la pesanteur réduite soit perpendiculaire sur l'élement RK, il faudra que TR soit à SR, comme RC à CF.

On voit d'abord que la ligne RK servant de base aux angles droits RTK & RSK, cette ligne deviendra le diametre d'un cercle qui passera par les points R, K, T, S; donc l'angle TRK qui sera appuyé sur TK, égalera l'angle KST, qui aura pareillement KT pour base; mais dans le triangle RTS, l'angle obtus RST vaudra l'angle droit KSR, plus l'angle aigu TSK égal à l'angle TRK; donc les trois angles KRT, TRS, & RTS vaudront un angle droit; donc afin que la direction RF soit perpendiculaire sur RK, il faudra que l'angle CRF devienne égal à l'angle RTS, & qu'ainsi, à cause des triangles semblables TRS & RCF, TR soit à SR, comme RC à CF.

ARTICLE XXXIV.

Les mêmes choses supposées que dans l'Article précedent, je dis que si la masse ABab devenoit entierement fluide, & que les pesanteurs absolues des rayons égaux fussent égales, la masse centrale ne changeroit point de figure.

Nommant p & F, les forces RC & CF, & du point S abaissant Sq perpendiculaire sur TR ; 1°. on aura par la supposition le poids absolu de CS égal au poids absolu de CK : 2°. parce que la force centrifuge du rayon CK, égalera (*Art.* 27.) la force centrifuge de ZK ou de yT, & que celle de CS égalera la force centrifuge de yq , ces forces retranchées des pesanteurs absolues, la colonne CK, pesera plus que la colonne CS ; il faudra donc que celle-ci s'éleve jusqu'en R, où l'on suppose que F×RT la différence totale des forces centrifuges des colonnes CK & CR, se trouvera égale à p×RS augmentation du poids absolu du rayon CS, c'est qu'alors tout se compensera de part & d'autre ; car si le rayon CR a plus de pesanteur absolue que le rayon CK , aussi aura-t'il plus de force centrifuge dans la même proportion ; la loi de l'équilibre demandera donc que RT soit à RS , comme p à F, ou comme CR à CF ; la masse ne changera donc point de figure.

ARTICLE XXXV.

Si on supposoit que les densités ne fussent pas par-tout les mêmes, les pesanteurs absolues des rayons égaux ne seroient plus égales ; mais alors les directions des pesanteurs réduites, ne se trouveroient plus perpendiculaires sur les surfaces.

Suppofons, par exemple, que le rayon CK étant plus denfe que le rayon CS, le poids abfolu de Cg, égalât le poids abfolu de CS, la force centrifuge de ng égaleroit celle de yT, parce que les denfités de ng & de yT feroient fuppofées les mêmes que celles des rayons Cg & CS; or comme la loi de l'équilibre demanderoit encore que la force centrifuge de TR égalât le poids de RS, & que, par conféquent, TR fut à RC, comme RS à CF, on voit que la direction de la pefanteur réduite RF, feroit un angle aigu avec le nouvel élement gR de la courbe.

On démontreroit de même que fi le rayon CK ayant moins de denfité que le rayon CS, le poids abfolu de CG égaloit le poids de CS, & qu'ainfi la force centrifuge de mG ne valut que celle de yT, la direction RF feroit un angle obtus avec l'élement GR de la courbe.

ARTICLE XXXVI.

Il eft clair que la même chofe arriveroit, fi la matiere étant par-tout également denfe, les pefanteurs abfolues devenoient inégales dans les différens rayons de la maffe ABab, & qu'en conféquence de cette inégalité le poids abfolu du rayon CS égalât le poids abfolu du rayon Cg ou CG.

ARTICLE XXXVII.

Il fuit de-là que fi les corps par leurs pefanteurs abfolües, tendent vers le centre de la Terre, l'expérience juftifiant que leurs pefanteurs réduites font toujours dirigées perpendiculairement au même niveau que celui de la Mer, il faut de néceffité que la forme qu'a la Terre, foit exactement celle qu'elle prendroit, en fuppofant qu'elle fût entierement fluide, & que fa denfité fût par-tout la même ; ou bien il faudroit fuppofer que dans chaque rayon les denfités fuffent exactement en raifon renverfée des pefanteurs, ce qui même reviendroit à notre premiere fuppofition, puifqu'alors les pefanteurs abfolües des rayons égaux, feroient par-tout égales ; la perpendicularité des directions fur les furfaces, eft donc une fuite néceffaire de l'égalité des pefanteurs abfolües des rayons égaux.

A R T I C L E XXXVIII.

Mais voyons quel fera le rapport des axes Aa & Bb ; en fuppofant que les pefanteurs abfolües répondent à une puiffance quelconque n de la diftance au centre de la maffe.

De l'intervalle CB (*Fig.* 14.) décrivant l'arc Bg, on voit que puifque les pefanteurs abfolües des rayons CB & Cg feront égales, il faudra qu'en conféquence de la loi de l'équilibre, le rayon CA ait autant de force centrifuge que la ligne gA aura de pefanteur ; or fi la perpendiculaire Af exprime la force centrifuge du point A, celle de tout le rayon CA fera exprimée (*Art.* 27.) par le triangle ACf ; il ne s'agit donc plus que de trouver quelle fera l'expreffion de la pefanteur abfolüe de gA, en fuppofant que chaque partie infiniment petite du rayon CA, pefe fuivant la puiffance n de fa diftance au centre C de la maffe ABab.

Que fur le rayon CA on éleve une infinité de perpendiculaires telles que AP, gh, xu, Cz, & que ces perpendiculaires marquent les pefanteurs des points A, g, x, &c. la pefanteur totale du rayon CA, fera à celle d'une partie quelconque Ag de ce rayon, comme l'aire ACZp, à l'aire correfpondante Aghp. Cela pofé, nommant

a le rayon CA,
b le rayon CB ou Cg,
x l'indéterminée Cx prise sur le rayon CA;
p la pesanteur Ap,
f la force centrifuge Af qu'on suppose ne pouvoir surpasser p, parce qu'autrement le fluide se dissiperoit.

Cette proportion a^n, x^n, $:: p$, $\frac{px^n}{a^n}$ donnera $\frac{px^n}{a^n}$ égale à la pesanteur xu ; donc on aura l'aire xCZ$u = \frac{px^{n+1}}{n+1 \times a^n}$;

l'aire gCZ$h = \frac{pb^{n+1}}{n+1 \times a^n}$, & l'aire totale ACZ$p = \frac{pa}{n+1}$;

donc l'aire Aghp égalera $\frac{pa}{n+1} - \frac{pb^{n+1}}{n+1 \times a^n}$; mais l'aire

Aghp vaudra l'aire du triangle ACf; donc on aura $\frac{pa}{n+1}$

$- \frac{pb^{n+1}}{n+1 \times a^n} = \frac{fa}{2}$, ou $2pa^{n+1} - 2pb^{n+1} = \overline{n+1} \times fa^{n+1}$;

d'où on tirera cette proportion a^{n+1}, $b^{n+1} :: 2p, 2p - \overline{n+1} \times f$,

ou a, $b :: 2p^{\frac{1}{n+1}}$, $\overline{2p - \overline{n+1} \times f}^{\frac{1}{n+1}}$.

Si les pesanteurs sont comme les distances l'exposant n vaudra 1, & l'on aura a, $b :: \sqrt{2p}$, $\sqrt{2p - 2f} :: \sqrt{p}$, $\sqrt{p-f}$. Que f égale p, on aura a, $b :: \sqrt{p}$, o ; dans ce dernier cas CB sera infiniment petit par rapport au rayon CA.

Si les pesanteurs sont par-tout égales, n deviendra o ; & l'on aura a, $b :: 2p$, $2p - f$, & a, $b :: 2$, 1 ; en supposant que f soit égale à p.

Si les pesanteurs sont en raison renversée des quarrés des distances, c'est-à-dire, si elles suivent la proportion que suppose la loi de Kepler, & qui se tire du méchanisme de la Nature, n deviendra -2, & l'on aura a, b :: $2p-+f$, $2p$ ou a, b :: 3, 2, en supposant que f devienne égale à p.

A R T I C L E XXXIX.

Les mêmes choses supposées que dans l'article précedent, & prenant la courbe ABab (*Fig.* 15.) pour un des méridiens d'une masse centrale formée par la révolution de la demi-ovale BAb sur l'axe Bb, on déterminera ainsi la Nature de cette courbe.

Si on nomme r le rayon CR, pris entre les deux axes Aa & Bb, & que sur l'extremité R du rayon CR, on éleve la perpendiculaire Rπ égale à la pesanteur $\frac{pr^n}{a^n}$ du point R ; comme (*Art.* 38.) $\frac{pb^{n-+1}}{n-+1 \times a^n}$ exprimera l'aire gCzh ; si b devient r, on aura $\frac{pr^{n-+1}}{n-+1 \times a^n}$ pour l'aire totale RCZπ ; donc l'aire R$gh\pi$ vaudra $\frac{pr^{n-+1}}{n-+1 \times a^n} - \frac{pb^{n-+1}}{n-+1 \times a^n}$; or qu'on nomme y la perpendiculaire Ry abaissée sur l'axe Bb, $\frac{fyy}{2a}$ exprimera (*Art.* 27.) la force centrifuge du rayon r ; ainsi on aura $\frac{pr^{n-+1}}{n-+1 \times a^n} - \frac{pb^{n-+1}}{n-+1 \times a^n} = \frac{fyy}{2a}$ ou $2pr^{n-+1} - 2pb^{n-+1} = \overline{n-+1} \times fyya^{n-1}$; mais on vient de voir (*Art.* 38.) que $2pa^{n-+1} - 2pb^{n-+1}$ égale pareillement $\overline{n-+1} \times fa^{n-+1}$; donc en divisant le premier membre de l'une & de l'autre équation par $2p$, & chaque second membre par $\overline{n-+1} \times f$ on aura $a^{n-+1} - b^{n-+1}$, $a^{n-+1} :: r^{n-+1} - b^{n-+1}$; yya^{n-1}, proportion qui donnera la nature de la courbe, excepté dans le cas où l'exposant n égaleroit -1 ; aussi dans ce cas la courbe du méridien. AB*ab* ne seroit-elle plus algebrique.

ARTICLE XL.

Si la pesanteur a l'impulsion pour principe, il est clair que comme les chutes initiales des Planetes sont par-tout en raison inverse des quarrés de leurs distances au foyer commun des orbites qu'elles décrivent, & que cette proportion est une dépendance nécessaire du méchanisme des tourbillons, il faut que les particules dont les masses centrales sont formées, pesent aussi suivant le rapport renversé des quarrés de leurs distances au centre commun vers lequel leurs pesanteurs primitives sont dirigées.

ARTICLE XLI.

Mais si les pesanteurs naissent de l'impression d'une force attractive, & que cette force soit à la fois & en raison directe des différentes molécules dont elle émane, & en raison inverse des quarrés des distances à chacune de ces molécules, il ne sera plus possible que sur la surface ni dans l'intérieur de la masse centrale, les pesanteurs suivent la loi commune ; aussi va-t'on voir que la figure des Planetes, telle qu'elle se tire du principe de l'attraction, est différente de celle que donne le principe de l'impulsion.

ARTICLE XLII.

Commençons par examiner quelle figure doit avoir la Terre en supposant que les pesanteuts absolues des particules qui la composent, ayent l'impulsion pour principe, & qu'ainsi elles pesent par-tout en raison renverfée des quarrés de leurs diftances au centre commun des tendances primitives.

Soit encore A*a* (*Fig.* 15.) le diametre de l'équateur de la Terre $= 2a$, B*b* fon axe $= 2b$, CR un rayon pris à notre latitude $= r$, R*y* le finus de l'angle RCB complement de la latitude $= y$, fi de l'intervalle CB on décrit un arc B*g* compris entre le rayon CB & CR, comme la loi de la pefanteur demandera que la différence des pefanteurs abfolues de CR & de CB, foit compenfée par la force centrifuge du rayon CR, il faudra que la pefanteur abfolue de la partie *g*R, foit égale à la force centrifuge de tout le rayon CR ; or que pour exprimer les pefanteurs des points R, *g*, *x*, C, on mene fur CR les perpendiculaires Rπ, *gh*, *xt*, C*z*, fuppofées en raifon inverfe des quarrés des diftances CR, C*g*, C*x*, &c. la courbe qui paffera par les extremités de ces lignes, formera la premiere hyperbole du fecond genre, & cette courbe aura le rayon CR & la perpendiculaire C*z* pour affymptotes ; donc l'aire Rπhg proportionnelle à la pefanteur abfolue de R*g* égalera le Parallelograme *gh*KC moins le Parallelograme RπiC ; ainfi nommant π la pefanteur abfolue Rπ du point R, celle du point *g* devenant $\frac{\pi r r}{b b}$, on aura

$\frac{\pi r r}{b} - \pi r$ pour la pefanteur abfolue de *g*R ; & fi on nomme φ la force centrifuge du point R par rapport au centre C, comme celle de tout le rayon deviendra $\frac{\varphi r}{2}$

(*Art.* 27.) on aura $\frac{\pi r r}{b} - \pi r = \frac{\varphi r}{2}$, ce qui donnera cette proportion $r, b :: 2\pi + \varphi, 2\pi$; c'eft-à-dire que le rayon r, fera au rayon b, comme deux fois la pefanteur du point R plus fa force centrifuge fuivant la direction CR, a deux fois fa pefanteur, on aura donc $b = \dfrac{2\pi r}{2\pi + \varphi}$. Cherchons cette valeur.

Si on fuppofe que la fraction $\dfrac{628\ 318\ 530\ 718}{100\ 000\ 000\ 000}$ reprefente la quantité irrationnelle qui multipliant le rayon du cercle donne fa circonférence, & que Rd (*Fig.* 16.) foit égal au finus verfe de l'arc que décrit le point R dans une demi-feconde ou dans la 172328ᵉ partie du tems qu'employe la Terre à faire fa révolution fur elle-même par rapport aux étoiles fixes, on aura y multiplié par $\dfrac{628\ 318\ 530\ 718}{100\ 000\ 000\ 000}$ & divifé par 172328 pour l'efpace que parcourra le point R dans une demi-feconde, & le quarré de cet efpace divifé par le double du rayon y, donnera (*Diff.* 6. *Art.* 1.) le finus verfe Rd ; or que y foit le rayon du Parallele pris à la latitude apparente de 48^d 50$'$, on trouvera que fuivant la mefure de M. Picard, ce rayon aura 12 931 417 pieds de longueur, ce qui donnera 1^1 : 237 732 pour Rd ; mais comme la longueur du Pendule déterminée par M. de Mairan, fuppofe (*Art.* 24.) qu'à notre latitude les corps tombent de 543^1 : 53^1. 45 1 dans une demi-feconde, exprimant cette chute par Ld, on aura les deux côtés Rd & Ld du triangle RLd ; & parce que l'angle LdR vaudra 131^d 10$'$ fupplement de la latitude apparente AFR, la réfolution du triangle RdL, donnera l'angle dRL de 48^d 44$'$ 6$''$ 56$'''$, l'angle de divergence RLd de 5 53 4, & le côté LR de 544^1 : 346 992 égal à la pefanteur abfolue π, ou à l'efpace que les corps pefans parcoureroient à notre latitude dans une demi-feconde en fuppofant que leurs peſanteurs abſolues ne fuſſent point altérées par leurs forces centrifuges.

Maintenant qu'on prolonge LR juſqu'en C, l'angle CRy égal à l'angle dRL ſera de 48^d 44′ 6″ 56‴ ; ainſi on aura tout le triangle rectangle RyC , & comme la longueur du côté Ry ſera de 12 931 417 pieds , on trouvera celle du rayon RC de 19 606 745^{pds} ; or puiſque φ , ou la force centrifuge du point R priſe par rapport au centre C ; égalera (*Art.* 26.) $\frac{Rd \times Ry}{CR}$, on aura

φ = 0^1: 816 333 ; on aura donc les valeurs de π, de r & de φ , & ces valeurs ſubſtituées dans la formule $\frac{2\pi r}{2\pi + \varphi}$ donneront b = 19 592 054^{pds}. Ayant la longueur de b il ſera aiſé d'avoir celle des autres rayons de la Terre.

Puiſque π exprimera la peſanteur abſolue des corps au point R , ou leurs chutes dans une demi-ſeconde , celle des corps à l'extremité du rayon CB égalant $\frac{\pi r r}{b b}$ ſera de 545^1: 163 380 Or nommant

G   cette peſanteur ,

r tout rayon qui partira du point C ,

y le ſinus de l'angle que fera le rayon CR avec le demi-axe CB ,

x la quantité qui diviſant r l'égalera à y ,

z la quantité qui multipliant le rayon du cercle , donnera ſa circonférence.

m la quantité de demi-ſecondes que renfermera la circonférence du cercle.

On aura $\frac{Gbb}{rr}$ pour la peſanteur abſolue à l'extremité du rayon r, & comme $z \times y$ exprimera la circonférence

du cercle formé par la révolution du rayon y, $\frac{z \times y}{m}$ donnera l'arc décrit dans une demi-seconde, & l'on aura
(*Diff. 6. Art. 1.*) $\frac{zz \times y}{2mm}$ pour le finus verfe de cet arc ou
pour la force centrifuge des corps à l'extremité du rayon
y; ainfi cette force réduite par rapport au centre C, de-
viendra $\frac{zz}{2mm} \times \frac{yy}{r} = \frac{zz}{2mm} \times \frac{r}{xx}$; donc en formant la
proportion qui naîtra du principe de l'équilibre & de
la loi de la pefanteur, on aura (*Art. 34. & 38.*) r, b
$:: \frac{2Gbb}{rr} + \frac{zz}{2mm} \times \frac{r}{xx}$, $\frac{2Gbb}{rr}$, d'où on tirera cette équation $r^3 - \frac{4mmxx \times Gbr}{zz} + \frac{4mmxx \times Gbb}{zz} = o$; ainfi à la place
de x & de z mettant leurs quantités numeriques, le rayon
r fera déterminé.

Si c'eft la longueur du rayon CA qu'on cherche, x
vaudra 1, & comme on aura $z = \frac{628\ 318\ 530\ 718}{100\ 000\ 000\ 000}$, &
$m = 172\ 328$ la chute G au pole étant de 545^1: $163\ 380$
la longueur CA fera de $19\ 625\ 925$ pieds, ainfi ce rayon
furpaffera le rayon CB de $33871^{pds.}$, & le rayon CR de
$19180^{pds.}$

Mais juftifions que fuivant les mefures de M. Picard
la longueur du rayon du parallele pris à la latitude apparente $48^d\ 50'$ doit être de $12\ 931\ 417^{pds.}$

On voit d'abord que de la longueur de ce rayon dépend celle des côtés Rd & LR du triangle RLd (*Fig. 16.*)
& la proportion des angles R, L & d, donc puifque le
triangle RLd déterminé relativement à la longueur de
Ry fuppofée de $12\ 931\ 417^{pds.}$ donne par proportion

le rayon CR de 19 606 745$^{pds.}$ & qu'on trouve l'angle CRq de 5′ 53″ 4‴, & par conséquent l'angle qCR de 89^d 54′ 6″ 56‴, la perpendiculaire Rq fur le diametre hCH parallele à la tangente tRT égalera 19 606 716$^{pds.}$ Or nommant q cette perpendiculaire & n le rayon de la dévelopée Rn, comme la courbure des méridiens differera peu de celle de l'ellipfe ; on aura (*Diff. 7. Art.* 15.)

$$n = \frac{aabb}{q^3} = 19\ 615\ 783 \ , \ \& \ \frac{z \times n}{360} = 342\ 360^{pds.} \ \text{ou}$$

57060$^{tois.}$ égal au dégré qu'a mefuré M. Picard.

Au Pôle on aura (*Ibid.*) $n = \dfrac{aa}{b} = 19\ 659\ 855^{pds.}$ ce qui donnera 343 129$^{pds.}$ pour le dégré.

A l'Equateur on aura $n = \dfrac{bb}{a} = 19\ 558\ 241^{pds.}$ ce qui donnera 341 356$^{pds.}$ pour le dégré.

Article XLIII.

Voyons maintenant quelle figure il faudroit donner à la Terre en fuppofant que la pefanteur eut l'attraction pour principe.

On a vû (*Diff.* 4. *Art.* 21.) que fi le diametre Aa étoit à l'axe Bb, comme 101 à 100, la pefanteur au point A feroit à la pefanteur au point B comme 500 à 501 ; mais parce que dans un même rayon les pefanteurs (*Diff.* 4. *Art.* 12.) feroient comme les diftances, il eft clair qu'en fuppofant que les rayons CA & CB fuffent partagés en une infinité de parties proportionnelles, les grandeurs de celles qui fe répondroient étant entr'elles comme 101 à 100, & leurs tendances vers C comme 500 à 501, leurs poids refpectifs feroient comme 101 × 500 à 100 × 501, ou comme 505 à 501 ; donc fi à chacune des parties du
rayon

rayon CA, on donnoit une force centrifuge qui fut à son poids comme 4 à 505 ; on mettroit les deux rayons en équilibre. Cela posé, nommant f la force centrifuge à l'équateur d'une Planete quelconque, p la pesanteur absoluë, on trouvera par la regle de proportion que comme $\frac{4}{505}$ donneroit $\frac{1}{100}$ de CB pour l'excès du rayon CA sur CB, $\frac{f}{p}$ demanderoit que cet excès fut égal à $\frac{505 \times f}{400 \times p}$; or suivant le calcul de M. Newton, la force centrifuge à l'équateur, est à la pesanteur absoluë comme 1 à 289 ; mettant donc $\frac{1}{289}$ à la place de $\frac{f}{p}$ dans la formule précedente, on trouveroit que CA surpasseroit le rayon CB de la 229e partie de CB ; donc dans l'hipotèse de l'attraction mutuelle, le diametre Aa seroit à l'axe Bb comme 230 à 229.

ARTICLE XLIV.

Qu'on se renferme dans cet hipotèse, on trouvera que les pesanteurs absolües prises sur un même rayon, devant être comme les distances au centre C, de même que les forces centrifuges, il faudra que les pesanteurs réduites suivent aussi la même proportion ; or puisque les rayons CA, CB, CR, &c. seront en équilibre aussi-bien que leurs parties correspondantes, il est clair qu'aux points A, B, R, &c. & à tous ceux qui se trouveront proportionnellement éloignés du centre C, les tendances (les forces centrifuges déduites) seront en raison renversée des distances CA, CB, CR, &c.

K k

ARTICLE XLV.

Il suit delà qu'il faudra que sur la surface de la Terre, les augmentations des pesanteurs réduites, prises depuis l'Equateur jusqu'aux Pôles, soient à peu près comme les quarrés des sinus des latitudes ; car soit le cercle AP*ap* (*Fig.* 17.) circonscrit à l'Ellipse AB*ab*, qu'on suppose différer peu du cercle, comme les pesanteurs réduites seront en raison renversée des rayons CA, C*g*, CB, les différences *g*R, B*p*, &c. des rayons C*g*, CB, &c. marqueront les augmentations de ces pesanteurs depuis l'extremité du rayon CA jusqu'au Pôle B extremité du rayon CB ; or si du point R on abaisse sur CA la perpendiculaire RO, qui coupe l'Ellipse au point *d*, cette Ellipse étant supposée peu différente du cercle, le triangle R*gd* sera censé rectangle en *g*, & par conséquent semblable au triangle ROC ; donc on aura R*g*, R*d* :: RO, RC; mais (*propr. de l'Ell.*) on aura aussi *p*B, R*d* :: *p*C (RC), RO, donc R*g* sera à *p*B comme $\dfrac{Rd \times RO}{RC}$ à $\dfrac{Rd \times RC}{RO}$,

ou comme $\overline{RO}^2$ à $\overline{RC}^2$.

ARTICLE XLVI.

Le même principe qui détermine la proportion des différens diametres de la Terre, doit aussi déterminer les différentes longueurs du Pendule. Tout se tient dans la Nature, aussi un seul fait constaté suffit-il souvent pour établir la certitude de ceux que nous ne pourrions vérifier qu'avec peine. Cela posé, voyons d'abord ce que nous donne le principe de l'impulsion.

Suivant ce qu'on a démontré (*Art.* 42.) si notre rayon

contient 19 606 745$^{pds.}$, le rayon CA en doit contenir 19 625 925 ; or comme à notre latitude les corps
qui dans une demi-feconde ne tombent que de 543^1:
531 45 1 tomberoient de 544^1: 346 992 s'ils obéïſſoient
à l'impreſſion de leur peſanteur abſoluë, il faudroit que
ſous l'équateur (*Ibid.*) leurs chutes totales fuſſent de
543^1: 283 516 ; mais parce que le ſinus verſe de l'arc
que décrit l'extremité du rayon CA dans un tems égal
vaut 1^1: 878 498, cette quantité retranchée de la chute
totale, la réduit à 541^1: 405 018 ; donc puiſque les longueurs du Pendule ſont comme les chutes réelles, & que
ſous notre parallele les corps tombent de 543^1: 531
45 1 dans une demi-feconde, la longueur du Pendule
étant ici de 540^1: 570 000., elle ſera de 438^1: 846
378 ſous l'équateur, ce que l'expérience juſtifie.

ARTICLE XLVII.

Cherchons maintenant quelle devroit être cette longueur, en ſuppoſant que la peſanteur eut l'attraction
pour principe. On vient de voir (*Art.* 44.) que ce principe ſuppoſé, il faudroit qu'aux extremités des rayons
CA, CR, CB, &c. les peſanteurs réduites, & par conféquent les longueurs du Pendule fuſſent en raiſon renverſée de ces rayons ; donc le Pendule pris à l'équateur, feroit au Pendule pris au Pôle, dans le rapport de
229 à 230 ; donc au Pôle le Pendule augmenteroit d'une
unité ou de la deux cent vingt-neuviéme partie de 229;
donc puiſque les augmentations des peſanteurs feroient
(*Art.* 45.) comme les quarrés des ſinus des latitudes,
on auroit ces augmentations pour tous les dégrés pris
depuis l'Equateur juſqu'aux Pôles ; or le quarré du ſinus
de la latitude 48^d 50′ étant au quarré du ſinus de la la-

titude 90^d, comme 5667 à 10000, l'augmentation de la longueur du Pendule à notre latitude sur celle du Pendule pris à l'Equateur, vaudroit 5667 dix milliéme partie de l'unité ; ainsi on trouveroit qu'à l'Equateur, à notre latitude, & au Pôle, les longueurs du Pendule seroient proportionnelles à 2 290 000, 2 295 667, & 2 300 000 ; donc comme à la latitude 48^d 50^l le Pendule est constaté de 440^l : 570, on le trouveroit à l'Equateur de 439^l : 482, plus long de plus d'une demi-ligne qu'il ne l'est en effet.

Pour réduire ce Pendule à sa juste longueur, M. Newton suppose qu'encore que dans l'hipotèse où il se renferme, les forces attractives doivent continuellement diminuer depuis la surface de la Terre jusqu'à son centre, il arrive cependant que vers ce centre les densités sont plus grandes que par-tout ailleurs, ce qui doit alterer la longueur du Pendule, & changer la figure de la Terre ; car qu'on épaississe le noyau *mgnh* (*Fig.* 17.). par une addition réelle de matiere, comme cette matiere aura sa force attractive dont l'action suivra la proportion inverse des quarrés des distances au centre C, le rapport des pesanteurs aux extremités des rayons CA & CB, deviendra plus grand que le simple rapport renversé de ces rayons ; il faudra donc que le Pendule s'accourcisse, & que l'équateur s'éleve.

ARTICLE XLVIII.

Outre la Terre, il y a encore deux masses centrales, le Soleil & Jupiter dont on peut déterminer phisiquement la figure ; on connoît quel est le rapport des pesanteurs absoluës aux forces centrifuges sur leurs surfaces ; car pour commencer par le Soleil, soit *a* le demi-diametre de son équateur, t le tems de sa révolution sur son axe, D la distance moyenne d'une Planete quelconque au centre de cet axe, V la vitesse de la Planete à cette distance, & T le tems de sa révolution autour du Soleil, $\frac{D}{TT}$ égal à $\frac{VV}{D}$ exprimera la force réactive de la matiere à l'extremité du rayon D ; ainsi les pesanteurs étant en raison inverse des quarrés des distances, cette proportion $\frac{1}{DD}$, $\frac{1}{aa}$ :: $\frac{D}{TT}$, $\frac{D^3}{aaTT}$ donnera $\frac{D^3}{aaTT}$ pour la pesanteur absoluë à l'extremité du rayon a ; mais sur l'Equateur du Soleil, la force centrifuge sera proportionnelle à $\frac{a}{tt}$; donc nommant f cette force, & p la pesanteur, on aura p, f :: $\frac{D^3}{aaTT}$, $\frac{a}{tt}$ :: $\frac{D^3}{a^3}$, $\frac{TT}{tt}$. Supposons que D marque la moyenne distance de la Terre au Soleil, on aura D $=$ 22000, $a =$ 100 & $\frac{D^3}{a^3} =$ 10648000 ; & parce que la Terre parcourt son orbite en 525949$'$, & que le Soleil tourne sur son axe en 36720$'$ par rapport aux étoiles fixes, on aura TT à tt, comme 205 à 1 ; ainsi la pesanteur p sera à la force centrifuge f comme 51902 à 1. Supposant donc que la pesanteur ait l'impulsion pour principe, cette proportion a, b :: $2p + f$, $2p$, donnera (*Art.* 38.) Aa à Bb comme 103805 à 103804. Mais puisque $\frac{f}{p}$ égalera $\frac{1}{51902}$, on auroit par le principe de l'attraction $\frac{505}{20760800}$ pour $\frac{505f}{400p}$ excès (*Art.* 43.) du rayon CA sur le demi-axe CB ; donc le diametre A*a* feroit à l'axe B*b*, comme 20760800 à 20760295.

Que la différence qui réfulteroit de chacun de ces rapports fut fenfible, il eft clair que celle que verifieroient les obfervations, ferviroit à faire connoître fi c'eft du principe de l'attraction, ou de celui de l'impulfion que naît la pefanteur.

Mais ce qu'on ne peut tirer de la figure du Soleil, fe tire aifément de celle de Jupiter ; l'inégalité des rayons de cette Planete eft très-fenfible : felon M. Caffini, le diametre de fon Equateur eft à fon axe à peu près comme 15 à 14 ; c'eft auffi ce qu'a obfervé M. de la Hire ; or cela pofé, nommant a le demi-diametre de l'Equateur de Jupiter, D la diftance de fon quatriéme Satellite, D, fuivant les obfervations de M. Caffini, égalera $23a$, & l'on aura $\frac{D^3}{a^3} = \frac{12167}{1}$; mais on fçait d'ailleurs que ce Satellite fait fa révolution en $24032'$, & que Jupiter tourne fur fon axe en $596'$; donc $\frac{TT}{tt}$ égalera 1626, ce qui donnera fur l'Equateur de cette Planete p à f, comme 12167 à 1626 ; ainfi, puifqu'en fuppofant que la pefanteur naiffe de l'impulfion, on aura (*Art.* 38.) $a, b :: 2p + f, 2p$; on aura auffi $a, b :: 2 \times 12167 + 1626, 2 \times 12167 :: 25960, 24334 :: 15, 14 : 06$. Le rapport de a à b s'accordera donc avec celui que donnent les obfervations.

Mais que la pefanteur eut l'attraction pour principe, on voit que $\frac{f}{p}$ égalant $\frac{1626}{12167}$, cette quantité mife à la place de $\frac{f}{p}$ dans la formule $\frac{505 \times f}{400 \times p}$ donneroit $\frac{82113}{486680}$

pour l'excès du rayon CA sur le demi-axe CB ; donc le diametre A*a* seroit à l'axe B*b* comme 7 à 6, proportion bien différente de celle qui se tire des observations.

Ajoutons à cela qu'en supposant que la densité fût plus grande autour du centre de Jupiter que par-tout ailleurs, comme M. Newton le suppose par rapport à la Terre, pour faire quadrer sa figure avec ce que l'expérience nous apprend sur la longueur du Pendule, il est clair que l'excès du rayon CA sur le rayon CB, augmenteroit encore ; aussi M. Newton veut-il que la masse de Jupiter soit autrement formée que celle de la Terre ; selon lui, ce n'est point le noyau de cette Planete qu'il faut épaissir par une addition de matiere, c'est le plan de son Equateur ; c'est que plus ce plan aura de densité, moins faudra-t'il l'élever pour le mettre en équilibre avec la colonne qui servira d'axe à la Planete. Mais puisque le principe de l'attraction ou de la tendance de toutes les parties de la matiere les unes vers les autres, demande autant de nouvelles ressources qu'on en fait d'applications différentes, & que loin de s'accorder avec les Phénomenes, il ne sert au contraire qu'à les défigurer, pourquoi ne s'en pas tenir au principe simple de l'impulsion avec lequel tout quadre dans la Nature.

ARTICLE XLIX.

Il reste à voir dans quel cas une masse centrale doit être surmontée d'un anneau. On a déja vû (*Art.* 6.) qu'entre les corpuscules qui circulent librement dans un tourbillon, ceux qui se rencontrent aux points où leurs orbites se coupent, perdent une partie de leur mouvement, ce qui les oblige de décrire des Ellipses plus étroites que celles qu'ils tendoient à décrire ; or j'ajoute

que pendant qu'une partie de ces corpufcules fe réünif-
fent autour du centre commun des tendances, les autres dont les orbites font moins alongés, s'approchent
fimplement des premieres fans les atteindre, & qu'ainfi
rien ne leur faifant obftacle, ils continuent de fuivre
leur cours : cependant comme ils fe ramaffent & qu'ils
fe refferrent vers les extremités inférieures de leurs orbites, il eft clair qu'il peut arriver qu'en fe croifant dans
le plan de l'Equateur déja (*Art.* 2.) chargé de particules
étrangeres, ils s'y embarraffent & s'y arrêtent, & que
par-là ils s'affocient en quelque forte à la maffe centrale,
en formant autour d'elle un anneau fenfible plus ou moins
éloigné de fa furface.

<h2 style="text-align:center">ARTICLE L.</h2>

Ce que j'ai dit de la figure des maffes centrales dont
les mouvemens font connus & foumis à nos calculs,
doit pareillement fe dire de celles dont les apparitions
ne font point encore déterminées, & aufquelles on
donne le nom de Cometes.

Les Cometes occupent les centres de ces tourbillons
particuliers, qui, de la maniere qu'ils fe font formés
(*Diff.* 6. *Art.* 28. & 29.) ont dû commencer à décrire leurs orbites avec des mouvemens, ou moins
prompts, ou autrement dirigés que ceux des couches
fpheriques entre lefquelles ils ont pris naiffance.

Si les maffes centrales de ces tourbillons fubalternes
paroiffent mal terminées, & que fouvent même on les
voye changer de figure, c'eft que pour l'ordinaire nous
ne les voyons qu'à travers les vapeurs fuligineufes qui
les enveloppent ; car comme elles décrivent pour la
plûpart des orbites extremement alongées, il doit fouvent

vent arriver qu'en paſſant dans le voiſinage du Soleil,
elles s'échauffent de maniere que leurs parties volatiles
cedant à l'impreſſion du mouvement qui les agite, s'é-
chapent de toutes parts, & forment une eſpece de fumée, qui tantôt ſe raréfiant, tantôt ſe condençant, fait
prendre en apparence mille formes différentes aux maſſes
qu'elles enveloppent. *Capita Cometarum atmoſphæris in-*
gentibus cinguntur, & atmoſphæræ infernè denſiores eſſe
debent, unde Nubes ſunt, non ipſa Cometarum corpora, in
quibus mutationes illæ viſuntur. M. Neuton pag. 444.

Je ne ſuppoſe rien ici que les obſervations ne con-
firment. On ſçait, par exemple, que la Comete qui parût en 1680. paſſa plus de 167 fois plus près du Soleil
que n'en eſt la Terre à ſa moyenne diſtance; or la chaleur que produit le Soleil étant comme la denſité de ſes
rayons, & leur denſité croiſſant autant que décroiſſent
les quarrés des diſtances au ſommet de l'angle de leurs
divergences, la chaleur qu'éprouva la Comete à ſon Perihelie dût être à peu près vingt-huit mille fois plus grande
que n'eſt celle que nous éprouvons en Eté, c'eſt-à-dire,
que, ſuivant le calcul des Phiſiciens, cette chaleur fût
à celle du fer en fuſion, comme 100 à 1.

Si pluſieurs Cometes ont des queuës, c'eſt que comme
on l'a déja dit (*Diſſ. 7. Art. 39.*) les vapeurs qui s'échapent de leurs maſſes embrâſées, ſont chaſſées au loin &
dirigées par les rayons du Soleil, auſquels mille expériences nous obligent de donner de la force.

Les Cometes qui n'ont point de queuës ſont apparem-
ment celles qui dans leurs cours ne s'approchent point
aſſez du Soleil pour prendre feu, ou qui en s'éloignant
de leur Perihelie, ont eu le tems de ſe refroidir.

Les Cometes qui conſervent leur chaleur pendant tout

le tems qu'elles employent à faire leurs révolutions, reviennent de leurs aphelies vers le Soleil avec des queuës beaucoup plus courtes que celles qu'elles offrent à nos regards, après qu'elles ont paſſé par leur Perihelie, & qu'elles ont acquis de nouveaux dégrés de chaleur ; & cela ſeul juſtifie tout ce qui vient d'être dit. *Univerſaliter caudæ omnes maximæ & fulgentiſſimæ è Cometis oriuntur ſtatim poſt tranſitum eorum per regionem Solis ; conducit igitur calefaĉtio Cometæ ad magnitudinem caudæ, & indè colligere videor quod cauda nihil aliud ſit quam vapor longè tenuiſſimus, quem caput ſeu nucleus Cometæ per calorem ſuum emittit.* M. Neuton, *Lib.* 3. *De Mundi ſiſtemate,* p. 467.

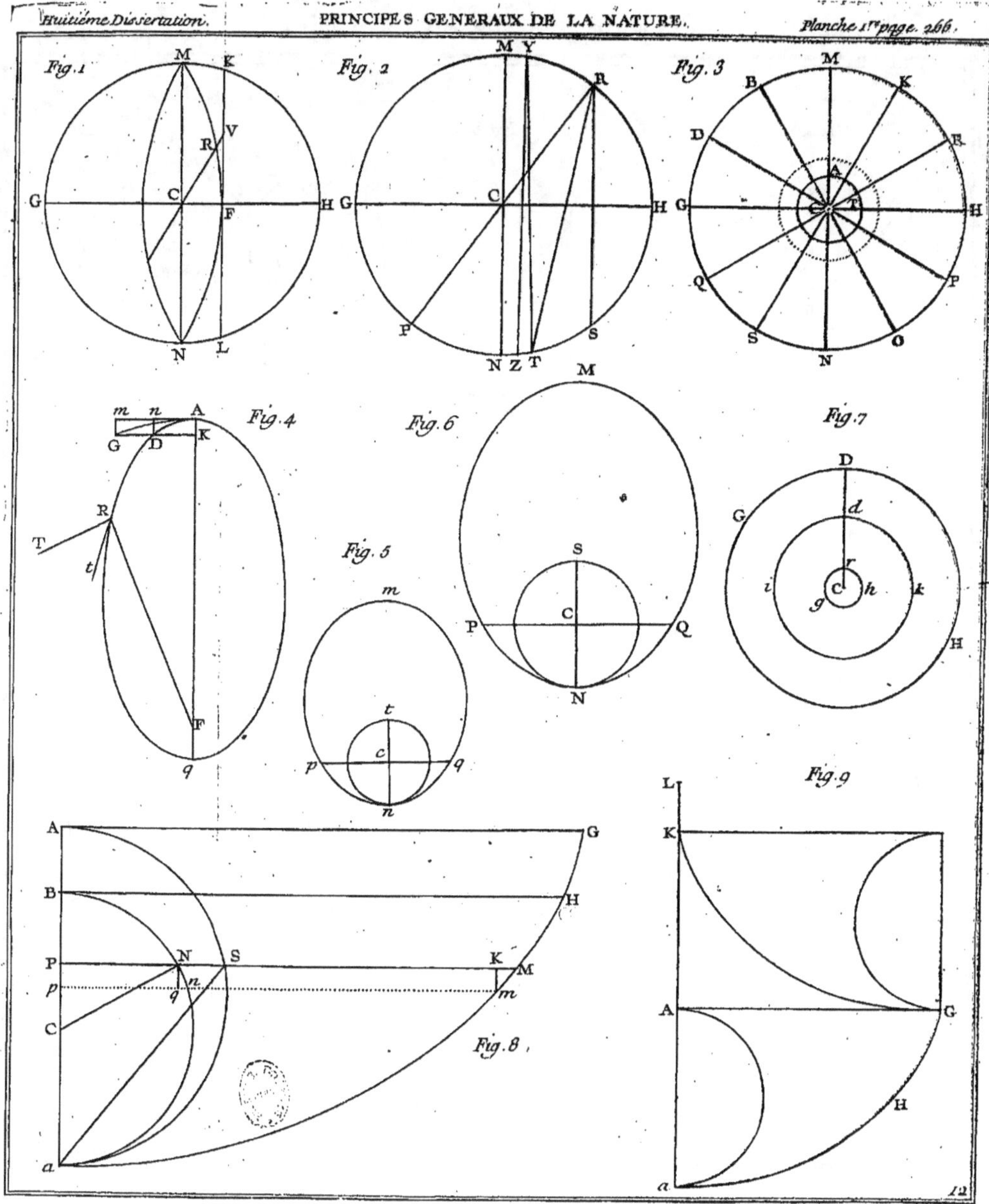

Fig.1
M K
V
R
G C F H
N L

Fig.2
M Y
R
G C H
P S
N Z T

Fig.3
M
B K
D E
A
G C T H
Q P
S O
N

Fig.4
m n A
G D K
R
T
t
F
q

Fig.5
m
t
p c q
n

Fig.6
M
S
P C Q
N

Fig.7
D
d
G
r
i C h k
g
H

Fig.8
A G
B H
P N S K M
p n m
q
C
a

Fig.9
L
K
A G
H
a

12

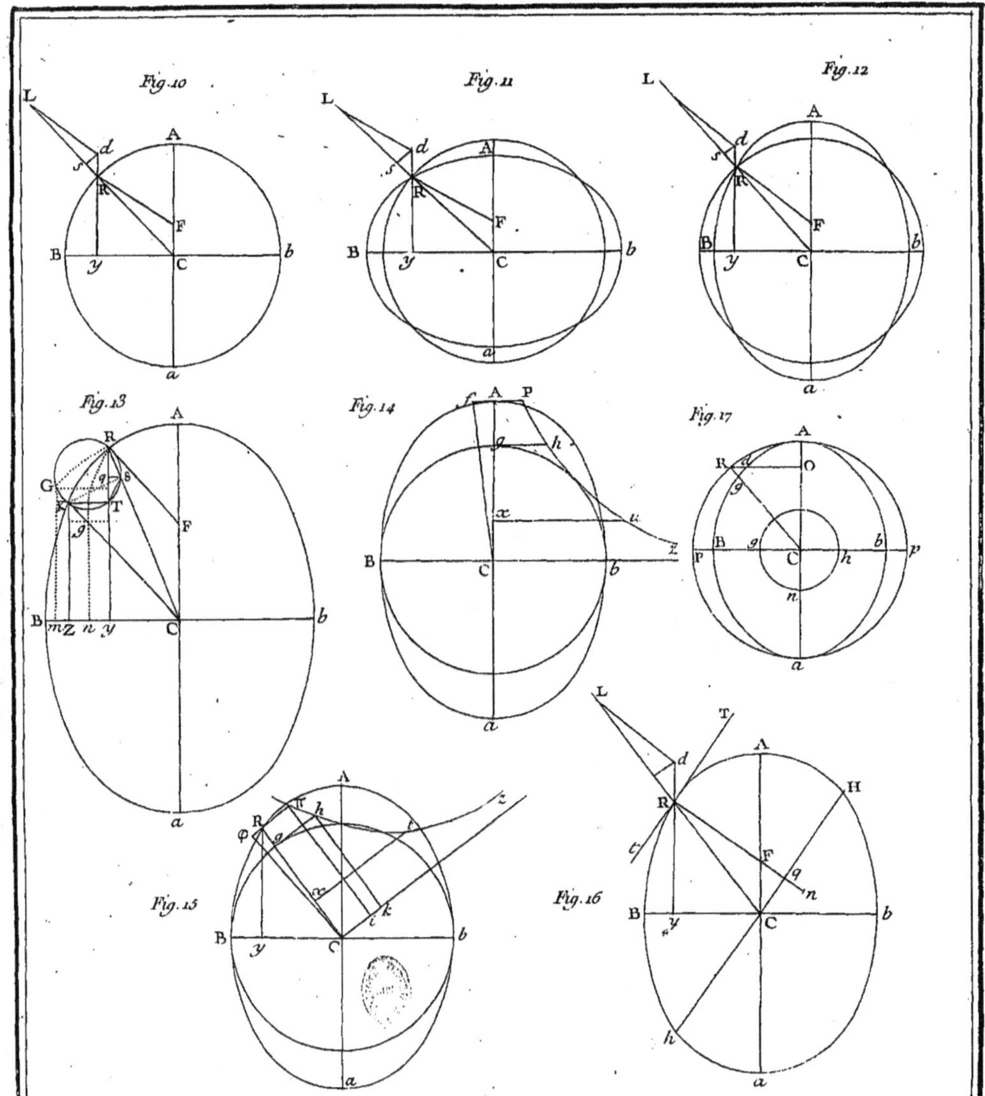
Fig. 10
Fig. 11
Fig. 12
Fig. 13
Fig. 14
Fig. 17
Fig. 15
Fig. 16

PRINCIPES GÉNÉRAUX
DE LA NATURE,
APPLIQUÉS
AU MECANISME ASTRONOMIQUE,
ET COMPARÉS
AUX PRINCIPES DE LA PHILOSOPHIE
DE M. NEWTON.

❖❖❖❖❖❖❖❖❖❖❖❖❖❖❖❖❖❖❖❖❖❖❖❖❖❖❖❖❖❖❖❖❖❖❖

NEUVIÉME DISSERTATION.

Limitation des Principes que suppose le Méchanisme aſtonomique.

ARTICLE I.

EN expliquant les Phénomenes que j'ai déja parcourus, j'ai fait trois suppoſitions diffé-rentes.

La premiere, que l'Ether eſt parfaite-ment fluide.

La ſeconde, que les tourbillons ſont toûjours infini-

ment grands, foit par rapport aux tourbillons fubalternes, aufquels ils donnent la loi, foit par rapport aux
maffes fenfibles qui fe forment autour de leurs centres.

La troifiéme fuppofition que j'ai faite, c'eft qu'il n'y
a point de tourbillons dont la figure ne foit exactement
fpherique.

Mais parce que j'ai donné trop d'étenduë à chacune
de ces fuppofitions, je les corrige & les limite dans cette
Differtation ; & c'eft en les limitant que je rends raifon
du refte des Phénomenes aftronomiques, de ceux dont
je n'ai pas fait mention dans les Differtations préce-
dentes.

ARTICLE II.

On voit d'abord que fi l'éther n'eft pas infiniment
fluide, les mouvemens tranflatifs des Planetes ou ceux
de leurs tourbillons, doivent au moins éprouver quelque
altération fenfible.

Cela pofé, foit AB*ab* (*Fig.* 1.) l'Equateur du tourbillon du Soleil, RFK, QEH, OMN, les Sections des
couches fpheriques dont le Soleil placé en S occupe le
centre, GNHK le tourbillon particulier d'une Planete,
& P*p* fon axe projetté ; fi on veut que l'orbite de la
Planete foit couché fur le plan AB*ab*, & que les couches fpheriques du grand Tourbillon ayent le même
Equateur que le Soleil, & qu'elles tournent de A vers
B, il eft clair que comme les couches inférieures auront
plus de viteffe que les couches fupérieures, l'hemifphere
GTHN tourné vers S, recevra l'impreffion la plus forte,
lorfque le tourbillon GNHK avancera moins vite que la
matiere étherée, & que l'hemifphere GTHK oppofé au
centre S, éprouvera la plus grande réfiftance, lorfque

la matiere étherée aura moins de vitesse que le tourbillon de la Planete ; donc dans ces deux cas la masse entiere GNHK tournera d'Orient en Occident sur un axe parallele à celui du grand tourbillon, & dont les extremités seront censées se confondre avec les Pôles del'équateur AB*ab*, à cause de la distance indéfinie des étoiles fixes ; donc si les Pôles P & *p* ne répondent pas aux extremités de cet axe, ils seront obligés de tourner contre l'ordre de ces signes autour des Pôles du Soleil, qu'on suppose ici devoir être les mêmes que ceux de son tourbillon ; & delà naîtra la pression des équinoxes de la Planete ; c'est qu'alors les nœuds communs de son Equateur & de l'orbite qu'elle décrira, auront un mouvement rétrograde.

On voit bien que dans la supposition que l'éther manquât de fluidité, il faudroit avoir égard à la longueur des filets tangens qui frapperoient le tourbillon de la Planete ou qui lui résisteroient, & alors on se retrouveroit dans le cas de la percussion des solides ; les forces impulsives ou répulsives seroient entr'elles comme les vitesses multipliés par les filets tangens ; au lieu que dans les fluides infiniment fluides ces forces (*Diss.* 5. *Art.* 27.) doivent être comme les quarrés des vitesses. Il faut donc avoir plus ou moins d'égard à la grandeur des cercles de matiere qui font impression sur le tourbillon GNHK, suivant qu'on épaissit plus ou moins le fluide de l'éther.

Supposons maintenant que LS*l* (*Fig.* 2.) le plan de l'orbite de la Planete soit incliné sur BS*b*, le plan de l'Equateur du grand tourbillon QB*qb* vû d'un point infiniment élevé au-dessus du nœud S, & que la Planete se trouve hors du plan BS*b*, on concevra que si les parties RTN & NT*r* de l'hemisphere inférieur RN*r* étoient également frappées, ou que les parties RTn & nTr de l'hemifphere fupérieur Rnr, fuffent également repouffées, la maffe totale RNrn tourneroit fur un axe Rr perpendiculaire au rayon vecteur ST, & qu'ainfi en prenant MSm pour l'axe de l'orbite LSl, & fuppofant que le tourbillon de la Planete fût à fa plus grande latitude par rapport au plan BSb, l'axe Rr fur lequel tourneroit ce tourbillon d'Orient en Occident deviendroit parallele à l'axe MSm.

Mais on voit que dans le cas dont il s'agit, le côté NTr doit être plus frappé que le côté RTN ; car fi du centre S on décrit l'arc ef qu'on fuppofe partagé en deux arcs égaux par le plan de l'orbite LSl, quoique la matiere pouffe les points e & f avec des viteffes égales, le point f recevra cependant l'impreffion la plus forte, parce qu'il fera frappé par le plus grand filet tangent, ce qui déterminera la maffe fpherique à tourner fur un axe Zz, qui du côté de Z fera avec le rayon vecteur ST un angle plus ou moins aigu, fuivant que le centre des forces actives s'abaiffera plus ou moins au-deffousdu plan LTl ; donc en fuppofant que la Planete à fa plus grande latitude aille moins vite que la matiere, le point z rapporté au ciel des étoiles fixes, s'abaiffera au-deffous du Pôle M en s'éloignant du point Q pris ici pour le Pôle du Soleil.

Si on fuppofoit que la matiere avançât moins vite que la Planete, comme les filets tangens qui dans ce cas réfifteroient à la partie orientale cachée derriere nTr, feroient plus grands que ceux qui réfifteroient à la furface cachée derriere RTn, il eft clair que la Planete quoiqu'à fa plus grande latitude, tourneroit fur un axe Vu, qui du côté de V feroit avec le rayon ST un angle plus ou moins obtus, fuivant que le centre des forces réactives s'abaifferoit plus ou moins au-deffous du plan STn,

& qu'ainſi le point V rapporté au ciel des étoiles fixes, ſe trouveroit entre les Pôles M & Q.

Mais parce que dans un fluide tel que l'éther, la longueur des filets tangens n'ajoute preſque rien à la force de l'action ou de la réaction de la matiere, le point V ou Z qui termine l'axe autour duquel circule le Pôle de la maſſe RNrn lorſqu'elle eſt à 90 dégrés de ſes nœuds, doit ſe trouver extremement proche du Pôle M, d'où il ſuit que ſi le point C partage l'arc MQ en deux parties égales, & qu'autour de ce point on décrive une ovale étroite qui ait QM pour grand axe, la Peripherie de cette ovale pourra être priſe ſans erreur pour le lieu des différens points autour deſquels tournera le Pôle de la maſſe RNrn, pendant que cette maſſe ira de l'un de ſes nœuds à l'autre.

Puiſque dans le tems qu'une Planete fait ſa demi-révolution annuelle, ſes Pôles tournent ſucceſſivement autour de différens points pris dans le ciel, il eſt clair que ſon axe propre celui ſur lequel elle a ſon mouvement journalier, doit néceſſairement balancer tantôt dans un ſens tantôt dans un autre.

C'eſt à M. Newton qu'on doit la premiere idée du balancement annuel de l'axe de la Terre, il eſt vrai que les Aſtronomes s'étoient déja apperçûs de quelques variations periodiques dans les latitudes des étoiles fixes, mais, ſelon eux, ces variations n'étoient qu'apparentes; elles étoient ſeulement cauſées par la différence des réfractions toûjours relatives aux différentes temperatures de l'air.

Il faut remarquer que la viteſſe du mouvement circulaire des Pôles de la Planete, ne dépend point de la différence du mouvement abſolu de ſon tourbillon & du mouvement de la matiere, elle dépend de la différence de leurs mouvemens pris de même part & fuivant la direction des tangentes aux cercles que la matiere étherée décrit parallelement au plan de l'Equateur du tourbillon du Soleil; car fi Ty exprime le mouvement abfolu de la Planete dans fon orbite Ll, & que Tx exprime le mouvement de la matiere dans le cercle Dd parallelle au grand cercle Bb, on concevra qu'en abaiffant fur Dd la perpendiculaire yx, cette perpendiculaire exprimera la force avec laquelle la Planete percera les plans paralleles à l'Equateur Bb; or le mouvement Ty ainfi décompofé, il eft évident que tous les points qui dans l'hemifphere foûtenu fur le plan Dd, fe trouveront également éloignés du point G le plus élevé au-deffus de ce plan, pousseront également de toutes parts la matiere qui s'oppofera à leur mouvement fuivant la direction xy; donc l'inégalité des impreffions qui obligeront les Pôles de la Planete à tourner d'Orient en Occident, aura fon principe dans la différence des mouvemens dirigés parallelement aux plans Bb ou Dd.

Il fuit delà que pour peu que le plan de l'orbite Ll s'éleve au-deffus du plan de l'Equateur Bb, on peut fuppofer fans erreur que les filets tangens des cercles paralleles, tels que Bb & Dd, frapent toûjours la partie occidentale du tourbillon de la Planete, lors même que le mouvement abfolu de la matiere eft fuppofé moins prompt que celui du centre du tourbillon; cette fuppofition paroîtra d'autant plus legitime, qu'il fera démontré dans la fuite que les Planetes à leurs moyennes diftances, ont toûjours moins de viteffe abfoluë que la matiere.

Suppofons maintenant que le Pôle de la Planete rapporté

porté au Ciel des étoiles fixes, réponde au point P pris
sur la surface de l'hemisphere projetté QB*qb*, je dis qu'à
chaque demi-révolution annuelle de la Planete, ce Pôle
qui sera censé tourner autour du point C d'Orient en Occident, suivant la direction PI, s'approchera nécessairement
du point M, & ne cessera de s'en approcher que quand il
aura atteint le demi-cercle de latitude MB*m*, après quoi
passant dans l'hemisphere opposé, il commencera à s'éloigner de ce point, & s'en éloignera toujours de plus en plus,
jusqu'à ce qu'il atteigne le demi-cercle de latitude M*Qbm*;
ainsi en réünissant les points Z & V au point M, ce qu'on
peut toujours faire sans erreur sensible, l'arc CM déterminera la quantité de degrez dont le point P s'approchera
ou s'éloignera successivement du Pôle de l'orbite LS*l*. Il
suit delà que l'obliquité du plan de cet orbite sur celui de
l'Equateur de la Planete diminuera pendant que le Pôle P
tournera sur l'hemisphere QB*qb*, & qu'elle augmentera
lorsque ce Pôle achevera sa révolution sur la surface de
l'hemisphere opposé.

ARTICLE III.

Au reste, comme le méchanisme de la Nature ne comporte aucune précision mathematique, on ne peut gueres
présumer que les différentes couches spheriques d'un même tourbillon, ayent toutes pour axe celui de la masse
centrale qu'elles enveloppent, on a même des preuves
du contraire.

Supposons que K *(Fig.* 3.) marque le premier degré de
l'Ecrevisse, ce sera dans le colure MP*m* que se trouveront
les Pôles de la Terre; soit P son Pôle Septentrional distant
de 23 degrez 29 minutes de l'extrémité M de l'axe M*m*,
comme du tems d'Hipparque le grand cercle M*πkm*, où
étoit ce Pôle, coupoit l'Ecliptique BC en un point *k*, plus
occidental de 26ᵈ 41ᶦ 24ᶦᶦ que le point K, & qu'alors

le Pôle Septentrional de la Terre placé au point π, se trouvoit éloigné de 23^d 51^l du point M, il est clair qu'en supposant la corde Pπ coupée en deux parties égales par un grand cercle Nn, ce sera autour de l'un des points de la circonference de ce cercle qu'aura tourné le Pôle de la Terre en avançant d'Orient en Occident ; que N marque ce point, il suivra de ce qu'on vient de démontrer (*Art.* 2.) qu'en prenant Mq double de MN, le point q sera le Pôle de la couche spherique dans l'épaisseur de laquelle la Terre aura son Aphelie & son Perihelie, qu'ainsi le Pôle q & le Pôle M se trouveront partagés dans les deux hemispheres que séparera le grand cercle Nn ; ce qui sera toujours également vrai, quelle que soit la position du point N sur la circonference de ce cercle.

Maintenant que l'on prenne l'arc KF de 110 degrez, le point F marquera le dixiéme degré des Poissons ; ainsi en décrivant le grand cercle MFm, on aura le Pôle Septentrional du Soleil (*Dis. prélim. page* v.) en un point S, éloigné de 7 degrez & demi du Pôle de l'Ecliptique ; Donc puisque le Pôle S & le point q seront partagés dans les deux hemispheres que séparera le cercle Nn, l'axe du Soleil sera différent de celui que terminera le point q, ou qui passera par ce point.

Ajoûtons à cela qu'en supposant qu'on pût s'assurer d'une position intermediaire h du Pôle de la Terre, l'intersection des deux grands cercles qui couperoient perpendiculairement en deux parties égales les cordes πh & hP de l'arc πP, donneroient au juste la position du point N, & par conséquent celle du point q, & sa distance au Pole S ; on auroit donc aussi l'Equateur de la couche spherique, qui auroit q pour Pôle, & l'angle que feroit le plan de cet Equateur avec celui de l'Ecliptique.

Mais il faut observer que si le Pôle de la Terre tourne régulierement autour du point N pris entre les points M & *q*, le mouvement des nœuds de l'Equateur de la Terre pris relativement au plan de l'Ecliptique, ne peut être uniforme ; aussi la plûpart des Astronomes soupçonnent-ils maintenant que la rétrogradation des points Equinoxiaux n'est point réguliere.

ARTICLE IV.

Le mouvement des nœuds des Planetes principales, est une suite nécessaire des principes que je viens d'établir en corrigeant ma premiere supposition.

Soit encore B*b* l'Equateur de la couche spherique qu'on suppose renfermer dans son épaisseur l'Aphelie & le Perihelie de la Planete qui décrit l'orbite LS*l* (*Fig.* 4. *&* 5.) de plus, soit FG le mouvement de cette Planete dans un tems déterminé, il est clair que si ce mouvement change de direction, & que la Planete sorte de son plan du côté qui regardera l'Equateur B*b*, & qu'elle décrive FI au lieu de FG, le nœud commun S rétrogradera vers R, & qu'au contraire ce nœud avancera vers T suivant l'ordre des signes, en supposant que la Planete sorte de son orbite du côté opposé au plan B*b*, & qu'elle décrive FH au lieu de FG.

Cette observation faite, & regardant le mouvement FG (*Fig.* 6.) comme composé des mouvemens F*x* & *x*G, le premier dirigé parallelement au plan de l'Equateur B*b*, l'autre dirigé suivant la perpendiculaire sur ce plan, si on suppose que la Planete en s'approchant de l'Equateur B*b*, aille plus vîte que la matiere étherée suivant la direction F*x*, & que du mouvement F*x* soit retranché *xp*, à cause de la résistance du fluide, le nœud S rétrogradera vers R ; ou si la Planete va plus lentement que la matiere suivant la même direction, & qu'à son mouvement F*x* soit ajoûté le mouvement *xy* ; le nœud S , avancera vers T.

Ce sera le contraire quand la Planete s'éloignera du plan B*b* (*Fig.* 7.) ; car que son mouvement pris suivant la direction F*x* soit plus prompt que celui de la matiere étherée, & que de ce mouvement soit retranché *xp*, le nœud S avancera vers T ; & si le mouvemeut F*x* de la Planete est plus lent que celui de la matiere , & qu'à son mouvement soit ajoûté *xy*, le nœud S rétrogradera vers R.

Pour ce qui regarde le mouvement *x*G (*Fig.* 8.), il est clair qu'en supposant que les plans de matiere paralleles à l'Equateur B*b* lui fassent obstacle, & qu'ils le réduisent au mouvement *xz* , le nœud S avancera vers T , ou retrogradera vers R , suivant que la Planete s'approchera du plan B*b*, ou qu'elle s'éloignera de ce plan.

Au reste, nous n'avons jusqu'ici que des compensations plus ou moins exactes ; mais il est aisé de faire voir que, sans avoir égard à ces compensations, & conformément à ce que nous apprennent les observations astronomiques, les nœuds des Planetes principales doivent nécessairement se mouvoir suivant l'ordre des Signes.

On a vû (*Art.* 2.) que pour peu que la masse spherique RN*rn* (*Fig.* 2.) d'un tourbillon particulier, se trouve élevé au-dessus de l'Equateur B*b* du grand tourbillon , la partie NT*r* de l'hemisphere inférieur, & la plus voisine du plan de l'Equateur B*b* , est toûjours plus frapée que la partie RTN du même hemisphere ; donc puisque le centre des forces se trouve au-dessous de ST , il faut que, suivant la loi commune de la percussion, le centre de la masse s'éleve au-dessus du plan de l'orbite L*l* , & qu'il sorte de ce plan du côté opposé au plan de l'Equateur B*b* ; donc, soit que la Planete s'éloigne, ou qu'elle s'approche de cet Equateur, les nœuds de son orbite doivent nécessairement se mouvoir suivant l'ordre des Signes. Il en seroit de même si on supposoit que la Planete avançât plus vîte que la matiere, c'est qu'alors la partie occidentale cachée derriere *n*T*r* éprouveroit une plus grande résistance (*Art.* 2.) que la partie cachée derriere RT*n*, & qu'ainsi le centre des forces répulsives se trouveroit encore au-dessous de la ligne ST*n*.

Plus une Planete s'éleve au-dessus du plan de l'Equateur B*b*, plus les impressions que reçoivent les parties NT*r* NTR, *n*T*r* *n*TR sont inégales, & plus par conséquent la Planete doit s'écarter du plan L*l* du côté opposé à celui qui regarde l'Equateur B*b*.

Plus une Planete s'éleve au-dessus de son plan dans un tems donné, plus ses nœuds doivent avancer ; car que la Planete en partant du point F (*Fig.* 9.) sorte de son orbite L*l*, & qu'elle décrive l'arc FH dans le tems qu'elle employeroit à décrire l'arc FG, son nœud S pris sur l'Equateur B*b* avancera de S en T ; mais si on supposoit que dans un tems égal elle s'élevât jusqu'au point K, son nœud avanceroit de S en V.

Comme la force qui oblige la Planete à s'élever au-dessus du Plan L*l* lui est continuellement appliquée, il est clair que la hauteur à laquelle elle s'éleve en tendant à décrire un arc déterminé FG de son orbite L*l*, est proportionnelle à la force qui la pousse, multipliée par le quarré du tems qu'elle employeroit à parcourir l'arc FG ; or si on suppose que les différences des filets tangens & les directions de leurs mouvemens restent les mêmes, la force qui obligera la Planete à s'élever au-dessus du plan L*l*, ne dépendra plus que de la différence de sa vitesse & de celle de la matiere ; cette force sera donc proportionnelle à la vitesse respective élevée à une puisfance qui aura pour expofant un nombre plus petit que 2 (*Diff.* 5.) puifque la fluidité de l'éther n'eft pas infinie, & plus grande que 1, puifque l'éther eft fluide ; ainfi en défignant ce nombre par $2 - x$, & nommant u la viteffe refpective ou la différence des viteffes, & t le tems de la révolution de la Planete ou celui qu'elle employeroit à décrire un arc déterminé de fon orbite, on aura $u^{2-x} \times tt$ proportionnel à la force qui obligera la Planete à s'élever au-deffus du plan Ll ; mais fi la viteffe u devenoit nu, expreffion où l'on fuppofe que n marqueroit un nombre pofitif, entier ou rompu, la force qu'auroit la Planete pour s'élever au-deffus de fon orbite deviendroit $\overline{n^{2-x}\, u^{2-x}} \times \dfrac{tt}{nn}$: & fi n exprimoit un nombre plus petit que 1, comme dans ce cas $\overline{n^{2-x}\, u^{2-x}} \times \dfrac{tt}{nn}$ furpafferoit $u^{2-x} \times tt$, le mouvement angulaire des nœuds pris relativement au tems de la révolution de la Planete en deviendroit plus grand.

Que l'orbite Ll vint à s'étendre, il eft clair qu'afin que le mouvement angulaire de fes nœuds reftât toûjours le même, il faudroit que la viteffe de la Planete & celle de la matiere augmentâffent dans la même proportion qu'augmenteroit le diametre de l'orbite ; mais fi ces viteffes diminuoient, comme en effet elles diminuent dans la Nature (*Diff.* 6. *Art.* 17.), je dis que, fuivant ce qui vient d'être démontré, le mouvement angulaire des nœuds de la Planete pris relativement au tems de fa révolution autour du Soleil en deviendroit plus grand ; ce mouvement furpafferoit donc celui qu'auroient fes nœuds, en fuppofant qu'elle parcourut l'orbite la moins étenduë.

Il fuit delà que, plus les Planetes font élevées, toutes chofes fuppofées égales d'ailleurs, plus leurs nœuds doivent avancer dans les tems refpectifs qu'elles employent à faire leurs révolutions autour du Soleil.

ARTICLE V.

Le même méchanifme qui fait mouvoir les nœuds des Planetes, fait encore varier l'inclinaifon des plans de leurs orbites ; car qu'une Planete forte du plan de la fienne du côté oppofé à celui qui regarde l'Equateur de la couche fpherique dans laquelle elle fait fa révolution, on voit qu'il faut de néceffité que l'angle que font les deux plans, ou s'ouvre, ou fe refferre, fuivant que la Planete ou s'éloigne, ou s'approche du nœud dont fon lieu phifique eft le plus voifin ; car, qu'en s'approchant du plan Bb (*Fig.* 4.) elle décrive l'arc FH, au lieu de l'arc FG, l'angle FTB deviendra plus aigu que l'angle FSB ; mais qu'en s'éloignant du plan Bb (*Fig.* 5.) elle décrive l'arc FH, au lieu de l'arc FG, l'angle FTb deviendra plus ouvert que l'angle FSb ; ainfi que la Planete parte de fon nœud S, & qu'elle s'en éloigne de 90 dégrés, l'angle que fera le plan de fon orbite avec le plan Bb, s'ouvrira de plus en plus ; qu'elle aille enfuite jufqu'au nœud oppofé à celui dont elle étoit partie, l'angle que feront les deux plans fe refferrera autant qu'il s'étoit ouvert.

Quelque foible que foit la caufe du mouvement des nœuds d'une Planete, comme ce mouvement fubfifte toûjours le même, & que rien n'en change la direction, fa trace doit enfin devenir fenfible. Il n'en eft pas ainfi du changement d'inclinaifon de l'orbite de la Planete ; il ne peut donner prife aux obfervations comparées, à cause du court espace de tems dans lequel se font les oscillations de l'orbite, c'est que chaque balancement ne dure que le tems qu'employe la Planete à faire à peu près le quart de sa révolution.

On verra dans la suite qu'une cause supérieure à celle qui fait mouvoir les nœuds des Planetes principales suivant l'ordre des Signes, oblige ceux de la Lune à se mouvoir en sens contraire ; on verra aussi que le balancement sensible de l'orbite de cette Planete subalterne naît du principe d'où se tire la prompte rétrogradation de ses nœuds.

ARTICLE VI.

Ainsi en limitant ma premiere supposition, en supposant que la matiere ait quelque prise sur les Planetes par son mouvement translatif, on voit qu'elle doit faire varier & la position de leurs axes, & celle des plans de leurs orbites. J'ajoute qu'elle doit encore altérer la proportion des tems & des aires que décrivent leurs rayons vecteurs ; c'est qu'il est démontré (*Diff. 3. Art. 6.*) qu'afin que cette proportion fût éxactement gardée, il faudroit que les Planetes circulassent comme si elles étoient dans le vuide, & qu'elles ne fussent que pesantes.

ARTICLE VII.

Ma seconde supposition a pareillement besoin d'être limitée, car un tourbillon quelque grand qu'il soit, n'a jamais qu'un rapport fini avec les tourbillons particuliers ausquels il donne la loi, ou avec la masse sensible qui se forme autour de son centre ; mais cela supposé on voit que les Planetes ne peuvent recevoir toute la vitesse réactive des colonnes qui les poussent vers le centre

commun

commun des tendances ; car que le corps C ayant un dégré de vitesse, frappe le corps P supposé en repos, la vitesse communiquée au corps P dans l'instant du choc, fera à la vitesse du corps C avant le choc, comme $\frac{C}{C+P}$ à $\frac{C}{C}$; donc en supposant que le rapport de C à P soit fini, la vitesse $\frac{C}{C+P}$ qu'acquérera la masse P fera plus petite que la vitesse primitive $\frac{C}{C}$.

A R T I C L E VIII.

Il suit delà que le rapport des différentes pesanteurs d'une même Planete qui en décrivant son orbite elliptique, s'approche ou s'éloigne du centre vers lequel elle est poussée, est toûjours plus grand que le rapport renversé des quarrés de ses distances à ce centre ; car soit P la masse du tourbillon particulier d'une Planete qui décrit l'orbite R*r*H (*Fig.* 10.) autour du centre F du grand tourbillon ABC, si on nomme R la distance FR, *r* la distance F*r*, C la colonne RA, & B la colonne *r*B, il est évident qu'en supposant que le rayon R soit plus grand que le rayon *r*, la colonne C fera plus petite que la colonne B ; or suivant ce qu'on a démontré (*Diss.* 2. *Art.* 15. *& Diss.* 6. *Art.* 73.) l'impression que recevra la masse P au point R, fera à celle qu'elle recevra au point *r*, comme $\frac{C}{C+P} \times \frac{1}{RR}$ à $\frac{B}{B+P} \times \frac{1}{rr}$; donc puisque la fraction $\frac{C}{C+P}$ fera plus petite que la fraction $\frac{B}{B+P}$, le rapport des pesanteurs de la Planete aux points

R & *r*, comme aux autres points de fon orbite, fera toujours plus grand que le rapport renverfé des quarrés des diftances FR & F*r*, ce qui dérogera au principe que fuppofe la feconde partie de la loi de Kepler; c'eft-à-dire que les traces Elliptiques du mouvement des Planetes feront alterées; mais de quelle façon le feront-elles? c'eft ce que nous allons examiner.

ARTICLE IX.

D'abord il faut obferver que fi une Planete, pefant toûjours vers F (*Fig.* 11.) & partant d'un point quelconque R, tend à décrire dans un inftant la ligne infiniment petite RT, faifant avec le rayon FR un angle déterminé, & que du point où elle doit arriver en conféquence de fa viteffe RT & de fa force centripete, on abaiffe une perpendiculaire fur FR, cette perpendiculaire fera toujours égale à elle-même, quelque viteffe qu'ait la Planete pour s'approcher du foyer F; car qu'elle s'en approche avec la force centripete R*x*, elle décrira la diagonale RV; qu'elle s'en approche avec la force R*y*, elle décrira la diagonale R*v*, donc les lignes R*xy*F, & TV*v* étant paralleles, les perpendiculaires VK & UQ feront égales.

ARTICLE X.

Il faut encore obferver que les Parametres des différentes Sections dont la Planete pourra décrire l'Element en partant du point R avec une viteffe & une direction exprimée par RT, feront entr'eux en raifon renverfée des forces centripetes, avec lefquelles ces différentes fections pourront être décrites; car fuppofant les mêmes chofes que dans l'Article précédent, &

nommant Rx x, Ry y, VK & UQ K, si RV est l'Element de la Section que commence à décrire la Planete avec la force centripete x, le Parametre de cette Section égalera (*Diss.* 7. *Art.* 26.) $\frac{KK}{x}$; de même si RU est l'Element de la section que commence à décrire la Planete avec la force centripete y, le Parametre de la Section sera $\frac{KK}{y}$; donc en nommant P & p ces Parametres, on aura P, $p :: \frac{KK}{x}, \frac{KK}{y} :: \frac{1}{x}\ \frac{1}{y} :: y, x.$

Il suit delà qu'une Planete dont les chutes initiales ne sont pas en raison renversée des quarrés des distances au centre commun des circulations, est continuellement sollicitée à décrire des Sections différentes ; que la Planete tende à parcourir la ligne RT (*Fig.* 12.) avec sa vitesse acquise au point R, & que dans le même instant elle tende encore à parcourir la ligne Rx en conséquence de sa pesanteur vers le point F, on concevra que pour obéir aux deux impressions à la fois, elle décrira l'Element RV de l'Ellipse ARVa ; ainsi dans l'instant suivant, elle tendra à décrire la ligne Vt égale à la ligne RV dont elle sera le prolongement ; or si la Planete en partant du point V, est poussée vers F avec une force VN qui soit à Rx en raison renversée des quarrés des distances FV & FR, elle décrira un second élement VS de la même Section ARVa ; mais si elle est poussée vers F avec une force VM différente de la force VN, la trace Vq de son mouvement dans le second instant deviendra l'Element d'une Section dont le Parametre sera différent de celui de la Section ARVa ; qu'on nomme X la force VN, mX la force VM, & p le Parametre de la Section ARV*a*, il eſt clair qu'en faiſant

cette proportion, $\frac{1}{X}$, $\frac{1}{mX} :: p, \frac{p}{m}$, on aura $\frac{p}{m}$ pour

le Parametre de la nouvelle Section que la Planete commencera à décrire en partant du point V ; donc ſi les chutes R*x* & VM ne ſont pas en raiſon renverſée des quarrés des diſtances RF & VF au centre F, il faut que la Planete ſoit continuellement ſollicitée à décrire des Sections différentes.

ARTICLE XI.

Ces obſervations faites, je dis que puiſque les différentes peſanteurs des Planetes ſuivent un plus grand rapport que le rapport renverſé des quarrés de leurs diſtances au centre commun vers lequel ſont dirigées leurs chutes initiales, les apſides des orbites qu'elles décrivent, doivent ſe mouvoir continuellement en avançant ſuivant l'ordre des Signes ; car ſuppoſant qu'une Planete, en allant de ſon Aphelie vers ſon Perihelie, eut décrit l'Element RV (*Fig.* 13.) de la Section ARV*a* avec la viteſſe RT & la force centripete R*x*, ſi cette Planete arrivée au point V, étoit pouſſée vers le foyer F avec une force centripete qui fût à R*x* en raiſon renverſée des quarrés de ſes diſtances RF & VF, elle continueroit de décrire la même Section ; ainſi en nommant *t* la perpendiculaire menée du foyer F ſur la tangente au point V, *r* le rayon FV, *f* le rayon V*f* qui aboutiroit au foyer *f*, & *p* le Parametre de la Section, on auroit

(*Diff.* 7. *Art.* 17.) $f = \frac{prr}{4tt - pr}$; mais parce que les colonnes s'alongeroient continuellement depuis l'Aphelie juſqu'au Perihelie, SV ſurpaſſeroit QR ; ainſi (*Art.* 8.)

l'impreſſion que la colonne SV feroit ſur la Planete au point V, ſeroit à l'impreſſion Rx dans une plus grande raiſon que la raiſon renverſée des quarrés des diſtances FR & FV ; donc (*Art.* 10.) le Parametre de la Section que commenceroit à décrire la Planete en partant du point V, deviendroit plus petit que celui de la Section ARVa. Suppoſons, par exemple, que m exprimant un nombre plus grand que l'unité, la force centripete de la Planete au point V fût à celle qu'elle devroit avoir à ce point pour continuer à décrire la même Section, comme mX à X, le Parametre p deviendroit (*Art.* 10.) $\frac{p}{m}$ plus petit que p, donc la ligne Vf ou f s'accourciroit, elle ne vaudroit plus que $\frac{prr}{4mtt-pr}$; ainſi en ſuppoſant qu'elle égalât Vg, le point g deviendroit le ſecond foyer de la nouvelle Section que la Planete commenceroit à décrire en partant du point V ; donc l'axe $a\mathcal{S}$ de cette Section paſſeroit par les points F & g, & paroîtroit avoir fait avec l'axe aA le mouvement angulaire AF$\mathcal{S}$, ſuivant l'ordre des Signes.

Article XII.

Il eſt évident que le contraire arriveroit dans la ſuppoſition que le rapport des différentes peſanteurs d'une Planete fût plus petit que le rapport renverſé des quarrés de ſes diſtances au foyer F ; c'eſt qu'alors m valant moins que l'unité dans l'expreſſion $\frac{prr}{4mtt-pr}$ le rayon f s'alongeroit ; ainſi en ſuppoſant qu'il égalât VG (*Fig.* 14.) le mouvement angulaire des apſides deviendroit rétrograde ; mais parce que dans un tourbillon ſpherique les

colonnes qui pefent fur une Planete, s'alongent néceffairement depuis fon aphelie jufqu'à fon Perihelie, c'eft
toûjours fuivant l'ordre des Signes que fe meuvent les
apfides de fon orbite.

Article XIII.

Il fuit de ce qui vient d'être démontré que plus les
colonnes qui s'appuyent fur les différens points de l'orbite que décrit une Planete, s'éloignent du rapport d'é-
galité, plus les apfides de cette orbite doivent avancer
dans le tems d'une révolution.

Article XIV.

Si dans un tourbillon ABC on imagine deux orbites
R*r*H, *dgh* femblables (*Fig.* 10.) mais inégales en grandeur, les colonnes AR, B*r*, CH qui s'appuyeront fur les
points R, *r*, H, s'éloigneront plus du rapport d'égalité
que les colonnes A*d*, B*g*, C*h* qui répondront aux points
correfpondans *d*, *g*, *h* ; donc dans le tems d'une révolution les apfides de l'orbite R*r*H auront un mouvement
angulaire plus grand que ceux de l'orbite *dgh*.

Comme dans le tourbillon du Soleil les différentes
excentricités ne fuffifent pas pour mettre entre les colonnes qui s'appuyent fur les points des orbites inférieures un rapport d'inégalité auffi grand que celui qu'ont
entr'elles les colonnes qui s'appuyent fur les points correfpondans des orbites fupérieures, il eft évident que
les apfides de celles-ci doivent plus avancer dans le tems
d'une révolution que ceux des orbites inférieures, ce
qui en effet s'accorde affez bien avec les obfervations
comme on le peut voir dans la Table fuivante.

*Mouvemens des Aphelies déterminés pour le tems
de la révolution de chacune des Planetes.*

SATURNE	40'	4"
JUPITER	18	40
MARS	2	8
LA TERRE	1	2
VENUS		53
MERCURE		24

Le tourbillon de la Terre étant peu étendu, & la Lune ayant une excentricité affez confidérable par rapport à la grandeur de fon orbite, les colonnes qui la repouffent continuellement vers la Terre doivent être très inégales, de plus, leurs maffes ne peuvent pas furpaffer de beaucoup celle du tourbillon de la Lune; il faut donc qu'elles faffent fur ce tourbillon des impreffions qui s'éloignent bien plus du rapport renverfé des quarrés des diftances que les impreffions réactives que reçoivent les Planetes qui circulent dans le tourbillon du Soleil; auffi les apfides de l'orbite de la Lune avancent-ils fuivant l'ordre des Signes à peu près de trois dégrés dans le tems d'une révolution.

ARTICLE XV.

Au refte l'inégalité des colonnes qu'on fuppofe avoir un rapport fini avec la maffe du tourbillon d'une Planete, doit être limitée, afin que la Planete ne s'approche pas infiniment du centre de fa circulation, ou qu'elle ne s'éloigne pas infiniment de ce centre, ce qui arriveroit fi le rapport des viteffes réactives plus grand que le rapport renverfé des quarrés des diftances, venoit à égaler le rapport renverfé des cubes de ces diftances.

ARTICLE XVI.

Pour exprimer le rapport que les masses des colonnes ont avec celles des tourbillons sur lesquels elles réagissent, il faut avoir égard aux densités respectives de ces masses ; car suivant ce que j'ai déja démontré (*Diss.* 6. *Art.* 32.) la masse totale de l'éther pourroit être réduite à la moindre quantité possible ; ainsi on seroit en droit de supposer que celle du corps d'une Planete seroit indéfiniment plus grande que la masse que renfermeroit un égal volume de matiere étherée ; donc la matiere propre des Planetes augmente considérablement la masse des tourbillons qui les envelopent, ce qui fait le même effet que si elle augmentoit leurs densités : on peut donc supposer que ces tourbillons pris conjointement avec leurs masses centrales, sont beaucoup plus denses que les colonnes qui réagissent sur eux. Cela posé, soit x la hauteur de la colonne ABEG (*Fig.* 15.), d sa densité, r le rayon du tourbillon BHEK, c sa circonférence, & D sa densité, la masse ABHEG sera à celle du tourbillon BKEH comme $\dfrac{xcrd}{2} - \dfrac{crrd}{3}$ à $\dfrac{2crrD}{3}$, ou comme $3xd$ à $4rD$, en négligeant d'avoir égard au volume BHE retranché du volume ABEG.

ARTICLE XVII.

Le rayon r & la proportion des masses restant les mêmes, plus la densité du tourbillon l'emporte sur celle de la colonne, plus cette colonne doit s'élever. Supposons, par exemple, que les masses fussent entr'elles comme 60 à 1, cette proportion $3xd$, $4rD :: 60, 1$ donneroit $xd = 80 \times rD$; ainsi que les densités fussent
égales,

égales, x la hauteur de la colonne ne vaudroit que 80 fois le rayon du tourbillon, au lieu qu'elle vaudroit huit mille fois ce rayon, en fuppofant que la denfité D fut cent fois plus grande que la denfité d.

ARTICLE XVIII.

La hauteur de la colonne & la proportion des denfités reftant les mêmes, le rapport des maffes doit fuivre la proportion inverfe des rayons, ce qui eft évident ; car fi on fuppofe, par exemple, que r devienne $\frac{r}{3}$, le rapport $\frac{3xd}{4rD}$ deviendra $\frac{9xd}{4rD}$, on aura donc $\frac{3xd}{4rD}$ à $\frac{9xd}{4rD}$ comme 1 à 3.

ARTICLE XIX.

En fuppofant encore que les maffes des tourbillons particuliers des Planetes, ont un rapport fini avec celles des colonnes qui les frapent, il eft aifé de s'appercevoir que les tems de leurs révolutions font plus longs que ceux des révolutions de la matiere ; qu'une Planete ♄ (*Fig.* 16.) fuppofée à fa moyenne diftance du Soleil S, vint à décrire le cercle ♄A, il eft démontré (*Diff.* 7. *Art.* 30.) que le tems qu'elle employeroit à faire fa révolution autour de ce cercle, feroit égal à celui qu'elle employe à parcourir fon orbite elliptique ; or nommant R la diftance S♄, C la maffe de la colonne C♄ qui fraperoit la Planete, p celle de la Planete, u fa viteffe tranflative, τ le tems de fa révolution, V la viteffe tranflative de la matiere, & T le tems de fa révolution ; puifque dans le cercle les forces centrifuges & centripetes font égales entr'elles, celles de la matiere feroient aux forces centrifuges & centripetes de la Planete comme $\frac{VV}{R}$ à $\frac{uu}{R}$ comme VV à uu, ou comme les finus verfes des arcs infiniment petits décrits par la matiere, aux chutes initiales de la Planete ; mais (*Diff.* 2. *Art* 16.) par la loi de la percuffion $\frac{CVV}{C+p}$ égaleroit uu, on auroit donc $V, u :: \sqrt{C+p}, \sqrt{C}$; or les diftances fuppofées les mêmes, les tems font toujours entr'eux en raifon renverfée des viteffes tranflatives ; donc on auroit auffi $\frac{1}{T}, \frac{1}{\tau} :: \sqrt{C+p}, \sqrt{C}$, ou $\tau, T :: \sqrt{\frac{1+p}{C}}, \sqrt{1}$.

Donc le tems de la révolution de la Planete dans fon orbite elliptique, fera plus long que celui de la matiere dans le cercle ♄A.

Article XX.

J'ajoute à cela que plus les Planetes font proches du Soleil, toutes chofes fuppofées égales d'ailleurs, (car on n'a rien de déterminé, ni fur la grandeur des tourbillons qui les envelopent, ni fur leurs denfités) J'ajoute donc que plus elles font proches du Soleil, moins les tems de leurs révolutions different de ceux des révolutions de la matiere ; car que la Planete ♃ à fa diftance S♃, plus petite que S♄, vienne à décrire le cercle ♃B, fi on nomme encore V & u les viteffes tranflatives de la matiere & de la Planete, T & τ les tems de leurs révolutions, & que b exprime l'alongement ♄♃ de la colonne C♄, on aura $\tau, T :: \sqrt{\frac{1+p}{C+b}}, \sqrt{1}$; or $\sqrt{\frac{1+p}{C+b}}$

s'approchera plus de l'unité que la quantité $\sqrt{1+\dfrac{p}{c}}$; donc plus les Planetes sont proches du Soleil, toutes choses supposées égales d'ailleurs, moins les tems de leurs révolutions s'écartent des tems des révolutions de la matiere, toujours proportionnels aux racines des cubes des distances.

ARTICLE XXI.

Les observations astronomiques justifient ce qui vient d'être dit dans les deux articles précedens. On sçait que suivant Kepler, la proportion des distances moyennes des Planetes au Soleil exprimée en nombres, donne

Pour		
	♄	951000
	♃	519650
	♂	152350
	♁	100000
	♀	72400
	☿	38806

On sçait aussi que suivant cet Astronome, les tems des révolutions réduits en jours & en parties décimales de jours, donnent

Pour		
	♄	10759ᴶ:2072
	♃	4332:6177
	♂	686:9805
	♁	365:2426
	♀	224:7395
	☿	87:9683

Or comme la colonne qui pese sur Mercure est la plus élevée, on peut supposer que sa masse est indéfiniment grande par rapport à celle du tourbillon de la Planete ; on peut donc supposer aussi que les chutes initiales de ce tourbillon font égales aux réactions de la matiere, & qu'ainsi le tems de la révolution de la matiere est à peu près le même que le tems de la révolution de la Planete ; en effet, le rapport de ces tems étant celui qui doit s'approcher le plus du rapport d'égalité, il peut être censé s'y réduire ; mais les tems des révolutions de la matiere suivent la loi de Kepler ; on aura donc les rapports qu'offre la table suivante.

TEMS des révolutions des Planetes.	TEMS des révolutions de la matiere.	DIFFERENCES.	RAPPORTS.		
♄ 10759^J:2072	10672^J:0697	87^J:1375	100 000		99 190
♃ 4332:6177	4310:6654	21:9523	100 000		99 493
♂ 686:9805	684:2922	2:6883	100 000	à	99 609
⊕ 365:2426	363:8964	1:3462	100 000		99 632
♀ 224:7395	224:1742	:5653	100 000		99 748
☿ 87:9683	87:9683	0	100 000		100 000

Donc par les observations, 1°. les tems des révolutions des Planetes font plus longs que ceux des révolutions de la matiere ; 2°. le rapport de ces tems se rapproche du rapport d'égalité, à mesure que les distances diminuent.

ARTICLE XXII.

Je ne puis me défendre de faire voir ici que dès qu'il est constaté que les tems des révolutions des Planetes supérieures font plus longs que ceux que demande la loi de Kepler, le principe de l'attraction mutuelle devient plus que suspect.

Suivant M. Newton les forces attractives font en raison

directe des masses qui attirent , & en raison inverse des quarrés des distances de celles qui sont attirées ; ainsi les masses sont entr'elles en raison composée des approches initiales des corps sur lesquels elles agissent, & des quarrés de leurs distances à ces corps.

Par-là on peut comparer les masses des Planetes que d'autres accompagnent.

Soit M la masse du Soleil , m celle de la Terre , R leur distance respective , S le sinus verse de l'arc que décrit la terre dans un tems indéfiniment petit, s le sinus verse de l'arc que décrit la Lune dans un tems égal, & r la distance de cette Planete à la Terre, on aura M, m :: SRR, srr, & en nommant V & u les vitesses, T & t les tems des révolutions, on aura (*Diss. 6. Art.* 32.)

$$ \text{M}, m :: \text{VVR} , uur :: \frac{\text{R}^3}{\text{TT}} , \frac{r^3}{tt} , \text{ patce que VV sera} $$

à uu comme $\dfrac{\text{RR}}{\text{TT}}$ à $\dfrac{rr}{tt}$.

Ce principe posé, M. Newton fait voir que la masse de la Terre n'est pas la deux cens milliéme partie de celle du Soleil ; or les masses de Mercure , de Venus. & de Mars , doivent répondre à peu près à celle de la Terre ; donc on peut supposer sans erreur, que le centre du Soleil est le centre commun de gravité de sa masse , & de celle de chacune de ces Planetes prises séparément ;.

Donc si elles pesent toutes suivant le rapport renversé des quarrés de leurs distances au centre du Soleil, il faut que les tems de leurs révolutions répondent éxactement à ceux que demande la loi de Kepler ; car soit F la force centripete d'une Planete , V sa vitesse, R sa distance, & T le tems de sa révolution , on aura E

$= \dfrac{VV}{R} = \dfrac{R}{TT}$ (*Diff.* 6. *Art.* 1.) & fi F eft pareillement

égal à $\dfrac{1}{RR}$, T égalera $\sqrt{R^3}$; donc le tems de la révolution de la Planete fera proportionnel à la racine quarrée du cube de fa diftance au Soleil.

Mais voyons fi dans l'hipotèfe de l'attraction mutuelle, les tems qu'employeroient les Planetes fupérieures à décrire leurs orbites, fuivroient la même proportion ; prenons, par exemple, Jupiter. Suivant M. Newton, la maffe de cette Planete feroit à celle du Soleil comme 1 à 1067 ; cela pofé, foit S le Soleil, (*Fig.* 17.) P Jupiter, O leur centre commun de gravité, PQZ l'orbite que parcoureroit Jupiter pendant que le Soleil décriroit SKF, PHI l'orbite que décriroit la Planete fi fa maffe devenoit infiniment petite par rapport à celle du Soleil, ou ce qui revient au même, fi le centre O joignoit le centre S ; il eft clair que, fuivant le principe de l'attraction, le tems dans lequel l'orbite PHI feroit décrite, répondroit aux tems des révolutions des Planetes inférieures, & qu'il feroit plus long que celui qu'employeroit Jupiter à décrire l'orbite PQZ ; car nommant T & t les tems des deux différentes révolutions, R & r les diftances SP & OP, on auroit (*Diff.* 4. *Art.* 24.) T, t :: $\sqrt{R}$, $\sqrt{r}$; donc, fuivant le principe de l'attraction mutuelle, loin que les tems des révolutions des Planetes fupérieures dûffent être plus longs que ceux que demanderoit la loi de Kepler, comme ils le font en effet, ces tems deviendroient néceffairement plus courts. Un faux principe fe décele toujours par plus d'un endroit.

ARTICLE XXIII.

Comparons maintenant le tems de la révolution de la Lune avec celui de la matiere.

On a démontré (*Diss.* 8. *Art.* 42.) qu'un corps qui n'auroit point de force centrifuge tomberoit à notre latitude de 544^l: 346 992, ou de $3^{pds.}$ $9^{pouc.}$ 4^l: 346 992 dans une demi-feconde; tel eft donc le finus verfe de l'arc pris fur un grand cercle, & décrit dans un tems égal par la matiere étherée vers la furface de la Terre: or la viteffe tranflative devant être moyenne proportionnelle entre ce finus & le diametre du grand cercle (*Diss.* 6. *Art.* 1.), fi on fuppofe qu'à notre latitude la longueur du rayon de la Terre foit de 19. 606 $745^{pds.}$ telle que la donnent les mefures de M. Picard (*Diss.* 8. *Art.* 42.) on trouvera qu'à l'extremité de ce rayon la matiere parcourt $12175^{pds.}$ $2^{pouc.}$ dans une demi-feconde; mais on a vû (*Diss.* 6. *Art.* 17.) que dans un tourbillon, les viteffes tranflatives font en raifon renverfée des racines des diftances au centre commun des circulations; de plus, on fçait par les obfervations les plus recentes, que la moyenne diftance de la Lune eft au plus de 59: 765 demi-diametres moyens de la Terre ou de 1. 171 931 287 pieds; donc à cette diftance la matiere parcourt $1574^{pds.}$ $9^{pouc.}$ dans une demi-feconde, donc elle doit faire fa révolution en 27^j 1^h 25^l, au lieu que la Lune ne fait la fienne qu'en 27^j 7^h 43^l 5^{ll} ce qui fuppofe que fa viteffe foit à celle de la matiere comme 10. 000 à 10. 097.

ARTICLE XXIV.

Le rapport de ces viteffes & celui des tems peuvent également fervir à déterminer le rapport des réactions

de la matiere & des chutes initiales de la Lune ; car aux
mêmes diftances les finus verfes font en raifon directe
des quarrés des viteffes, ou en raifon renverfée des quarrés des tems ; donc les chutes initiales de la Lune, font
aux finus verfes des arcs que décrit la matiere, comme
10000 à 10195 ; donc la maffe de la Lune, ou
celle de fon tourbillon ne reçoit qu'une partie de la viteffe réactive de la matiere étherée ; donc les chutes des
corps qui font voifins de nous, font aux chutes de la
Lune dans un plus grand rapport que le rapport renverfé des quarrés de leurs diftances au centre de la Terre;
auffi vient-on de voir que pendant que les chutes totales font ici de $3^{pds.}$ $9^{pouc.}$ 4^1: 346 992 dans une demi-
feconde, celle de la Lune n'eft que de 0^1: 149 450 dans
un tems égal, & non de 0^1: 152 364 telle qu'il faudroit qu'elle fût pour rentrer dans l'analogie que demanderoit la loi de Kepler.

Ce Phénomene fe concilie avec les principes que je
viens d'établir, & devient parfaitement analogue à ce
que nous offre la théorie des Planetes principales.

ARTICLE XXV.

Si on fuppofoit que les chutes proches de la furface
de la Terre dûffent répondre à celles de la Lune, on
trouveroit qu'à notre latitude les corps en obéïffant à
leur pefanteur abfoluë, ne tomberoient dans une demi-
feconde que de $3^{pds.}$ $8^{pouc.}$ 5^1: 935 050, & que par leur
pefanteur réduite, ils ne tomberoient que de $3^{pds.}$ $8^{pouc.}$
5^1: 118 717, d'où il fuit que le Pendule qu'on fçait être de
$3^{pds.}$ $0^{pouc.}$ 8^1: 57, ne feroit plus que de $3^{pds.}$ $0^{pouc.}$ 0^1: 129
755, & qu'ainfi il feroit accourci de 8^1: 440 245, ce
qu'il eft aifé de juftifier.

Nommant

Nommant

   r le rayon de la Terre à notre latitude,

   R la moyenne diftance de la Lune

   t la quantité de demi-fecondes qu'employe la Lune à faire fa révolution par rapport aux étoiles fixes.

   f la force centrifuge proche de nous, & prife par rapport au centre de la Terre.

   Z la quantité irrationnelle qui multipliant le rayon, donne la circonférence du cercle.

   s la quantité qui divifant la chute des corps, donne la longueur du Pendule.

On aura la circonférence du cercle que décriroit la Lune à fa moyenne diftance - - - - - $= RZ$

Le chemin que feroit la Lune dans une demi-feconde - - - - - - - $= \dfrac{RZ}{t}$

Sa chute ou le quarré de fa viteffe divifé par le double du rayon R - - - $= \dfrac{RZZ}{2tt}$

La chute totale des corps qui font voifins de nous - - - - - $= \dfrac{R^3ZZ}{2rrtt}$

Leur chute réelle - - - $= \dfrac{R^3ZZ}{2rrtt} - f$

La longueur du Pendule - - $= \dfrac{R^3ZZ}{2rrtts} - \dfrac{f}{s}$

Mais

r, fuivant les mefures de M. Picard (*Diff.* 8. *Art.* 42.) $= 19606745^{pds.}$ $= 2823371280000000$ million-niéme de ligne - - *Log.* 15. 4507679774

R, suivant M. de la Hire $= 59 : 765$
demi-diametres moyens de la Terre
$= (Diff. 8. Art. 42.) \; 59 : 765 \times 19$
608 990 $= 1171931287$ pieds
$= 168\ 758\ 105\ 328\ 000\ 000$
millionniéme de ligne   - -   *Log.* 17. 2272646410
t, $= 4721170$ demi-fecondes, *Log.* 6. 6740496389
f, (*Diff.* 8. *Art.* 42.) $= 0^{l} : 816\,333$ *Log.* 5. 9118672783
$$Z = \frac{6283185307}{1000000000} \qquad - \quad - \quad - \quad Log. \;.7981798683$$

$$s, \;(Diff.\;8.\;Art.\;22.) \quad = \frac{ZZ}{32} \; - \; - \; Log. \;.0\;9120975\,83$$

Donc fi on met ces valeurs à la place des quantités
que renfermeront les formules $\dfrac{R^3 ZZ}{2rrtt} - f$ & $\dfrac{R^3 ZZ}{2rrtts} - \dfrac{f}{s}$
on trouvera qu'en fuppofant que la chute des corps à
notre latitude, dût répondre aux chutes de la Lune, ces
corps tomberoient dans une demi-feconde de 533^{l} :
935050 ou de $3^{pds.}\ 8^{pouc.}\ 5^{l} : 935050$, & que le Pendule
feroit de $432^{l} : 129755$, ou de $3^{pds.}\ 0^{pouc.}\ 0^{l} : 129755$, &
par conféquent de $8^{l} : 440245$ plus court que le Pen-
dule déterminé par M. de Mairan.

<h2 align="center">A R T I C L E XXVI.</h2>

Mais on va voir que fi la Terre pefoit vers la Lune,
comme la Lune pefe vers la Terre, conformément au
principe fur lequel M. Newton fait rouler fon fiftême,
le chemin que feroient les corps en tombant, auffi-bien
que le Pendule, demanderoient à être beaucoup plus
accourcis qu'ils n'auroient befoin de l'être, en donnant
à la Lune toute la chute refpective des deux maffes.

Je fuppofe d'abord que deux corps T & L (*Fig.* 18.)

attachés aux extremités d'un levier, ayent leur centre
commun de gravité au point O, & que le corps L
tende à se mouvoir suivant la direction LB ; il est démontré que le centre O avancera sur la ligne O*q* parallele à la ligne LB, & cela pendant que les deux
corps circuleront autour de ce centre ; ou bien si l'on
vouloit que ce fût le corps T qui tendit à se mouvoir
suivant la direction TR, parallele à LB, le centre O
avanceroit encore sur la ligne O*q*, pendant que T &
L tourneroient autour de ce centre, mais en suivant
une direction contraire à celle de la premiere circulation ; c'est-à-dire, que si on supposoit, par exemple, que
dans le premier cas, la circulation se fit d'Orient en
Occident, dans l'autre cas elle se feroit d'Occident en
Orient.

Il est pareillement démontré que l'état respectif des
deux masses resteroit encore le même, en supposant,
qu'outre les mouvemens particuliers qu'elles auroient,
on vint à leur en imprimer un autre qui leur fût commun, ou ce qui revient au même, en supposant qu'on
pousât le levier par le point O.

Maintenant qu'au lieu d'associer les corps L & T par
l'entremise d'un levier, on les associât par l'action d'une
force attractive & réciproque, capable de les empêcher
de s'écarter l'un de l'autre, il est clair que si l'un des
deux corps venoit à se mouvoir, ou qu'ils avançassent
tous deux du même côté avec des vitesses inégales, ils
tourneroient encore autour de leur centre commun de
gravité, pendant que ce centre les emporteroit suivant
la direction de son mouvement propre ; tout ce que
ce dernier cas donneroit de particulier, c'est que les
traces des circulations autour du centre O, pourroient

ne plus former des cercles parfaits, la nature des courbes qu'elles formeroient, dépendroit de la loi, suivant laquelle les deux corps tendroient à s'approcher l'un de l'autre, & du mouvement qui leur seroit d'abord imprimé ; mais les vitesses avec lesquelles ils circuleroient autour du point O, seroient toûjours en raison renversée de leurs masses, autrement la direction de ce point changeroit.

Ce principe posé, soient L & T (*Fig. 19.*) les masses de la Lune & de la Terre, & le point O leur centre commun de gravité, si la Lune tend à s'approcher de la Terre avec une vitesse exprimée par LE, & qu'elle tende en même-tems à décrire la tangente LD, il est évident que la Terre sera déterminée à se mouvoir suivant une direction TG, contraire à la direction LD, & que les vitesses TG & LD seront en raison renversée des masses ; or qu'on prenne TI pour la vitesse initiale avec laquelle la Terre tendra à s'approcher de la Lune, & qu'on mene IK parallele à TG, & EH parallele à LD, les chutes initiales TI ou GK, LE ou DH, seront de même en raison renversée des masses T & L ; & si l'on mene encore les diagonales TK & LH, les triangles TOK & LOH seront semblables aussi-bien que les autres figures que les rayons vecteurs OT & OL décriront en tems égaux.

Il suit delà que nous verrons la Lune décrire autour de la Terre une figure semblable aux deux autres ; car menant la ligne KP égale & parallele à TL, il est clair que lorsque T sera en K, il nous paroîtra que la Lune sera partie du point P, & que le rayon KP aura décrit un angle PKH égal à l'angle TOK ou LOH ; & parce que les lignes OT, OL, OK, OH, seront toûjours dans un rapport donné, leurs sommes qui égaleront KP & KH, auront un rapport constant avec les lignes OT & OK, ou OL & OH; donc il nous paroîtra que la figure KPH décrite par le rayon KP, sera semblable aux figures OTK & OLH que les rayons OT & OL décriront autour du point O; ainsi, comme nous nous supposerons en repos, nous jugerons que la Lune en parcourant l'arc PH, se sera détournée de la tangente PM avec une force qui lui aura fait décrire une ligne PN égale à la somme des sinus verses TI & LE; mais puisque la Lune n'aura réellement parcouru que la ligne LE, en tombant vers le point T, ou vers le point O, ce sera rélativement à cette chute qu'il faudra juger de celle des corps qui font voisins de la surface de la Terre.

Cela posé, on voit déja que puisque le sinus verse PN n'est pas assez long pour répondre à la chute des corps qui sont voisins de nous, ni conséquemment à la longueur du Pendule, le sinus verse LE plus petit que PN y répondra encore moins. Il est vrai que M. Newton fait voir que dans l'hipotèse de l'attraction, l'action du Soleil sur la Lune, lui fait perdre quelque chose de sa pesanteur vers la Terre, & qu'ainsi le sinus LE qu'elle décrit dans le tems qu'elle devroit parcourir la tangente LD, est un peu moins long que celui qu'elle décriroit en supposant que sa pesanteur ne fût point altérée. Cet illustre Géometre démontre que la pesanteur totale de la Lune est à celle qui lui reste comme $178 \frac{29}{40}$ à $177 \frac{29}{40}$, ce qu'il est aisé de vérifier suivant ses principes.

Soit BCGD (*Fig.* 20.) l'orbite de la Lune, T la Terre, S le Soleil, si on prend SC égale à ST, & que la Lune étant fuppofée au point C & vers l'une de fes quadratures, on abaiffe fur ST la perpendiculaire CN, il eft clair qu'à caufe de la grande difproportion des rayons ST, TC, la perpendiculaire CN & la ligne TC feront fuppofées égales, auffi-bien que les diftances SN & ST; or la force centripete de la Terre vers le Soleil, fera à la force centripete de la Lune vers la Terre, comme le quarré de la viteffe de la Terre divifé par le rayon ST, au quarré de la viteffe de la Lune divifé par le rayon TC; mais les viteffes fuivent la proportion des rayons divifés par les tems; donc nommant F la force centripete de la Terre, R fa diftance au Soleil, T le tems de fa révolution, f la force centripete de la Lune, r fa diftance à la Terre, & t le tems de fa révolution, on aura $F, f :: \dfrac{R}{TT}, \dfrac{r}{tt} :: Rtt, rTT$; & parce que le Soleil en attirant la Terre & la Lune avec la force Rtt, approchera ces deux Planetes l'une de l'autre, fi on tranfporte à la Lune feule la force ajoutée par l'action du Soleil à leur attraction mutuelle, cette force que je nommerai ici y, fera à Rtt, comme NC (r), à SN (R); ainfi on aura $y, Rtt :: r, R, \& y = rtt$; donc cette force fera à la pefanteur de la Lune, comme rtt à rTT ; c'eft-à-dire, comme le quarré du tems de la révolution de la Lune au quarré du tems de la révolution de la Terre, & par conféquent comme 1 à $178\frac{29}{40}$.

Mais il eft démontré (*Diff. 4. Art. 25.*) que fi la pefanteur de la Lune augmente dans le tems des quadratures, elle diminue du double de fon augmentation dans le tems des Sizigies ; donc toute compenfation faite, ce que l'action du Soleil retranchera de la pefanteur de la

Lune, fera à cette pefanteur, comme 1 à $178\frac{29}{40}$; donc la force centripete de cette Planete ne vaudra plus que $177\frac{29}{40}$.

Il fuit delà que pour comparer les chutes de la Lune avec celles des corps qui font voifins de la furface de la Terre, il faut augmenter le finus verfe LE (*Fig.* 19.) dans le rapport de $177\frac{29}{40}$ à $178\frac{29}{40}$.

J'ajoute qu'il faut encore déterminer la pofition du centre O fur le rayon TL, pofition qui dépend de la proportion de la maffe de la Lune & de celle de la Terre; or fuivant M. Newton, ces maffes font entr'elles comme 1 à 39 : 371; donc la diftance de la Lune au point O, eft à fa diftance au centre de la Terre, comme 39 : 371 à 40 : 371.

Mais fuppofons d'abord que les denfités des deux Planetes fuffent égales, & qu'ainfi leurs maffes répondiffent à leurs volumes, qui, fuivant M. de la Hire, font entr'eux comme 1 à $49\frac{1}{2}$, on trouvera qu'à notre latitude les corps ne tomberoient dans une demi-feconde que de 525^1 : 448 257, & que le Pendule demanderoit à être accourci de $1^{pouc.}$ 2^1 : 657 685.

Car nommant

$\frac{m}{n}$ le rapport de la Terre à

la fomme des deux maffes

$= \frac{49:30}{50:30}$ *Log.* — .0087210658

$\frac{g}{h}$ le rapport du sinus verse que

devroit décrire la Lune,
au sinus verse qu'elle décrit

en effet $= \dfrac{178\frac{79}{40}}{177\frac{29}{}}$ - - - - Log. .0024367829

Les formules $\dfrac{R\,ZZ}{2rrtt} - f$, &

$\dfrac{R^3ZZ}{2rrtts} - \dfrac{f}{s}$ deviendroient

$\dfrac{R^3ZZmg}{2rrttnh} - f$ & $\dfrac{R^3ZZmg}{2rrttnhs} - \dfrac{f}{s}$

d'où on tireroit la chute des
corps à notre latitude de 525^1:
$448\,257$ - - - - - - - - Log. 8.7205299558
& la longueur du Pendule de
$425^1:912\,315$ - - - - - Log. 8.6293201975
ou de - $2^{pds.}\ 11^{pouc.}\ 5^1:912\,315$
& son accourcissement de $1^{pouc.}$
$2^1:657\,685$.

Reprenons la proportion des masses telle que la donnent les principes de M. Newton, & telle qu'il la suppose, nous aurons

$\dfrac{m}{n} = \dfrac{39:371}{40:371}$ - - - - - Log. - ,0108930613

ce qui donnera pour la chute
des corps à notre latitude 522^1:
$822\,870$ - - - - - - - Log. 8.7183545768
& pour la longueur du Pen-
dule $423^1:784\,256$ - - - Log. 8.6271448185
ou - - $2^{pds.}\ 11^{pouc.}\ 3^1:784\,256$
& pour son accourcissement $1^{pouc.}$
$4^1:785\,744$.

ARTICLE

ARTICLE XXVII.

Au reste de tous les Astronomes modernes, M. de la Hire est celui qui éloigne le plus la Lune de nous; on sçait, par exemple que, suivant M. Cassini, la moyenne distance de cette Planete n'est que de $58:15$ demi-diametres de la Terre; ainsi dans l'hipotèse commune, la longueur du Pendule exprimée par $\dfrac{R^3 ZZ}{2rrtts} - \dfrac{f}{s}$

ne seroit que de $397^l:983\ 982$ $Log.$ $8.5998655935.$
ou de $-$ $2^{pds.}\ 9^{pouc.}\ 1^l:983\ 982$
différence $- - 3^{pouc.}\ 6^l:586\ 018$

Et dans l'hipotèse de M. Newton cette longueur exprimée par $\dfrac{R^3 ZZ mg}{2rrttnhs} - \dfrac{f}{s}$ vaudroit

$390^l:296\ 915$ ou $2^{pds.}\ 8^{pouc.}$
$6^l:296\ 914 - - - - - -$ $Log.$ $8.5913951171.$
ainsi son accourcissement seroit de
$4^{pouc.}\ 2^l:273\ 086.$

ARTICLE XXVIII.

PROBLEME.

La loi de Kepler, & la longueur du Pendule supposées, trouver quelle devroit être la moyennne distance de la Lune.

RESOLUTION.

Soit p la longueur du Pendule $= \dfrac{R^3 ZZ}{2rrtts} - \dfrac{f}{s}$

$= 3^{pds.}\ 0^{pouc.}\ 8^l:57$, on aura $R = \sqrt[3]{\dfrac{2rrttsp + 2rrttf}{ZZ}}$

$$= \sqrt[3]{\frac{2rrtt \times \overline{sp+f}}{ZZ}} = \;-\,-\,-\,-\,-\; 1179500006 \text{ pieds}$$

$$= 60 : 15 \text{ demi-diametres moyens de la Terre.}$$

Article XXIX.

PROBLEME.

L'attraction & la longueur du Pendule supposées, trouver quelle devroit être la moyenne distance de la Lune.

RESOLUTION.

Soit p la longueur du Pendule $= \dfrac{R^3 ZZmg}{2rrttnhs} - \dfrac{f}{s}$

$= 3^{pds.}\ 0^{pouc.}\ 8^{l} : 57$, on aura $R = \sqrt[3]{\dfrac{2rrttnhsp + 2rrttnhlf}{ZZmg}}$

$$= \sqrt[3]{\frac{2rrttnh \times \overline{sp+f}}{ZZmg}} = \;-\,-\,-\,-\,-\; 1187180371 \text{ pieds}$$

$$= 60 : 54 \text{ demi-diametres moyens de la Terre.}$$

Article XXX.

PROBLEME.

La loi de Kepler, la pesanteur totale & la moyenne distance de la Lune étant supposées, trouver quelle devroit être le tems de la révolution de la Planete.

RESOLUTION.

Soit L la pesanteur totale $= \dfrac{R^3 ZZ}{2rrtt} = 544^{l} : 34699^{t}$,

R, suivant M. de la Hire $= 59 : 765$ demi-diametres moyens de la Terre.

On aura t ou $\sqrt{\dfrac{R^3 ZZ}{2rrL}} = 4\,675\,800$ demi-secondes $= 27^j\ 1^h\ 25'$, plus court de $6^h\ 18'\ 5''$ que le tems réel, comme on l'a déja démontré.

Et si $R = 58:15$ demi-diametres moyens de la Terre, comme le suppose M. Cassini, on aura $t = 4487558$ demi-secondes, ou $25^j\ 23^h\ 16'\ 19''$, plus court de $1^j\ 8^h\ 26'\ 46''$ que le tems réel.

ARTICLE XXXI.

PROBLEME.

L'attraction mutuelle, la pesanteur totale, & la moyenne distance de la Lune étant supposées, trouver quel devroit être le tems de la révolution de la Planete.

RESOLUTION.

Soit L la pesanteur totale $= \dfrac{R^3 ZZ\,mg}{2rrttnh} = 544^t:346$ 992, $R = 59:765$ demi-diametres moyens de la Terre, on aura $t = 4\,630\,500$ demi-secondes, ou $26^j\ 19^h\ 7'\ 30''$, plus court de $12^h\ 35'\ 35''$ que le tems réel.

Et si $R = 58:15$ demi-diametres moyens de la Terre, on aura $t = 4\,444\,080$ demi-secondes, ou $25^j\ 17^h\ 14'\ 0''$, plus court de $1^j\ 14^h\ 29'\ 5''$ que le tems réel.

ARTICLE XXXII.

On voit que de ce qui vient d'être démontré, il suit qu'il n'y a point d'attraction mutuelle, & que les pesanteurs ne sont pas même éxactement en raison renversée des quarrés des distances aux centres vers lesquels elles font dirigées, comme le demanderoit la loi de Kepler.

Mais ce qui prouve ici contre les principes de M. Newton, fait un titre bien favorable pour ceux que nous leur oppofons ; il eft clair que comme les maffes des colonnes qui pefent fur les tourbillons particuliers des Planetes fubalternes, ne font point infinies, les chutes initiales de ces tourbillons (*Art.* 8.) doivent être dans un plus grand rapport que le rapport renverfé des quarrés des diftances ; conféquence néceffaire, juftifiée par le fait même, puifque les apfides des Planetes changent de place en avançant fuivant l'ordre des Signes, & que la proportion des tems & des diftances eft alterée, non comme il faudroit qu'elle le fût (*Art.* 22. *&* 30.) en admettant l'attraction mutuelle, mais (*Art.* 20. *&* 24.) comme il faut qu'elle le foit, en fuppofant les principes fur lefquels nous raifonnons.

A R T I C L E XXXIII.

Il fuit des mêmes principes que les mouvemens de Jupiter doivent être troublés lorfqu'il fe trouve en conjonction avec Saturne ; car comme ces Planetes fervent d'appui aux colonnes les plus courtes, & que leurs tourbillons font fuppofés beaucoup plus gros que ceux des Planetes inférieures, on conçoit aifément que quand Saturne fe trouve dans le prolongement hC (*Fig.* 16.) du rayon vecteur de Jupiter, il faut qu'il intercepte une partie de la réaction de la colonne C♃ ; donc Jupiter doit alors s'élever un peu vers Saturne, ce qui en effet s'accorde avec ce que les obfervations nous apprennent.

ARTICLE XXXIV.

J'acheve de corriger ma feconde fuppofition, & je dis qu'on n'eft pas en droit de fuppofer que les tourbillons foient toûjours indéfiniment grands par rapport à leurs maffes centrales ; car un tourbillon peut renfermer plus ou moins de particules héterogenes ; mais plus il en renferme, plus la maffe qui fe forme autour de fon centre, doit groffir ; cette maffe pourroit même devenir telle, que l'efpace qu'elle occuperoit feroit plus grand que celui que rempliroient les couches fpheriques dont elle feroit environnée.

Or j'obferve que plus il fe trouve de particules héterogenes renfermées dans un tourbillon, plus leurs rencontres font fréquentes, ce qui ralentit à proportion leurs mouvemens ; mais plus leurs mouvemens font ralentis, moins la maffe centrale qu'ils forment en fe réüniffant, a de force pour circuler autour d'elle-même.

J'obferve auffi que parce qu'une maffe centrale eft compofée de particules héterogenes, il ne peut gueres arriver que fon centre de gravité fe rencontre au centre de fon volume toûjours cenfé le même que celui des couches fpheriques qui l'environnent. Cela fuppofé, foit ABCD (*Fig.* 21.) la maffe centrale du tourbillon RN*rn*, Z le centre de gravité de cette maffe, & L fon centre de figure, on voit que fuivant la loi fondamentale de la Statique, fi le tourbillon étoit infiniment étendu, le point Z s'approcheroit infiniment de L, à caufe de l'homogénéïté de l'éther ; mais parce qu'on donne ici peu d'étenduë au tourbillon, ce point s'éloignera du centre L, & alors les deux hemifpheres dont les maffes auront la plus grande inégalité poffible, feront celles dont l'axe commun BC passera par les centres L & Z.

J'observe encore que si le tourbillon RN*rn* faisoit sa révolution autour d'un centre étranger T, & que sa masse fût proportionnée à celles des colonnes FG, HK, &c. qui réagiroient sur elle, l'hemisphere qui renfermeroit le moins de matiere, obéiroit plus que l'autre à l'impression qu'il recevroit de ces colonnes ; on pourroit même supposer que la différence des impressions seroit telle, que cet hemisphere, quel que fût sa position primitive, seroit obligé de se rabatre vers le centre des tendances, en tournant autour du centre de gravité Z de la masse totale RN*rn*.

Or comme cette masse circuleroit alors avec une vitesse continuellement accelerée, elle acquerreroit un mouvement oscillatoire semblable à celui qu'acquerent les corps suspendus, qui après s'être éloignés de la ligne qui passe par le point de suspension, & par le centre vers lequel ils tendent, retombent ensuite en conséquence de leur tendance vers ce centre.

Mais, parce que la masse du tourbillon qui continueroit de circuler autour du centre T, affecteroit d'abord de garder son Parallelisme, & qu'ainsi elle se présenteroit incessamment par différens côtés à l'action des colonnes qui réagiroient sur elle, il est clair que les différentes oscillations ausquelles elle seroit successivement obligée de se prêter s'éteindroient bientôt en se contrariant ; donc l'hemisphere le moins chargé de matiere s'assujettiroit enfin à regarder continuellement le centre T pris pour celui des tendances ; c'est-à-dire que l'ordre des circulations des couches spheriques du tourbillon restant toujours le même, la masse entiere tourneroit sur son propre centre de gravité dans un tems égal à celui qu'elle employeroit à faire sa révolution autour du centre T.

Cependant si l'orbite AB*ab* (*Fig.* 22.) que décriroit la Planete, étoit elliptique, les rayons qui partiroient du point T, ne passeroient pas toujours exactement par le centre de l'hemisphere le moins chargé de matiere; car comme tout corps qui tourne sur son centre de gravité, tire de sa force primitive, celle qui le maintient dans l'état où il se trouve, il est clair que le mouvement de rotation qu'auroit acquis la masse du tourbillon, resteroit toujours à peu près égal à lui-même, & qu'ainsi il répondroit non aux différens mouvemens angulaires du rayon vecteur de la masse, mais à son mouvement moyen, au mouvement angulaire qu'il auroit lorsqu'il atteindroit les points H & G, où l'on suppose que sa longueur seroit moyenne proportionnelle géometrique entre la moitié du grand axe A*a* (*Fig.* 22. & 23.) & le petit axe B*b*; car nommant *a* le demi-axe CA, & *b* le demi-axe CB, si du foyer T on mene le rayon TH supposé égal à √*ab*, l'aire du cercle HQP (*Fig.* 23.) égalera l'aire de l'Ellipse AB*ab*; donc si un mobile parcouroit uniformément la circonférence HQP dans un tems égal à celui qu'employeroit la Planete à parcourir son orbite AB*ab*, & qu'ainsi dans chacun des instans de la révolution, l'aire élementaire décrite dans le cercle fût égale à l'aire élementaire décrite dans l'Ellipse, il est évident qu'à la distance TH, les hauteurs MH & NK des triangles égaux HTM & HTN, seroient égales; donc (*Diss.* 7. *Art.* 20.) au point H, le mouvement angulaire de la Planete, égaleroit son mouvement moyen. Cela posé, on conçoit que si la masse du tourbillon se trouvoit d'abord à sa plus grande distance AT du foyer T (*Fig.* 22.), & que son rayon vecteur pafsât par le point K de la furface de l'hemifphere le moins chargé de matiere, ce rayon ne repafferoit par le même point que quand la maffe auroit atteint l'apfide inférieur *a*, après avoir parcouru la demi-Ellipfe AB*a*. Mais que cette maffe ne décrivit que l'arc AH de fon orbite, le point K fe trouveroit alors dans la partie Occidentale de l'hemifphere inférieur du tourbillon, & cela parce que l'arc qu'auroit décrit ce point autour du centre de la maffe, feroit plus grand que celui qui ferviroit de mefure à l'angle ATH. Au contraire quand le rayon vecteur auroit la pofition TG, ce feroit dans la partie Orientale de l'hemifphere inférieur que fe trouveroit le point K, c'eft que l'arc décrit par ce point, pendant que la maffe auroit parcouru la partie *a*G de fon orbite, feroit plus petit que celui qui ferviroit de mefure à l'angle *a*TG.

Suivant ce qui vient d'être dit, 1°. le point K auroit fa plus grande digreffion Occidentale à la diftance TH, & fa plus grande digreffion Orientale à la diftance TG; 2°. l'hemifphere inférieur apperçû du centre T, paroîtroit balancer d'Occident en Orient dans la partie inférieure H*a*G de l'orbite AB*ab*, au lieu que dans le refte de l'orbite, c'eft-à-dire dans la partie fupérieure, cet hemifphere paroîtroit balancer d'Orient en Occident.

On voit que ce qui donneroit la loi au tourbillon, la donneroit pareillement à la maffe fenfible qui fe formeroit autour de fon centre; c'eft qu'il eft démontré (*Diff. 6. Art.* 79.) que toute maffe centrale doit néceffairement fe prêter à tous les mouvemens generaux du centre de celle dont elle fait partie; donc 1°. la Planete commenceroit par balancer fur différens axes conjointement avec fon tourbillon; 2°. comme fuivant les fuppofitions que je viens

de

de faire, la Planete ne feroit que foiblement follicitée à tourner fur elle-même par l'action primitive des corpufcules qui l'auroient formée en fe réüniffant (*Diff.* 8. *Art.* 10.), il eft clair que les différens mouvemens circulaires aufquels elle feroit fucceffivement obligée de fe prêter, détruiroient bientôt le fien propre; donc elle n'auroit plus d'autres mouvemens que ceux que lui communiqueroit la maffe entiere de fon tourbillon.

Il fuit delà que la Planete apperçuë du centre des tendances, offriroit des Phénomenes femblables à ceux que nous offre la Lune; car la Lune tourne régulierement fur elle-même dans le tems moyen de fa révolution autour de la Terre, & comme la trace de fon mouvement eft elliptique, il nous paroît que dans les Signes voifins de part & d'autre de fon Apogée, fon hemifphere inférieur balance d'Orient en Occident, & que dans les autres Signes il balance d'Occident en Orient; c'eft ce qu'on peut aifément vérifier par les obfervations de Gaffendi & de Bouillaud fur la libration de la Lune.

On voit bien que les Planetes principales ne peuvent offrir de pareils Phénomenes; car qu'il y en eut quelqu'une dont le tourbillon eut trop peu d'étenduë pour avoir fon centre de gravité au centre de fon volume, il eft évident que l'hemifphere qui renfermeroit le plus de matiere, & celui qui en renfermeroit le moins, feroient toujours également repouffés vers le centre commun des tendances, & cela parce que dans un tourbillon auffi étendu que celui du Soleil, la différence des rapports que les maffes de l'un & de l'autre hemifphere auroient avec les maffes des colonnes qui réagiroient fur elles, ou s'anéantiroit entierement, ou du moins deviendroit infenfible.

R r

ARTICLE XXXV.

Pour corriger ma troisiéme supposition, j'observe que si le tourbillon du Soleil & ceux des étoiles fixes sont spheriques, c'est qu'ils sont également comprimés de toutes parts ; mais les tourbillons des Planetes ne sont point dans ce cas ; car comme il est démontré que les rayons du Soleil Sf, Se, Sd (*Fig.* 24.) ont une force impulsive, l'hemisphere inférieur PeQ de chacun de ces tourbillons, doit recevoir une impression contraire à celle que reçoit l'hemisphere supérieur par l'action des colonnes Ma, Nb, Oc ausquelles il sert d'appui ; ainsi cette double compression rompant l'équilibre, il faut que la masse du tourbillon QbPe prenne à peu près la forme d'un spheroïde applati.

ARTICLE XXXVI.

Cependant le petit axe de la sphere applatie, ne passera pas par le centre S pris pour celui du Soleil ; car si la direction du mouvement des couches du tourbillon suit l'ordre des Lettres Q, a, b, c, P, d, e, f, la matiere qui circulera dans la partie Pde, ayant une direction contraire à celle des rayons qui partiront du Soleil, sera moins enfoncée que celle qui ira de e vers f & vers Q : il en sera de même de la matiere qui parcourera Qab, elle opposera à l'impression réactive des colonnes superieures une plus grande résistance que celle que lui opposera la matiere dans la partie bcP ; donc le spheroïde applati se trouvera posé de biais par rapport au rayon vecteur ST (*Fig.* 25.), & son petit axe aura une position plus orientale que le diametre dont le prolongement passera par le centre du Soleil.

Article XXXVII.

On voit bien que dans un tourbillon applati, les directions des pesanteurs ne doivent point concourir, comme elles concourent dans un tourbillon spherique; car en supposant que la masse QBPG (*Fig.* 26.) soit partagée en une infinité de couches spheroïdales semblables & concentriques, si on prend BPG pour la demi-ovale generatrice de l'une de ces couches, & la courbe *def* pour la demi-développée de l'ovale, on concevra que la surface formée par la révolution de cette courbe sur le petit axe BG sera le lieu des tendances réactives des différentes parties de la couche spheroïdale. Ainsi quoique dans le plan du grand cercle, & dans toute la ligne qui formera le petit axe, la réaction de la matiere soit dirigée vers le centre de la masse, il est clair que par-tout ailleurs les directions s'écarteront de ce centre.

Article XXXVIII.

Supposons maintenant que la Section QBPG représente le plan de l'Equateur du tourbillon applati, si sur ce plan on prend différens rayons CB, CR, CP, &c. les vitesses de la matiere dans ces rayons, seront en raison renversée de leurs longueurs, & cela parce que la même quantité de matiere qui aura passé par CB, passera dans un tems égal par CR & par CP ; & si on suppose que les ovales *hikl*, *mnop*, &c. représentent les sections des différentes couches spheroïdales du tourbillon, les vitesses dans les espaces *i*B, *s*R, *k*P, seront en raison renversée de ces espaces ou des rayons CB, CR, CP.

Article XXXIX.

En fuppofant que QBPG devienne une Zône de la maffe fpheroïdale, que cette Zône foit partagée en une infinité de Piramides unies par leurs fommets au centre C, & que les axes de ces Piramides foient couchés fur le plan QBPG, les différentes tranches que formeront dans ces Piramides les élemens interceptés des couches fpheroïdales *hikl*, *mnop*, feront toutes équilibre entre elles.

Article XL.

Si RC*r* reprefente une de ces Piramides, il eft évident que les forces, foit actives, foit réactives des tranches R*r*, *sx*, *tz*, feront dirigées perpendiculairement fur les plans élementaires que formeront ces tranches; ainfi en abaiffant les perpendiculaires *y*R & *yu*, la premiere fur le plan R*r*, l'autre fur le côté CR, fi R*y* exprime la force réactive du point R, R*u* exprimera l'impreffion que ce point fera fur le point *s*; or afin que les forces centrifuges & réactives des tranches entieres R*r* & *sx* foient égales, il faudra que ces forces foient en raifon renverfée des quarrés des rayons CR & C*s*, d'où il fuit (*Diff.* 6. *Art.* 17.) que les viteffes aux points R & *s* feront réciproquement comme les racines des diftances.

Article XLI.

La force réactive d'un point quelconque pris fur la furface d'une couche fpheroïdale, eft proportionnelle au quarré de la viteffe de la matiere, divifé par le rayon de la développée de l'ovale, qui paffant par ce point, a pour centre celui de la masse, & pour tangente la ligne suivant la direction de laquelle la matiere affecte de se mouvoir. D'où il suit que les directions des tendances sont par-tout perpendiculaires aux élemens des couches spheroïdales du tourbillon applati.

ARTICLE XLII.

On voit que si on prend l'ovale QBPG pour le plan de l'Equateur du tourbillon applati, les forces réactives aux extremités B & P du petit axe & du grand axe, seront entr'elles comme les rayons CB & CP ; car nommant b la moitié du petit axe, p la moitié du grand axe, V la vitesse au point B, & u la vitesse au point P, on aura (*Art.* 38.) $V, u :: \frac{1}{b}, \frac{1}{p}$. Mais au point B le rayon de la développée égalera $\frac{pp}{b}$, & au point P, il égalera $\frac{bb}{p}$; donc si ces rayons divisent les quarrés des vitesses, les forces centripetes aux points B & P seront entr'elles comme CB à CP : on voit aussi que depuis le point B jusqu'au point P, les forces réactives augmenteront toûjours de plus en plus.

Il est clair que dans les ovales semblables & concentriques *hikl*, *mnop*, &c. les pesanteurs suivront encore la même proportion.

ARTICLE XLIII.

Faisons voir maintenant que les irrégularités des mouvemens de la Lune, sont des suites nécessaires de l'applatissement du tourbillon de la Terre.

On conçoit d'abord que comme dans un tourbillon applati, les pesanteurs ne sont pas dirigées vers un centre commun, les aires que décrit le rayon vecteur de la Lune, ne peuvent être éxactement proportionnelles aux tems employés à les décrire.

ARTICLE XLIV.

Cependant les directions des pesanteurs de la Lune, ne doivent point suivre celles des réactions de la matiere; car que la Lune fasse sa révolution dans le plan ovale QBPG (*Fig.* 27.) en avançant selon l'ordre des Lettres QBPG, si c'est vers B, c'est-à-dire vers l'une des Syzigies qu'elle avance, comme les colonnes qui pousseront la partie occidentale *fh* de l'hemisphere superieur, seront plus longues, & qu'elles auront plus de force (*Art.* 42.) que celles qui réagiront sur la partie orientale *hk* de cet hemisphere, le centre *l* de la Lune sera obligé de se détourner vers CB. De même, si c'est vers P, c'est-à-dire, vers l'une des quadratures qu'avance la Planete, les colonnes qui réagiront sur la partie orientale *hk* étant alors plus longues & ayant plus de force que celles qui pousseront la partie occidentale *hf*, le centre *l* sera pareillement obligé de se détourner vers CB : ainsi dans l'un & dans l'autre cas, les directions de la pesanteur de la Lune s'écarteront de celles des réactions de la matiere.

ARTICLE XLV.

En supposant que les parties *flh* & *hlk* de l'hemisphere superieur du tourbillon de la Planete, fussent également poussées, il est clair que (*Diff.* 6. *Art.* 2.) si la direction du mouvement de la Lune faisoit un angle droit avec celle de la réaction de la matiere, ce mouvement ne se ralentiroit ni ne s'accelereroit, au lieu qu'il se ralentiroit (*Diff.* 6.

Art. 5.) si l'angle formé par les deux directions devenoit obtus, & qu'il s'accelereroit si cet angle devenoit aigu : mais dès que les parties *flh* & *hlk* de l'hemisphere *fhkl,* sont inégalement poussées, comme l'angle que fait la direction du mouvement de la Planete avec celle de sa pesanteur, se resserre quand la Lune va des quadratures aux Syzigies, & que cet angle s'ouvre quand elle va des Syzigies aux quadratures, il est évident que toutes choses supposées égales d'ailleurs, le mouvement de la Lune doit s'accelerer dans le premier cas, & que dans l'autre il doit se ralentir.

ARTICLE XLVI.

Puisque la vitesse de la Lune augmente vers les Syzigies, & que sa pesanteur diminue (*Art.* 42.) la courbure de la trace de son mouvement doit pareillement diminuer ; d'où il suit que la Lune est obligée de s'éloigner de la Terre en allant vers les quadratures ; & puisque vers les quadratures sa vitesse diminue, & que sa pesanteur augmente (*Ibid.*), la courbure de la trace de son mouvement doit pareillement augmenter ; d'où il suit que si la Lune affecte de décrire une Ellipse dont la Terre occupe le foyer, elle affecte encore d'en décrire une autre dont la Terre occupe le centre, & dont le grand axe est toujours tourné vers les quadratures, ce qui avoit déja été remarqué dans l'Histoire de l'Academie.

ARTICLE XLVII.

Quelle que soit la position de l'orbite de la Lune, la grande distance de la Planete à la Terre est toûjours la même ; mais sa moindre distance varie continuellement, elle augmente à mesure que les apsides de son orbite s'approchent des quadratures.

Supposons que la Lune tendit à décrire un orbite circulaire *abdg*, (*Fig.* 28.), on voit que quand elle iroit des Syzigies *a* & *d* vers les quadratures *b* & *g*, l'applatissement du tourbillon BPGQ l'obligeroit (*Art.* 46.) à s'écarter également de part & d'autre ; mais que l'orbite *abdg* reprennant sa forme ordinaire, ait ses apsides *p* & *q* tournés du côté des quadratures , la Lune franchira ses bornes du côté de son Perigée *p* , sans que pour cela elle soit obligée de s'écarter de son orbite du côté de l'apside supérieur *q* ; car qu'en partant du point *p* pour aller vers son apogée *q* , elle tende à s'éloigner du foyer T plus que ne le demandera l'applatissement du tourbillon BPGQ , l'impression qui résultera de cet applatissement, deviendra nulle, elle portera , pour ainsi dire à faux ; c'est que la Lune en previendra l'effet, en suivant la trace de son mouvement propre.

A R T I C L E   XLVIII.

La même cause qui détermine les nœuds des Planetes principales à se mouvoir d'Occident en Orient, détermineroit aussi ceux de la Lune à se mouvoir dans le même sens, si une cause supérieure ne les obligeoit à suivre une direction contraire.

Soit PHQK (*Fig.* 29.) le grand cercle du tourbillon applati de la Terre , HK l'Ecliptique, P & Q ses pôles; on concevra 1°. que tous les cercles de latitude (le cercle PHQK excepté) se changeront en Ellipses , & que ces Ellipses seront d'autant plus étroites, que les points *e*, *f*, &c. où elles couperont l'Ecliptique, seront plus voi-

sins

fins du point G, pris ici pour une des extremités de l'axe projetté du fpheroïde.

On concevra 2° que dans une même Ellipfe, les rayons croîtront toûjours, mais que les différentielles de ces rayons ne croîtront que jufqu'au point où l'ordonnée fur le petit axe de l'Ellipfe fera à l'abciffe, comme le grand diametre au petit diametre, & qu'enfuite en avançant vers les pôles, ces différentielles feront toûjours décroiffantes.

Enfin 3°. on concevra qu'aux mêmes latitudes les différences des rayons feront d'autant plus grandes que les Ellipfes aufquelles appartiendront ces rayons feront plus étroites.

Cela conçû, changeons de point de vûë.

Suppofons que l'Ecliptique BG (*Fig.* 30.) & le grand cercle PQ du fpheroïde applati PBQG foient vûs l'un & l'autre de profil & par leur tranchant, & qu'ainfi l'œil du fpectateur réponde au point T de l'interfection commune des deux orbites.

Suppofons auffi que C*c* repréfente le plan de l'orbite de la Lune ayant fon nœud au point T de l'interfection commune des plans BG & PQ, ou que cette orbite foit repréfentée par le plan *bag* (*Fig.* 31.), en forte que dans la premiere pofition, les nœuds de la Lune foient dans les quadratures, & que dans l'autre, ils fe trouvent dans les Syzigies ; fi on prend *mhnk* (*Fig.* 30. & 32.) pour le tourbillon de la Lune, & qu'on partage l'hemifphere fupérieur *mhn* en deux parties égales *hcn* & *hcm*, la premiere tournée vers le pôle P ou Q, l'autre tournée vers le plan de l'Ecliptique BG, on concevra que la partie *hcn* fera chargée des colonnes les plus hautes & les plus fortes, que la différence des impreffions deviendra d'autant plus grande, que la Lune aura plus de latitude, &

S s

que cette différence, les latitudes fuppofées les mêmes, croîtra encore à mefure que les plans elliptiques feront plus refferrés & plus voifins des Syzigies.

Or cela conçû, on voit 1°. que la loi de la percuffion demandera que le centre du tourbillon de la Lune forte du plan de fon orbite du côté qui regardera celui de l'E-cliptique ; ainfi en fuppofant que la Planete ait fon nœud au point T (*Fig. 32.*) & qu'elle tende à décrire l'arc CI ou *ci* dans un tems déterminé, il eft clair que fi en con-féquence de l'inégalité des impreffions que recevront les parties *hcn* & *hcm* de l'hemifphere fupérieur *mhn*, la Lune décrit l'arc CD ou *cd*, au lieu de l'arc CI ou *ci*, le point T rétrogradera vers R ou vers *r*.

2°. On voit que dans l'efpace de tems qu'employera la Lune à faire fa révolution autour de la Terre, fes nœuds rétrograderont plus ou moins, fuivant qu'ils fe-ront plus ou moins éloignés des Syzigies ; car s'ils fe trou-vent vers les quadratures, la Lune aura fes plus grandes latitudes dans les plans elliptiques les plus étroits, dans ceux où croîtra la différence des forces ; & fi fes nœuds font vers les Syzigies, la Planete aura fes plus grandes latitudes dans les plans elliptiques les plus ouverts, dans ceux où la différence des forces aura fes moindres accroif-femens ; donc fuivant ce qu'on vient de démontrer, les nœuds de la Lune rétrograderont moins dans ce dernier cas que dans l'autre.

3°. On voit enfin que plus la Lune s'approchera des Syzigies, toutes chofes fuppofées égales d'ailleurs, plus la rétrogradation de fes nœuds fera prompte.

ARTICLE XLIX.

Le même méchanifme qui fait rétrograder les nœuds

de la Lune, fait encore varier l'inclinaison du plan de son orbite ; on voit que si la Planete s'écarte du plan CT*c* (*Fig. 32.*), & qu'elle en sorte du côté qui regarde le plan BG, pris encore pour celui de l'Ecliptique, il faut que l'angle que font les deux plans, ou s'ouvre, ou se resserre, suivant que la Planete, ou s'approche, ou s'éloigne du nœud le plus voisin de son lieu Phisique ; qu'elle décrive par exemple, l'arc CD, au lieu de l'arc CI, l'angle CRB deviendra plus ouvert que l'angle CTB ; de même qu'elle décrive l'arc *cd* au lieu de l'arc *ci*, l'angle *cr*G deviendra plus aigu que l'angle *c*TG ; ainsi, que la Lune parte de son nœud T, & qu'elle s'en écarte de 90^d, le plan de son orbite s'abaissera de plus en plus ; qu'elle aille ensuite jusqu'au nœud opposé à celui d'où elle étoit partie, le plan de son orbite s'élevera autant à peu près qu'il se sera abaissé.

Il suit delà que la Lune supposée à 90^d de ses nœuds, a sa plus grande latitude quand elle est dans les quadratures, & que ses nœuds sont dans les Syzigies, & qu'elle a sa moindre latitude quand elle se trouve dans les Syzigies, & que ses nœuds sont dans les quadratures.

ARTICLE L.

On voit que de la maniere que l'orbite de la Lune change de position & d'inclinaison, il faut que le chemin que fait la Planete devienne tortueux & plus long que celui qu'elle feroit, en supposant que son orbite fût immobile ; donc plus ses nœuds rétrogradent, plus doit-elle employer de tems à faire une révolution entiere, sa vitesse supposée la même.

ARTICLE LI.

Faisons voir maintenant que l'irrégularité des mou-

vemens des apsides de la Lune, vient encore de l'applatissement du tourbillon de la Terre.

On sçait (*Art.* 11. *&* 12.) que les apsides de l'orbite
d'une Planete doivent ou avancer, suivant l'ordre des
Signes, ou rétrograder, selon que le rapport des pesanteurs de la Planete est plus grand ou plus petit que le
rapport renversé des quarrés de ses distances au centre
vers lequel elle est incessamment poussée. On sçait aussi
que plus les colonnes qui réagissent sur les Planetes sont
élevées, plus elles font d'impression sur elles, les diftances au centre supposées les mêmes. De plus, on voit
que, comme la plus grande latitude de la Lune n'est
que de 5 dégrés 20 minutes 30 secondes, les différens
plans sur lesquels se couche successivement son orbite,
sont à peu près semblables au plan de l'Ellipse generatrice du tourbillon spheroïdal de la Terre ; c'est même
sur ce plan qu'elle est couchée, lorsque ses nœuds sont
dans les Syzigies avec le Soleil ; car l'Ellipse generatrice,
celle qui a son petit axe commun avec le spheroïde, est
censée la même, quelque position qu'on lui donne en
la faisant tourner sur cet axe.

Or cela posé, soit (*Fig.* 33. *&* 34.) BPGQ l'Ellipse
generatrice du tourbillon spheroïdal de la Terre, PCQ
son grand axe, BCG son petit axe, RSVX le grand
cercle d'une sphere qu'on supposera égale au spheroïde,
& qui par conséquent aura pour rayon la racine cubique
du quarré du demi-axe CP multiplié par le demi-axe
CB ; soit aussi *bpgq* l'orbite elliptique de la Lune, si les
apsides de cette orbite sont voisins du petit axe BG,
(*Fig.* 33.) il est clair que le rapport des forces qu'auront
les colonnes qui réagiront sur la Lune aux points *b* & *g*,
l'emportera sur celui des forces qu'auroient les colonnes

R*b* & V*g* prises dans la sphere ; & qu'ainsi les apsides avanceront plus dans le tourbillon spheroïdal, qu'ils n'avanceroient dans le tourbillon spherique. Au contraire si les apsides *b* & *g* (*Fig.* 34.) sont voisins du grand axe PQ, le rapport des forces qu'auront les colonnes qui réagiront sur la Lune aux points *b* & *g* sera plus petit que le rapport des forces qu'auroient les colonnes S*b* & *xg*, prises pareillement dans la sphere ; donc dans ce cas les apsides de la Lune avanceront moins dans le tourbillon spheroïdal, qu'ils n'avanceroient dans le tourbillon spherique ; donc toutes choses supposées égales d'ailleurs, leur mouvement doit être plus prompt quand ils sont dans les Syzigies avec le Soleil, que quand ils se trouvent dans les quadratures ; ce qui s'accorde avec ce que les observations nous apprennent.

Voici cependant une remarque qu'il faut faire ; on sçait que dans un tourbillon spherique, les réactions de la matiere sont en raison renversée des quarrés des distances au centre du tourbillon, & que quand une Planete fait sa révolution autour de ce centre, les colonnes dont elle est chargée s'accourcissent autant que s'alonge son rayon vecteur : mais dans un tourbillon applati ce n'est plus la même chose ; car que la Lune ait ses apsides dans le petit axe BG (*Fig.* 33.) & qu'elle circule suivant l'ordre des Lettres *bpgq*, il est évident que depuis le point *b* le plus proche de la Terre jusqu'au point *p*, les colonnes s'accourcissent moins à proportion que n'augmente la distance de la Lune au point C, & que depuis le point *p* jusqu'au point *g*, c'est le contraire. On voit même que l'applatissement du tourbillon de la Terre pourroit être tel, que dans tout l'espace *bp*, les colonnes s'éleveroient malgré l'alongement du rayon vecteur de la Lune ; de plus on voit que le rapport des réactions de la matiere fur les points de l'arc bp, eft plus petit que celui que demanderoit la loi de Kepler, & que ce rapport augmente depuis le point p jufqu'au point g, qu'il peut même augmenter de façon, que dans tout l'arc pg, il foit beaucoup plus grand que le rapport renverfé des quarrés des diftances de la Lune à la Terre.

Cela pofé, foit (*Fig. 33.*)

CB	ou	CG	$=$	B
CP	ou	CQ	$=$	P
Cb			$=$	d
Cp	ou	Cq	$=$	c
Cg			$=$	D
Bb			$=$	h
Pp	ou	Qq	$=$	i
Gg			$=$	k

Les réactions de la matiere aux points b, p & g, feront (*Art.* 40. & 42.) proportionnelles à $\frac{B^3}{dd}$, $\frac{P^3}{cc}$ & $\frac{B^3}{DD}$, & fi L défigne la maffe de la Lune, les impreffions réactives que recevra cette maffe aux points b, p & g feront entr'elles comme $\frac{B^3 h}{hdd + Ldd}$, $\frac{P^3 i}{icc + Lcc}$ & $\frac{B^3 k}{kDD + LDD}$; c'eft-à-dire qu'à chacun des points b, p & g la chute de la Lune fera proportionnelle à la viteffe réactive de l'éther multipliée par la colonne, dont la maffe L portera le poids, & divifée par la fomme des deux maffes ; or afin que les apfides b & g reftaffent immobiles, il faudroit que les chutes de la Planete aux points b, p & g fuffent entr'elles comme $\frac{1}{dd}$, $\frac{1}{cc}$, $\frac{1}{DD}$; donc fi $\frac{B^3 h}{h + L}$

n'égale pas $\frac{P^3 i}{i+L}$, les apsides b & g, ou avanceront, ou rétrograderont quand la Lune passera du point b au point p; ils avanceront (*Art.* 11.) si $\frac{B^3 h}{h+L}$ surpasse $\frac{P^3 i}{i+L}$; ils rétrograderont au contraire (*Art.* 12.) si c'est $\frac{P^3 i}{i+L}$ qui surpasse $\frac{B^3 h}{h+L}$, c'est que dans le premier cas, le rapport des pesanteurs de la Lune aux points b & p, l'emportera sur le rapport renversé des quarrés des distances au point C, & que dans l'autre cas, ce sera le contraire. Or puisque la fraction $\frac{B^3 k}{k+L}$ sera non-seulement plus petite que $\frac{B^3 h}{h+L}$, mais qu'elle ne pourra encore égaler $\frac{P^3 i}{i+L}$, il est clair que quand la Lune passera du point p au point g, les apsides avanceront toûjours suivant l'ordre des Signes; & si on supposoit que $\frac{P^3 i}{i+L}$ surpassât $\frac{B^3 h}{h+L}$, le rapport de $\frac{P^3 i}{i+L}$ à $\frac{B^3 k}{k+L}$ en deviendroit plus grand, ce qui demanderoit que le mouvement des apsides s'accelerât encore, pendant que la Planete décriroit l'arc pg.

En un mot, comme le rapport de $\frac{B^3 h}{h+L}$ à $\frac{B^3 k}{k+L}$ égalera le rapport composé de $\frac{B^3 h}{h+L}$ à $\frac{P^3 i}{i+L}$ & de $\frac{P^3 i}{i+L}$ à $\frac{B^3 k}{k+L}$, il est évident que quand la Lune aura parcouru l'arc bg, les apsides se trouveront toujours à peu près également avancés, soit que la fraction $\frac{B^3 h}{h+L}$, soit ou plus grande

ou plus petite que la fraction $\frac{P^3 i}{i+L}$.

Or les pesanteurs qu'aura la Lune aux points qui se répondront dans les arcs bp & qb, pg & gq, seront nécessairement les mêmes ; donc suivant ce qui vient d'être dit, il faudra que les apsides b & g avancent lentement, ou même qu'ils rétrogradent quand la Planete décrira le petit arc qbp, & que leur mouvement soit direct & qu'il s'accelere quand elle parcourera le grand arc pgq.

Je dis maintenant que le contraire arrivera, lorsque les apsides de l'orbite $bpqg$ seront tournés du côté des quadratures ; car supposant ce qui vient d'être dit, mais (*Fig.* 34.) nommant m la colonne Pb, n la colonne Gp ou Bq, & r la colonne Qg, les pesanteurs aux points b, p & g seront proportionnelles à $\frac{1}{dd} \times \frac{P^3 m}{m+L}$, $\frac{1}{cc} \times \frac{B^3 n}{n+L}$,

$\frac{1}{DD} \times \frac{P^3 r}{r+L}$; or $\frac{P^3 m}{m+L}$ surpassera $\frac{B^3 n}{n+L}$; donc dans tout l'arc qbp, le rapport des pesanteurs de la Lune sera plus grand que le rapport renversé des quarrés des distances au centre C, ce qui (*Art.* 11.) fera avancer les apsides suivant l'ordre des Signes : mais la raison de $\frac{B^3 n}{n+L}$ à $\frac{P^3 r}{r+L}$,

fera plus petite que celle de $\frac{P^3 m}{m+L}$ à $\frac{B^3 n}{n+L}$; donc quand la Lune parcourera le grand arc pgq, les apsides avanceront lentement ou rétrograderont ; ils avanceront

(*Art.* 11.) si $\frac{B^3 n}{n+L}$ surpasse $\frac{P^3 r}{r+L}$; ils rétrograderont au

contraire

contraire (*Art.* 12.) si c'est $\frac{P^3 r}{r+L}$ qui surpasse $\frac{B^3 n}{n+L}$.

J'ajoute à cela, que, suivant ce que j'ai déja dit dans l'Article précédent, plus le mouvement des apsides sera lent ou rétrograde, quand la Lune parcourera l'arc *pgq*, plus ce mouvement s'accelerera quand la Planete décrira l'arc *qbp*.

ARTICLE LII.

Il est clair que les irrégularités qui sont particulieres à la Lune, & qui ont pour cause l'applatissement du tourbillon de la Terre, doivent toûjours augmenter à mesure que ce tourbillon s'applatit, & comme cet applatissement répond à peu près aux forces qui le compriment, & que ces forces sont en raison renversée des quarrés des distances de la Terre au Soleil, les irrégularités de la Lune ne doivent gueres s'éloigner de cette proportion.

ARTICLE LIII.

Il me reste à faire voir que le mouvement réciproque des eaux de la mer, est une suite nécessaire des principes qu'on vient d'établir.

Soit *qpmnrsto* (*Fig.* 35.) la Terre environnée de son tourbillon ABDG, & L*l* le tourbillon de la Lune embrassé par la Piramide AC*a*, qu'on suppose avoir le centre de la Terre pour sommet ; si la masse de la colonne A*l*L*a*, a, comme on le doit supposer, un rapport fini avec la masse du tourbillon de la Lune, elle ne communiquera à ce tourbillon qu'une partie de sa vitesse réactive ; ainsi la pression de la partie *pq* par la colonne A*qpa*, sera moindre que la pression de la partie *rs* par la colonne D*rsd*. qu'on suppose diametralement opposé à A*qpa* ;

T t

donc la loi de l'équilibre demandera que la Terre s'éleve un peu vers la Lune ; & comme les eaux qui se trouveront vers *pq* seront obligées de céder à l'impression des colonnes laterales B*mnb*, G*tog*, la mer s'élevera dans cet endroit au-dessus de son niveau. A l'égard des eaux qui se trouveront vers *rs*, il est clair que l'action des mêmes colonnes laterales les empêchera de s'élever autant que la Terre ; donc il se formera deux Promontoires d'eaux, l'un du côté de *pq*, l'autre du côté de *rs*, ce qui donnera à la mer une figure approchante de la surface d'un spheroïde alongé.

Supposons maintenant que APBQ (*Fig.* 36.) représente la figure oblongue de la mer, lorsque la Lune se trouve au point L ; supposons aussi que PQ soit l'axe de la Terre, il est évident que quand les deux promontoires A & B, en tournant conjointement avec la Terre autour de l'axe PQ, viennent à s'écarter du méridien où se trouve la Lune, leurs eaux doivent nécessairement retomber par leur propre poids ; donc les marées pour chaque lieu particulier, suivent toujours les retours de la Lune dans un même méridien ; c'est pour cela que la mer fluë & refluë deux fois dans l'espace de 24^h 49' ou environ, c'est-à-dire dans un tems égal à celui qu'employe la Lune à faire sa révolution journaliere autour de la Terre.

Suivant ce qui vient d'être dit, il faut que les marées arrivent plûtôt vers les Tropiques, que vers nos contrées ; mais si on suppose que les promontoires A & B s'étendent jusqu'à nous, il faut encore que nos marées soient plus grandes que celles qui arrivent vers les Tropiques ; car il est clair que, plus les eaux de la mer retombent de haut, plus elles doivent s'élever au-dessus de leur niveau lorſque quelque obſtacle borne leur cours. Mais ſi rien n'empêche les eaux de couler, ce qu'elles ont acquis de force en tombant les oblige encore à s'étendre, lors même qu'elles ont atteint leur niveau.

Cependant comme l'impreſſion à laquelle elles obéïſſent alors, s'affoiblit ſans ceſſe, il faut que les marées ayent des bornes au-delà deſquelles elles ceſſent d'être ſenſibles, auſſi ne le ſont-elles plus dès qu'elles ont une fois paſſé le 65ᵉ dégré de latitude.

La mer employe moins de tems à s'approcher de nous qu'à s'en éloigner ; quand elle s'en approche, elle ſuit ſa pente naturelle, quand elle s'en éloigne, il faut qu'elle vainque la réſiſtance que lui fait ſon propre poids.

Si on ſuppoſoit que la Lune fût anéantie, les eaux de la mer formeroient toujours deux promontoires oppoſés qui auroient pour axe le petit diametre BG (*Fig.* 37.) du tourbillon de la Terre ; c'eſt que (*Art.* 42.) les colonnes de la matiere étherée peſeroient d'autant moins, qu'elles ſeroient plus voiſines de ce diametre ; auſſi les marées ſeroient-elles alors réglées comme elles le ſont dans le tems des nouvelles & des pleines Lunes, mais elles ſeroient plus petites. Il ſuit delà que ſi dans le tems des quadratures, les promontoires ſont tournés vers les extremités P & Q du grand axe PQ, (*Fig.* 38.) c'eſt que, comme le tourbillon de la Terre eſt peu applati, ce que la Lune retranche de la peſanteur des colonnes PC ou QC dont elle porte le poids, l'emporte ſur la différence de cette peſanteur & de celle des colonnes BC ou GC couchées ſur le petit axe.

Suivant ce qui vient d'être dit, on voit que les marées ſont plus ou moins grandes, ſelon que la Lune s'approche plus ou moins du petit axe BG ; car vers le tems des quadratures la Lune ne peut produire son effet qu'après-avoir détruit celui qui résulte de la figure spheroïdale du tourbillon de la Terre ; on a donc alors deux effets contraires produits par deux causes différentes, au lieu que vers le tems des conjonctions ou des oppositions, ces deux causes se réünissent pour produire le même effet.

Il suit de là que des nouvelles & des pleines Lunes aux quadratures, les marées du matin sont plus grandes que celles du soir, & que des quadratures aux nouvelles ou aux pleines Lunes, les marées du soir sont plus grandes que celles du matin, ce qui est évident, puisque les marées décroissent depuis les pleines & les nouvelles Lunes jusqu'aux quadratures , & qu'elles augmentent depuis les quadratures jusqu'aux nouvelles & aux pleines Lunes.

Il est démontré (*Diff.* 8. *Art.* 46.) que les pesanteurs diminuent depuis les Pôles jusqu'à l'Equateur. Mais moins les eaux de la mer pesent, plus les promontoires d'où naissent le flux & le reflux, doivent s'élever ; donc il faut que ce soit aux nouvelles & aux pleines Lunes des équinoxes qu'arrivent les plus grandes marées ; c'est qu'alors la Lune, & par conséquent les promontoires dont elle cause l'élevation, sont dans le plan de l'Equateur, ou voisins de ce plan.

Il suit des mêmes principes que les plus petites marées qu'occasionne la Lune sont celles qui arrivent dans les quadratures des équinoxes ; c'est qu'alors la Lune, & par conséquent les promontoires qu'elle fait élever, sont dans le plan de l'un des tropiques ou voisins de ce plan.

Soit ABDG (*Fig.* 39.) le tourbillon applati de la Terre circulant autour de lui-même, suivant l'ordre des Lettres

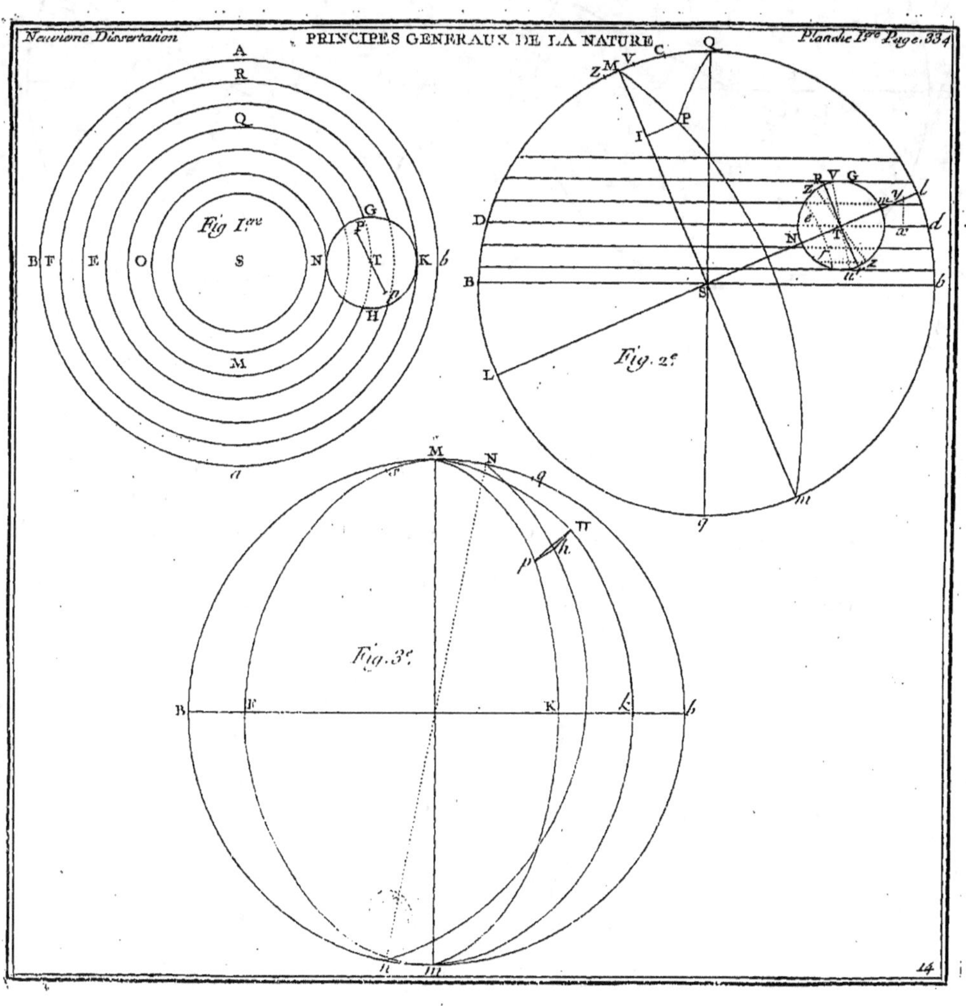
Fig. I.re
Fig. 2.e
Fig. 3.e

Fig. 4 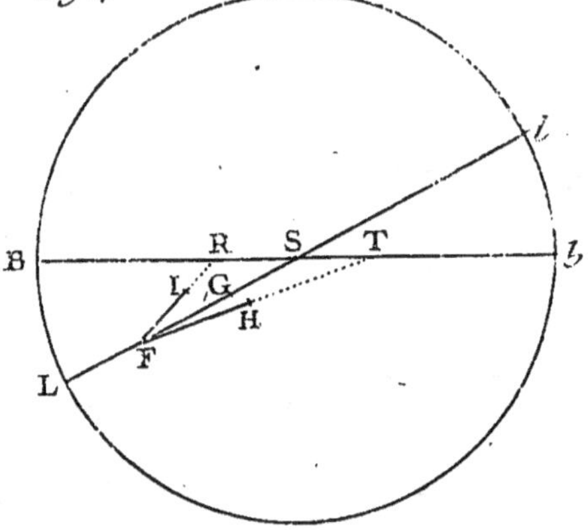
Fig. 5 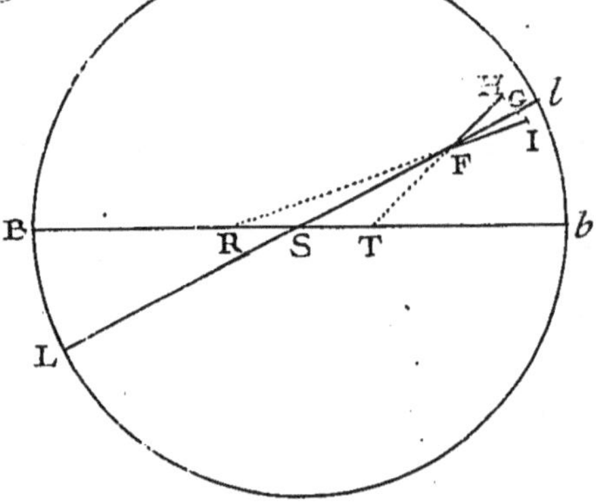
Fig. 6 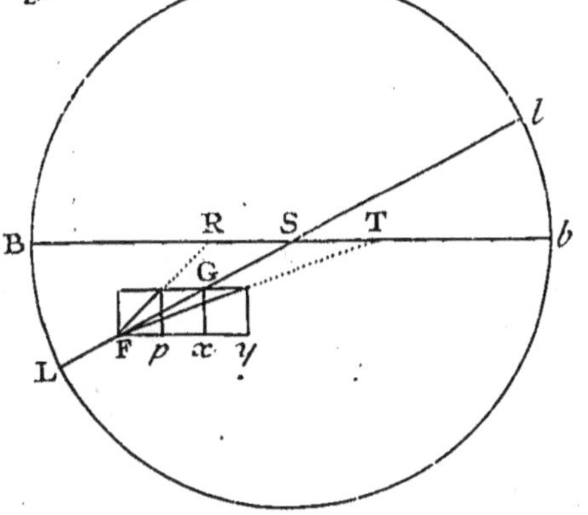
Fig. 7 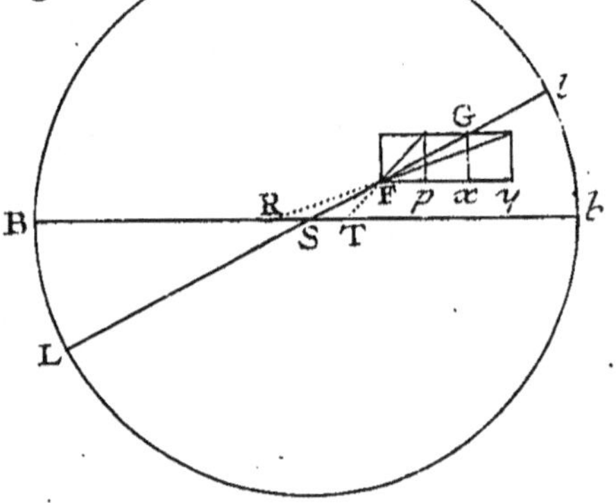
Fig. 8 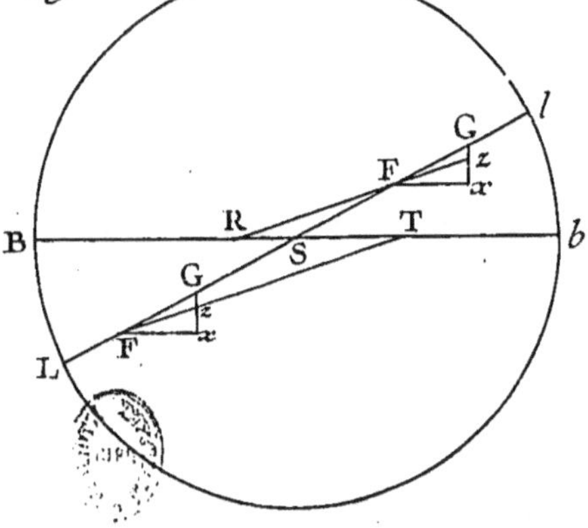
Fig. 9

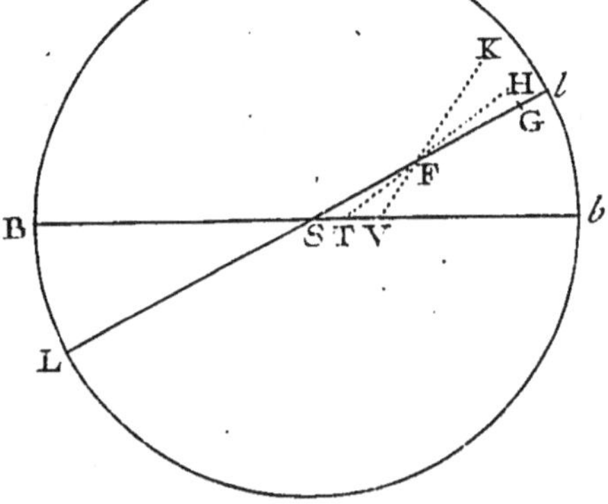

Fig. 10
A
C B
R
r
H
d
g
h
F

Fig. 11
R
T
x
K
V
y
Q
U
F

Fig. 12
R A
T
x
V
N
M
t
S
g
F
a

Fig. 13
Q
S
δ
A
R
x
g
f
T
v
B
F
a a
A
G

Fig. 14
A
R
x
δ
T
G
v
f
F
a a

Fig. 15
A
G
H
B
E
K

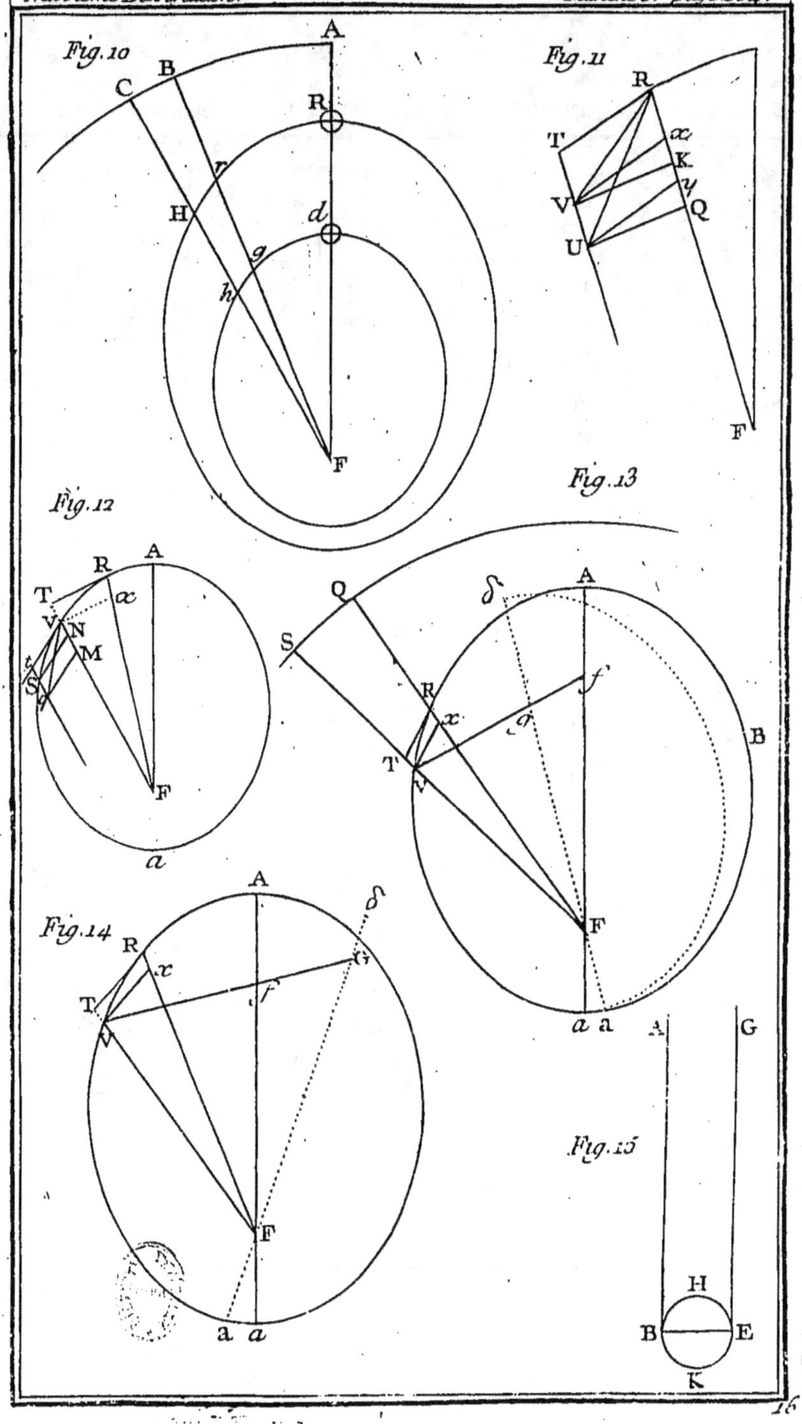

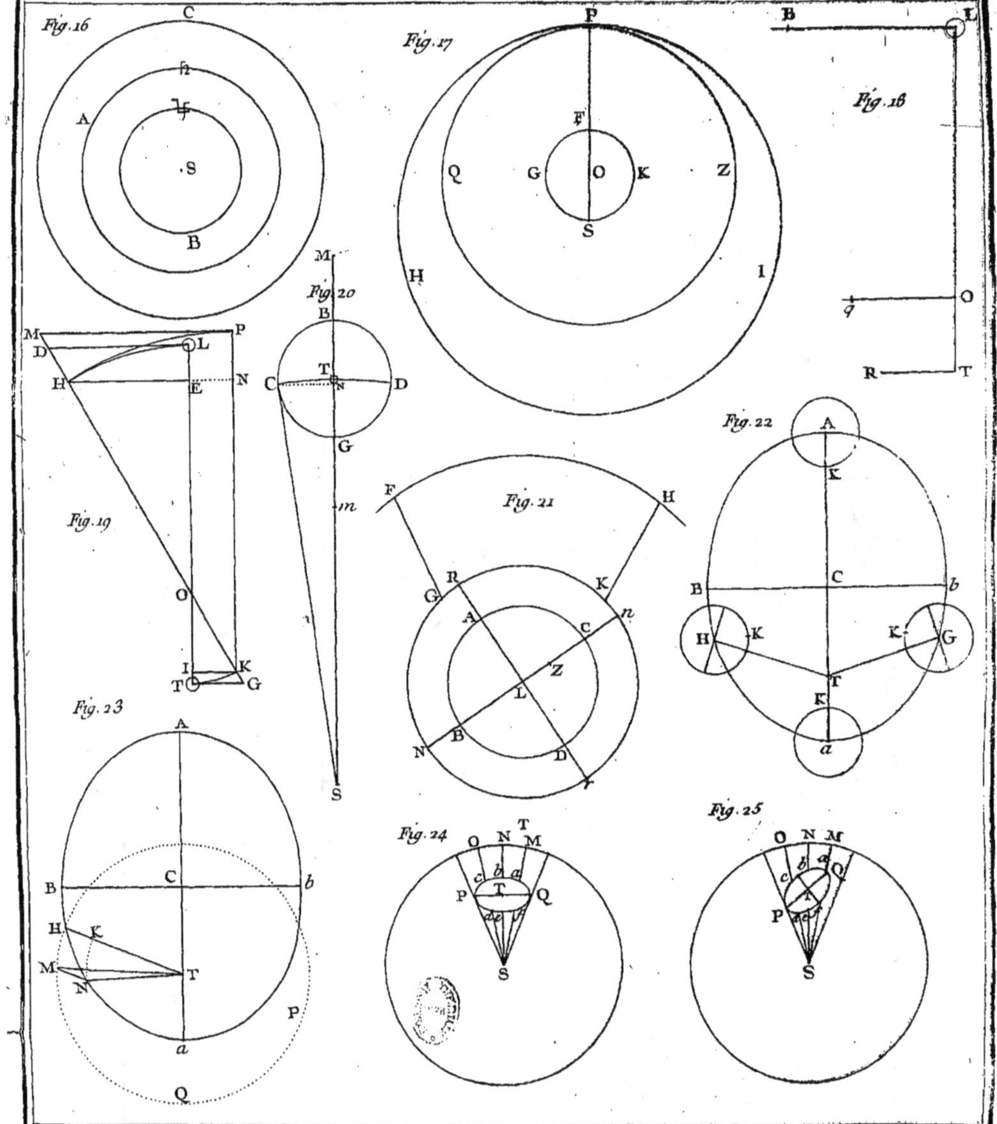
Fig.16
C
h
A
S
B
Fig.17
P
F
Q G O K Z
S
H
I
Fig.18
B L
q
O
R T
Fig.20
M
B
C T N D
G
m
Fig.19
M
D L P
H E N
O
I K
T G
S
Fig.21
F H
R K
G n
A C
L Z
N B D
r
Fig.22
A
K
B C b
H K K G
T
K
a
Fig.23
A
B C b
H K
M T
N
a
P
Q
Fig.24
O N T M
P c b a Q
T
d e
S
Fig.25
O N M
c b a Q
P d
S

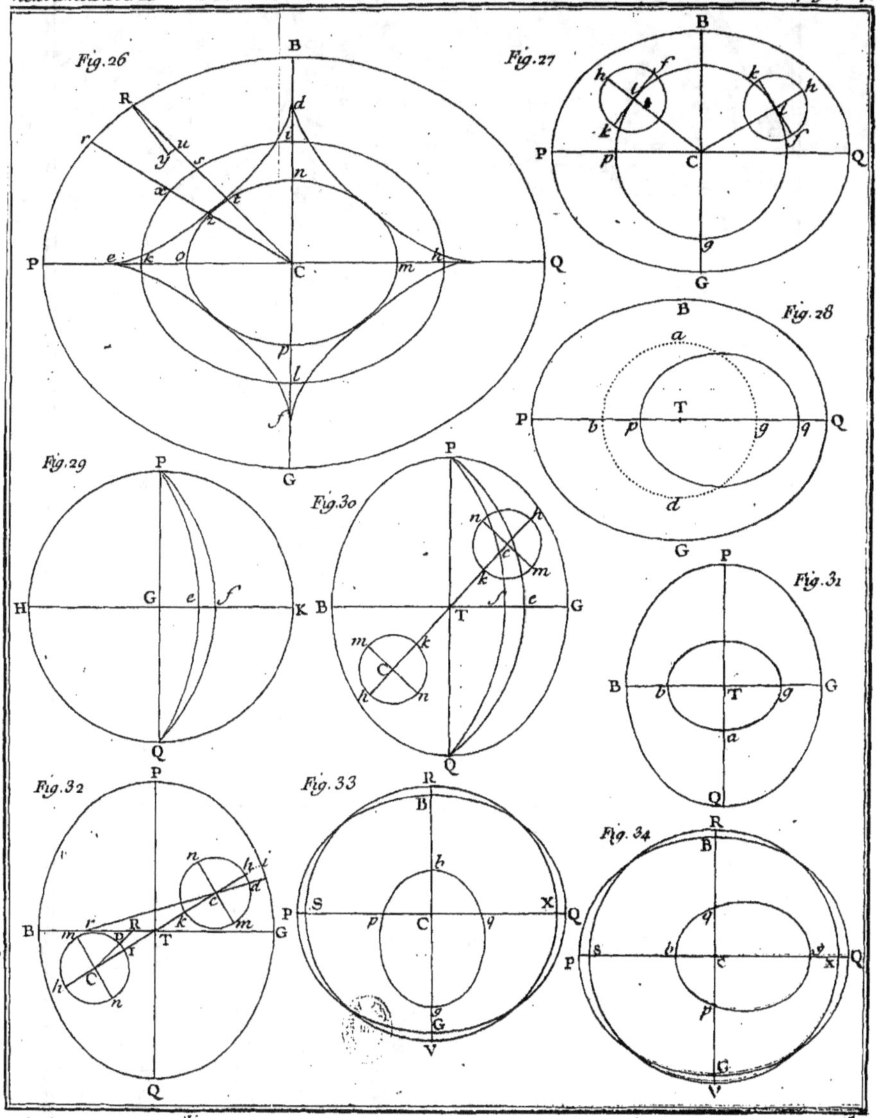

Fig.26
Fig.27
Fig.28
Fig.29
Fig.30
Fig.31
Fig.32
Fig.33
Fig.34

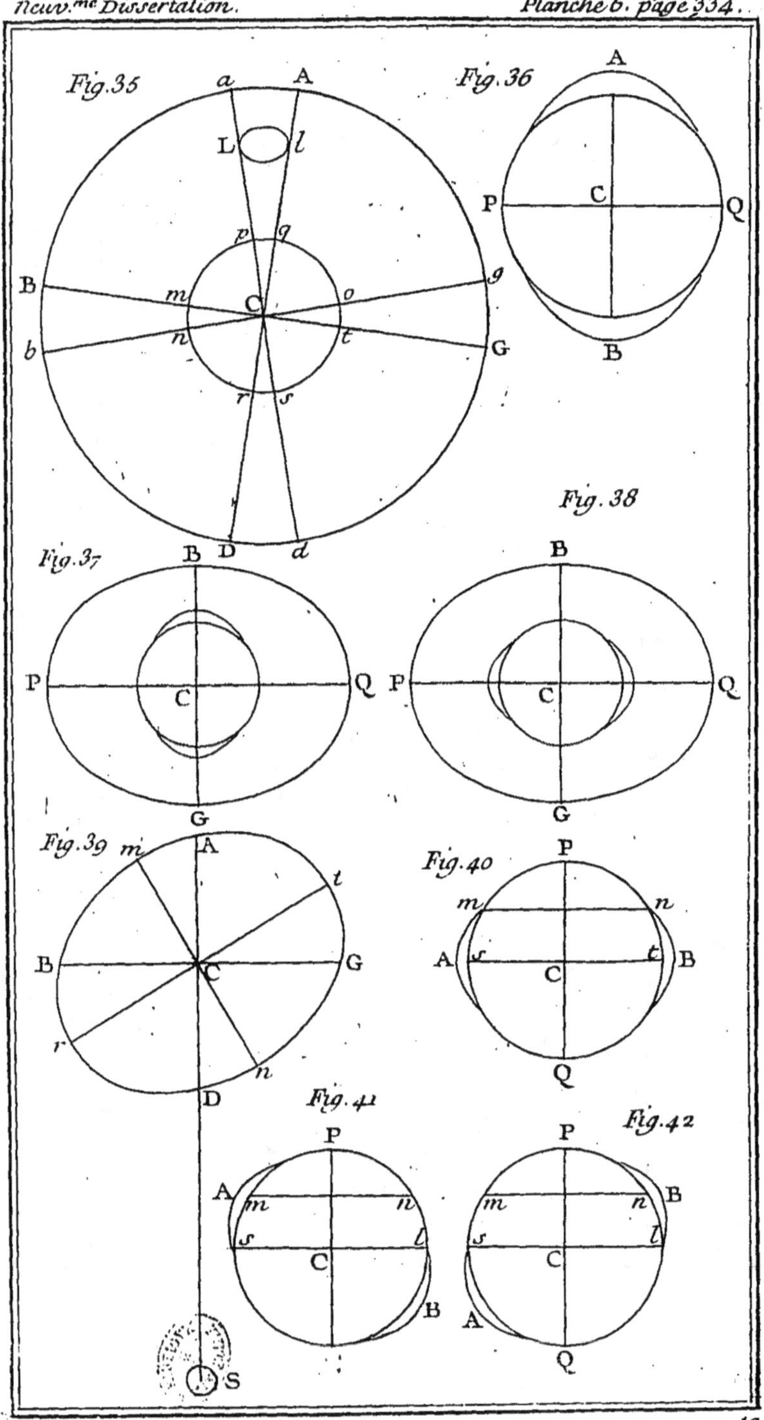

Fig. 35
a A
L l
p q
B m C o g
b n t G
r s
D d
Fig. 36
A
P C Q
B
Fig. 37
B D
P C Q
G
Fig. 38
B
P C Q
G
Fig. 39
m A t
B C G
r
n
D
Fig. 40
P
m n
A s t B
C
Q
Fig. 41
P
A m n
s l
C
B
Fig. 42
P
m n B
s l
C
A
Q
S

ABD, Soit SDCA une ligne qui passe par son centre &
par celui du Soleil, BCG une perpendiculaire sur SDCA,
*m*C*n* le petit axe du spheroïde applati, qu'on suppose
(*Art.* 36.) incliné du côté que circule la matiere étherée, *r*C*t* le grand axe du plan elliptique *mrnt* ; comme
la Lune n'arrivera aux rayons *m*C ou *n*C, *r*C ou *t*C,
qu'après qu'elle aura passé par les rayons AC ou DC,
BC ou GC, il est clair que les grandes & les petites
marées devront nécessairement retarder, aussi les grandes
marées n'arrivent-elles qu'un jour ou deux après les nouvelles ou les pleines Lunes, & les petites marées, qu'un
jour ou deux après les quadratures.

Soit PQ l'axe de la Terre PSQ*t* (*Fig.* 40.) S*t* l'Èqua-
teur, *mn* notre parallele, P*s*Q le demi-meridien dans
lequel se trouve le Soleil, A le promontoire qui répond
aux marées du soir, B celui qui répond aux marées du
matin ; comme dans les nouvelles & dans les pleines
Lunes des équinoxes nous nous trouvons également
voisins de la naissance des promontoires A & B, les marées du soir sont nécessairement égales à celles du matin.

En Eté, le trop grand éloignement du promontoire B
(*Fig.* 41.) dans le tems des nouvelles & des pleines Lunes,
donne les marées du matin plus petites que celles du soir.

C'est le contraire en hyver, le trop grand éloignement du promontoire A (*Fig.* 42.) donne les marées du
soir plus petites que celles du matin.

La Piramide de matiere étherée dont le tourbillon de
la Terre affoiblit la réaction, s'élargit ou se rétressit, suivant que la Lune s'approche ou qu'elle s'éloigne de la
Terre, or de la largeur de cette Piramide dépend en partie
la grandeur des marées ; donc toutes choses égales d'ailleurs, les marées augmentent ou diminuent suivant que

la Lune s'approche de nous, ou qu'elle s'en éloigne.

On a déja vû que la grandeur des marées dans le tems des nouvelles ou des pleines Lunes, dépend de l'applatiſſement du tourbillon de la terre ; or plus la terre s'approche du Soleil, plus l'applatiſſement de ſon tourbillon augmente ; donc ſi la Lune étoit toujours également éloignée de nous, & que les eaux de la mer euſſent par-tout une égale peſanteur, les marées des nouvelles & des pleines Lunes augmenteroient à meſure que la Terre approcheroit de ſon Perihelie, mais on ſçait que c'eſt peu de tems après le ſolſtice d'hyver qu'elle y arrive ; donc toutes choſes égales d'ailleurs, les marées des nouvelles & des pleines Lunes ſont plus grandes au ſolſtice d'hyver qu'au ſolſtice d'Eté.

Article LIV.

On voit préſentement que les principes de la Philoſophie moderne une fois admis, le mécaniſme aſtronomique ſe développe comme de lui-même, les Phénomenes en deviennent, pour ainſi dire, des conſéquences néceſſaires ; auſſi a-t'on déja l'expérience qu'en partant de ces principes, & cherchant ce qui doit être, on trouve ſûrement ce qui eſt, avant même que d'en être informé d'ailleurs.

FIN.

ECLAIRCISSEMENS.

Eclaircissement sur le Mouvement relatif.

ARTICLE I.

IL est démontré (*Diss.* 1.) que si l'espace & la matiere sont une même chose, tout mouvement est relatif & réciproque ; delà j'ai inféré que dans le mécanisme de la Nature, les causes qui sont censées n'être qu'apparentes, doivent paroître produire les mêmes effets que produiroient les causes qu'on dit réelles. Quelque jour je justifierai la fécondité de ce principe ; ici, je me borne à faire voir l'usage qu'on en peut faire dans les recherches phisicomatematiques.

ARTICLE II.

Le mécanisme de la Nature, nous offre une infinité de cas différens, les uns sont simples, les autres sont composés ; or je dis qu'il n'en est aucun dont on ne puisse changer l'apparence.

1°. Deux corps M & N (*Fig.* 1.) vont se rencontrer au point C avec les vitesses & suivant les directions qu'expriment les lignes AC & BC, ce cas est composé, mais si dans le tems que M va de A en C, mon lieu physique me fait parcourir la ligne PQ égale & parallele à AC, il est clair que quand je serai arrivé au point Q, il me paroîtra que M sera resté en repos au point C, & que N aura décrit la ligne HC égale & parallele à BA, ainsi le cas composé deviendra pour moi un cas simple : il en sera de même si je suis le mouvement de N.

2°. N part de H & vient frapper M en repos au point C, le cas est simple ; mais si je parcours QP dans le tems que N décrit HC, on voit bien que lorsque je serai en P, je trouverai que M & N étant partis des points A & B, auront été se rencontrer au point C, en suivant les directions AC & BC, ce qui me rendra l'apparence du cas composé.

Article III.

Si on suppose que M & N (*Fig.* 2.) décrivent en même-tems les lignes AG & BF, & qu'on veuille déterminer à quel point il faudra que ces corps soient arrivés, pour être à la moindre distance possible l'un de l'autre, on le déterminera de cette maniere.

Du point B, je mene la ligne BL parallele & égale à AG, & achevant le triangle BLF, j'observe que le mouvement de N sera composé des deux mouvemens BL & LF, & que le mouvement BL égalera le mouvement AG ; donc si dans le tems que M va de A en G, mon lieu phisique me fait parcourir la ligne PQ égale & parallele à AG, ou à BL, on voit que quand je serai arrivé au point Q, j'aurai dérobé aux deux corps,

les

les mouvemens exprimés par AG & par BL ; ainsi il me paroîtra que M sera resté en repos au point G, & que N étant parti du point L, aura décrit la ligne LF ; alors menant GK perpendiculaire sur LF, il est évident que ce sera au point K que le corps N me paroîtra s'être trouvé à la moindre distance du corps M ; GK exprimera donc cette moindre distance, & la position de cette ligne sera déterminée par rapport à mon lieu phisique, ou par rapport à la trace du mouvement de N. Il ne s'agira donc plus que de trouver sur BF & sur AG, deux points tels qu'en les joignant par une ligne droite, cette ligne soit égale à GK, & également inclinée sur AG, ce que je trouverai en formant le Parallelograme KHIG ; car il est clair que les points H & I seront les seuls qui pris sur les lignes BF & AG, donneront une ligne IH égale à GK, & également inclinée sur AG.

Supposant qu'on voulût trouver à quels points des lignes AG & BF, il faudroit que fussent arrivés les corps M & N, pour être à toute autre distance l'un de l'autre qu'on voudra supposer, on le trouvera en suivant la même méthode ; car si du point G on mene sur LF la ligne GR égale à la distance supposée, & qu'on forme le Parallelograme GRST, les points S & T seront les points cherchés.

Supposant presentement que pendant que le corps M seroit en repos au point G, le corps N décrivit la ligne LF, & qu'en même tems mon lieu phisique me fit parcourir la ligne QP, le cas simple me donneroit l'apparence du cas composé, en sorte qu'arrivé au point P, je jugerois que M auroit décrit la ligne AG, & que N auroit décrit la ligne BF, d'où il suit que quand N seroit parvenu au point R, ou au point K sur la ligne

LF, il me paroîtroit qu'il se seroit trouvé au point S, ou au point H sur la ligne BF, & qu'en même tems le corps M seroit arrivé au point T ou au point I, ce qui en me donnant l'apparence du cas composé, me donneroit aussi les points où il faudroit que les deux corps arrivassent pour se trouver à une distance l'un de l'autre, déterminée par les lignes TS ou IH.

ARTICLE IV.

Lorsqu'on connoît l'effet que produit la rencontre des corps dans les cas simples, on peut déterminer celui qu'elle doit produire dans ces cas composés ; pour cela il faut donner au cas composé l'apparence du cas simple, ou bien donner au cas simple l'apparence du cas composé.

Les corps M & N (*Fig.* 3.) ayant leur centre commun de gravité au point X, & partant en même-tems de A & de B, vont se rencontrer au point C, si je veux déterminer l'effet que doit produire leur rencontre, je puis le faire.

1°. En mettant un des deux corps en repos, pour simplifier le cas ; supposons donc que pendant que M va de A en C, mon lieu Phisique me fasse parcourir PQ, égale & parallele à AC, j'aurai l'apparence du cas simple ; ainsi lorsque je serai arrivé au point Q, il me paroîtra, comme je l'ai déja dit, que M sera resté en repos au point C, & que N aura décrit la ligne HC égale & parallele à BA. Maintenant si je prens PR double de PQ, & AD double de AC, & qu'après le choc je parcoure QR dans un tems égal à celui où avant le choc j'aurai parcouru PQ, il est évident que quand je serai arrivé en R, je ne jugerai plus que N sera venu joindre M au point C, en décrivant la ligne HC, je jugerai qu'il fera venu trouver ce corps au point D, en parcourant la ligne KD égale & parallele à HC, auffi-bien qu'à BA; or comme les caufes apparentes doivent paroître produire les mêmes effets que produiroient les caufes réelles, il arrivera que conformément à la loi de l'impulfion, je verrai qu'après le choc, les deux corps avanceront de compagnie fur le prolongement de KD, & qu'ils auront une viteffe qu'exprimera la ligne DL prife égale à XA, ce qui fuppofe que les deux corps après s'être rencontrés au point C, auront parcouru la ligne CL égale à XC dont elle fera le prolongement.

2°. On trouveroit la même chofe en donnant au cas fimple l'apparence du cas compofé. Imaginons nous qu N étant parti de K, vint frapper N en repos au point D, & qu'enfuite les deux corps avançaffent fur le prolongement de KD avec une viteffe commune exprimée par DL, je trouverois facilement l'effet du choc dans le cas compofé, en changeant cette apparence ; pour cela je ferois parcourir à mon lieu Phifique la ligne RQ, pendant que M décriroit KD, en forte que quand je ferois arrivé au point Q, les deux corps me paroîtroient ne s'être rencontrés au point D, qu'après avoir décrit les lignes CD & HD ; mais fi je faifois encore mouvoir mon lieu Phifique avec la même viteffe, & que je lui fiffe parcourir QP pendant que M & N décriroient la ligne DL, je jugerois lorfque je ferois en P, que les deux corps étant partis de A & de B, fe feroient rencontrés au point C, après avoir parcouru les lignes AC & BC, & qu'enfuite ils auroient eu la direction & la viteffe exprimée par CL.

ARTICLE V.

Nous n'avons point eu d'égard dans l'exemple pré-cedent à l'étenduë des masses des corps M & N, mais si on suppofoit que ces corps fuffent fpheriques, & que la fomme de leurs demi-diametres évaluée fur la ligne CH (*Fig.* 4.) égale & parallele à la ligne AB, valut CO, on détermineroit ainfi les points où dans l'inftant du choc feroient arrivés les centres de ces corps en fuivant les directions AC & BC, & l'effet que produiroit leur ren-contre. Achevant le Parallelograme COST, on voit que les points T & S feroient les points cherchés ; car les lignes AT & BS étant proportionnelles aux lignes AC, BC, les centres de ces corps arriveroient dans le même inftant aux points T & S ; ce feroit donc dans cet inf-tant que fe rencontreroient les deux corps, puifque par la fuppofition la ligne ST égaleroit la fomme des demi-diametres de M & de N. Suppofons maintenant que pen-dant que M iroit de A en T, mon lieu Phifique me fit parcourir PQ égale & parallele à AT, j'aurois l'appa-rence du cas fimple, ainfi lorfque je ferois arrivé au point Q, il me paroîtroit fuivant ce qui a été dit, que M feroit refté en repos au point T, & que le centre commun de gravité des deux corps fuppofé au point X, fur la ligne GS égale & parallele à HO, auroit décrit XD. Mais que je priffe PR double de PQ, & AZ double de AT, & qu'après le choc je parcouruffe QR dans un tems égal à celui où avant le choc, j'aurois parcouru PQ, il eft évident que quand je ferois arrivé au point R, je ne jugerois plus que N feroit venu joindre M, en décrivant la ligne GS, je jugerois qu'il feroit venu trou-ver ce corps en repos au point Z en décrivant la ligne

KY égale & parallele à la ligne GS , & que le centre commun de gravité des deux corps auroit eu la vitesse & la direction exprimée par XF égale à XD prise sur GS ; or puisque les causes apparentes doivent paroître produire les mêmes effets que ceux qui répondent aux causes qu'on dit réelles, il arriveroit que conformément à la loi de l'impulsion, je jugerois qu'après le choc, les deux corps iroient de compagnie, & que leur centre commun de gravité avanceroit sur le prolongement de KF, avec une vitesse FL égale à XF ; ce qui fait voir que les corps après s'être rencontrés aux points T & S, auroient ensuite la vitesse & la direction DL.

· On trouveroit encore la même chose en donnant au cas simple l'apparence du cas composé comme dans l'exemple précedent.

· Ayant encore égard à l'étenduë des masses de M & de N, mais supposant que les centres de ces corps ne tendissent point à arriver en même-tems au point C, concours des deux directions, M & N se rencontreroient obliquement , & l'on détermineroit ainsi l'effet que produiroit leur rencontre.

Si on supposoit que AD & BC (*Fig. 5.*) exprimassent les directions & les vitesses des corps M & N, on meneroit du point B la ligne BH égale & parallele à la ligne AD, & sur HC on meneroit l'oblique DO égale à la somme des demi-diametres de M & de N, ensuite achevant le Parallelograme DOST, les points S & T seroient ceux où se trouveroient les corps M & N au moment de leur rencontre ; ainsi prenant BG égale à AT, & supposant que pendant que M iroit de A en T, mon lieu phisique me fit parcourir PQ égale & parallele à AT, il est clair qu'arrivé au point Q, il me paroîtroit que N ayant décrit la ligne GS, auroit rencontré obliquement le corps M en repos au point T ; car alors la direction GS ne passeroit pas par le centre de gravité de M.

Maintenant que je prisse PR double de PQ, & AV double de AT, & qu'après le choc je parcourusse QR dans un tems égal à celui où avant le choc j'aurois parcouru PQ, on voit que quand je serois arrivé au point R, je ne jugerois plus que N seroit venu joindre M au point T en décrivant la ligne GS, je jugerois qu'il seroit venu frapper obliquement ce corps en repos au point V en parcourant la ligne KF égale & parallele à GS ; unissant donc les centres de gravité de M & de N par la ligne VF prolongée jusqu'en Y, où tomberoit la perpendiculaire KY, & coupant la ligne VY au point Z, en sorte que YZ fut à ZF comme N à M, prenant aussi VM égale à YZ, & FN égale & parallele à KZ, je trouverois qu'après le choc (*Diff.* 2. *Art.* 21.) les lignes VM & FN exprimeroient & les vitesses & les directions des corps M & N ; ce qui supposeroit qu'après que ces corps se feroient rencontrés aux points T & S, ils auroient décrit, l'un la ligne TM, l'autre la ligne SN.

On trouveroit la même chose en donnant au cas simple l'apparence du cas composé comme dans les Articles précedens.

ARTICLE VI.

Un dernier exemple tiré pareillement du fond de la matiere que je traite, achevera d'éclaircir la méthode que fournissent les transformations dont je viens de donner l'idée.

Je suppose d'abord que quand une fois un corps a commencé à se mouvoir circulairement autour de son centre de gravité, il continue de se mouvoir, en conservant toûjours sa premiere vitesse.

La verité de cette proposition est une vérité simple, qui ne peut être contestée ; en tout cas voici comment on peut la justifier.

Je prens deux corps M & N (*Fig. 6. & 7.*) attachés aux extremités d'une ligne inflexible sur laquelle je suppose qu'ils ayent leur centre commun de gravité au point X ; je pousse M vers C avec la vitesse AC, & N vers I avec la vitesse GI, en sorte que AC & GI soient les tangentes de deux arcs infiniment petits & semblables ; comme dans ce cas le mouvement de M & celui de N feront composés, l'un des mouvemens AB & BC, l'autre des mouvemens GH & HI, ceux qui seront exprimés par BC & HI, se détruiront ; ainsi il ne restera que les mouvemens AB & GH égaux aux mouvemens primitifs ; car (*Fig. 6.*) du point A comme centre, ayant décrit l'arc BF, cet arc pris pour une perpendiculaire abaissée du sommet de l'angle droit ABC sur AC, sera moyenne proportionnelle entre CF & FA ou BA son égale ; donc CF différence de AC & de AB sera un infiniment petit du troisiéme genre, aussi-bien que la différence de GI & de GH ; donc les vitesses seront toujours les mêmes.

Ce principe établi, on demande ce qui doit arriver si un corps M (*Fig. 8.*) attaché à un autre corps N par un fil AG, est poussée suivant une direction perpendiculaire sur ce fil.

Pour résoudre ce Problême, je commence par suivre la méthode que fournit la loi de la décomposition des mouvemens, c'est le corps M que je pousse pour lui faire décrire la ligne AC supposée infiniment petite, je prens GR égale à GA, ensuite je coupe RC au point B, en forte que RB foit à BC comme M eft à N ; enfin je prens fur GR, GH égale à RB ; cela fait, on voit que le corps M ne peut tendre à aller de A en C, qu'il n'agiffe fur N avec la force RC ; donc fuivant la loi commune, M doit aller de A en B, & N, de G en H : je prolonge maintenant la ligne AB jufqu'en F, en faifant BF égale à AB, enfuite je prens HL de la longueur de GH, & je mene LF que je coupe au point S pour l'égaler à HB ou à GA ; je coupe auffi la ligne SF au point D, en forte que SD foit à DF, comme M eft à N ; enfin je prens la partie LK égale à SD : après cette nouvelle préparation, il eft aifé de s'appercevoir que quand le corps M tend à aller de B en F, N tend à aller de H en L, en fuivant la direction de fon mouvement déja acquis ; mais le corps M qui agit alors fur N avec la nouvelle force SF, doit encore par la loi commune fe détourner de BF, pour fuivre la direction BD, & cela pendant que N ayant les deux mouvemens HL & LK, fuit HK diagonale d'un parallelograme fait fous les deux côtés HL & LK.

Ainfi par des opérations infiniment réiterées, on trouveroit de fuite tous les points par où pafferoient les corps M & N ; mais on va voir qu'en recourant à la méthode des transformations, on évite & l'embarras & la longueur de celle que fournit la décompofition des mouvemens.

J'obferve d'abord que quand M (*Fig. 9.*) arrive en B, & N en H, le point X centre commun de gravité de M & de N, arrive en O, enfuite faifant paffer par ce point la ligne PQ égale & parallele à AG, je pofe cette ligne de maniere que P & Q répondent perpendiculairement aux points A & G de la ligne AG ; cela fait,

je

je dis que si conjointement avec mon lieu phisique, je
suis le mouvement de X, il arrivera que lorsque j'aurai
atteint le point O, M & N auront décrit à mon égard,
l'un l'arc PB, mesure de l'angle COP, l'autre l'arc QH,
mesure de l'angle QOH; ainsi je trouverai que les deux
corps auront commencé à circuler sur leur centre commun de gravité; donc si mon lieu phisique reste dans le
même état, je veux dire s'il va toujours avec la même
vitesse, & en suivant la même direction, M & N continueront toûjours de circuler à mon égard, ce qui n'arriveroit point si ces deux corps réellement emportés
par leur centre commun de gravité, n'avoient pas à la
fois un mouvement direct & circulaire; donc ce double
mouvement doit composer celui des corps unis par le
fil AG.

Maintenant je prens le cas simple pour lui donner
l'apparence du cas composé; je fais circuler M & N autour du point O leur centre commun de gravité, &
dans le tems que M & N décrivent les arcs PB & QH,
je passe de O en X, où étant arrivé, il doit me paroître
que M ayant d'abord été poussé de A en C a été contraint de se détourner vers B, en entraînant le corps N
au point H; ayant donc par ce moyen l'apparence de
la premiere détermination de M & de N dans le cas composé, j'aurai de suite tout ce qui doit arriver dans ce
cas.

Il est clair que si je continue de suivre la ligne OX
prolongée, & que je rende toujours ma propre vitesse
aux deux corps, je verrai qu'en même-tems que ces
corps circuleront, leur centre commun de gravité les
assujettira à suivre l'impression d'un mouvement direct
& uniforme, pareil à celui que j'aurai en sens contraire;

ce fera donc là l'effet de la premiere détermination des deux corps dans le cas compofé ; car, comme je l'ai déja dit, les effets que paroiffent produire les caufes apparentes, doivent toûjours nous reprefenter ceux qui répondent aux caufes qu'on dit réelles.

Mais comme on pourroit demander ici une précifion géometrique, je nomme V la viteffe exprimée par AC; ainfi $\dfrac{VM}{M+N}$ donnera celle du mouvement direct de M & de N, ou de leur centre commun de gravité, & l'on aura pour les viteffes de leurs mouvemens circulaires & oppofés $V - \dfrac{VM}{M+N} = \dfrac{VN}{M+N}$, & $V - \dfrac{VN}{M+N} = \dfrac{VM}{N+M}$.

Si on fuppofe que la maffe du corps N (*Fig.* 10.) devienne infinie, ou que le point N foit fixe, le corps M circulera avec toute la viteffe AC ; mais que dans ce cas je fuive le mouvement élementaire AC, il eft clair que quand je ferai arrivé en C, le point N me paroîtra avoir décrit la ligne DN, égale & parallele à CA, & cela pendant que le corps M attiré par ce point aura parcouru la partie CR de la fecante NC; ainfi en continuant de me mouvoir uniformément fur la tangente ACT, le point X me paroîtra avoir le même mouvement en fens contraire fur la ligne DNZ; & comme le corps M continuera de circuler autour de N, je trouverai que la trace de fon mouvement formera une cycloïde, donc ce fera là la courbe qu'il décrira en effet, fuppofé qu'étant primitivement en repos au point A, le point N auquel il sera attaché par un fil soit déterminé à se mouvoir uniformément sur la ligne NZ. C'est aussi ce qu'ont démontré M. de Maupertuis & M. Clairault d'une maniere plus recherchée & plus géométrique.

Il faut remarquer que le fil qui tiendra le corps M sera toujours également tendu, soit que ce corps circule en conséquence du mouvement primitif qui lui aura été imprimé, soit qu'il se meuve en obéissant au mouvement du point X.

Il faut encore remarquer que si le mouvement est quelque chose d'absolu, la vitesse du corps M sera toujours la même dans le premier cas, & que dans l'autre sa vitesse s'altérera à chaque instant ; au point B elle sera double de la vitesse du point X ; mais le mobile revenu au point A, sa vitesse sera nulle. Ainsi supposant qu'alors le fil se rompit le corps M resteroit en repos pendant que le point X continueroit d'avancer uniformément sur la ligne XZ ; donc si ce corps arrivé au point A recommence à se mouvoir, c'est qu'il sera attiré par le point X ; ce ne sera donc que par supposition & relativement au lieu phisique du spectateur qu'on pourra mettre la force attractive d'un côté plutôt que de l'autre. Delà j'infére que les Neutoniens ont tort de prétendre que ce qu'on appelle force centrifuge dans un corps qui leur paroît circuler autour d'un point fixe, soit une preuve de l'éxistence du mouvement absolu.

ECLAIRCISSEMENT

Sur l'Attraction Neutonienne.

DANS l'expofition que j'ai faite du fiftême de M. Newton, j'ai moins parlé le langage de cet illuftre Géometre, que celui des Partifans outrés de fa Philofophie : il eft vrai que **M.** Newton admet le vuide, mais voilà tout ; jamais il n'a mis l'attraction au rang des Principes de la Nature ; s'il fait attirer les corps, ce n'eft que par fuppofition, & pour n'avoir rien à démêler avec les Phyficiens. Dans fon Ouvrage intitulé *Philofophiæ Naturalis Principia Mathematica,* il dit : *Jam pergo motum exponere corporum fe mutuo trahentium, confiderando vires centripetas tanquam attractiones, quamvis fortaffe, fi phificè loquamur, verius dicantur impulfus ; in Mathematicis enim jam verfamur, & propterea, miffis difputationibus Phificis, familiari utimur fermone, quo poffimus à Lectoribus Mathematicis facilius intelligi.*

» Le mot d'attraction a effarouché les efprits, dit un
» célebre Academicien *, plufieurs ont craint de voir
» renaître dans la Philofophie la doctrine des qualités
» occultes ; mais c'eft une juftice qu'on doit rendre à
» M. Newton, il n'a jamais regardé l'attraction comme
» une explication de la pefanteur des corps les uns vers
» les autres : il a fouvent averti qu'il n'employoit ce
» terme que pour défigner un fait, & non point une
» caufe.

* M. de Maupertuis.

» Je n'éxamine point quelle peut être la cause des
» attractions, (c'est M. Newton qui parle) ce que j'ap-
» pelle ici attraction peut être produit par une impul-
» sion ou par d'autres moyens qui me sont inconnus ;
» je n'employe ici ce mot d'attraction que pour signifier
» en general une force quelconque, par laquelle les corps
» tendent réciproquement les uns vers les autres, quel-
» qu'en soit la cause.

Et dans l'Avertissement qui se trouve à la tête de la
seconde Edition de son Traité d'Optique, il dit : » J'ai
» inseré quelques nouvelles questions à la fin du troisiéme
» Livre, & pour faire voir que je ne regarde point la
» pesanteur comme une proprieté essentielle des corps,
» j'ai ajouté une question en particulier sur la cause de
» la pesanteur «. Voici celle qu'il lui assigne.

Il suppose d'abord que l'Ether est un milieu excessi-
vement élastique ; puis il ajoute : » Ce milieu n'est-il pas
» plus rare dans les corps denses du Soleil, des Etoiles,
» des Planetes & des Cometes, que dans les espaces cé-
» lestes vuides qui sont entre ces corps-là ? Et en passant
» de ces corps dans des espaces fort éloignés, ce milieu
» ne devient-il pas continuellement plus dense ; & par-là
» n'est-il pas cause de la gravitation reciproque de ces
» vastes corps & de celle de leurs parties vers ces corps
» mêmes ; chaque corps faisant effort pour aller des par-
» ties les plus denses du milieu vers les plus rares ? Car
» si ce milieu est plus rare au-dedans du corps du Soleil
» qu'à sa surface, & plus rare à sa surface qu'à un cen-
» tiéme de pouce de son corps, & plus rare là qu'à un
» cent-cinquantiéme de pouce de son corps, & plus rare
» à ce cent-cinquantiéme de pouce que dans l'orbe de
» Saturne ; je ne vois pas pourquoi l'accroissement de

» denſité devroit s'arrêter en aucun endroit, & n'être
» pas plutôt continué à toutes les diſtances depuis le So-
» leil juſqu'à Saturne & au-delà. Et quoique cet accroiſ-
» ment de denſité puiſſe être extremement lent à de
» grandes diſtances, cependant ſi la force élaſtique de
» ce milieu eſt exceſſivement grande, elle peut ſuffire à
» pouſſer les corps des parties les plus denſes de ce mi-
» lieu vers les plus rares, avec toute cette puiſſance que
» nous appellons gravité.

Par-là M. Newton fait voir qu'il faut que les Planetes
peſent vers le Soleil ; car un corps inégalement comprimé, doit toûjours ceder à l'impreſſion la plus forte,
il faut qu'il aille du côté qu'il eſt le moins pouſſé ; il eſt
vrai qu'on ne voit pas que ce qui oblige les Planetes à
s'approcher du Soleil, doive obliger le Soleil à s'approcher
des Planetes, placé dans le milieu le plus rare, il paroît
néceſſaire qu'il y reſte, il ne peut tendre à s'en éloigner.
Par-là, on voit que l'idée qu'on donne ici de la peſanteur, n'offre rien d'analogue à celle de l'attraction mutuelle. Pourquoi donc M. Newton adopte-t'il cette mu-
tualité de tendance que lui refuſent ſes propres principes ? Rien ne l'obligeoit d'y avoir recours ; au contraire
même, j'ai démontré qu'en ſuppoſant qu'elle entrât dans
le ſiſtême de la Nature, elle ne ſerviroit qu'à défigurer
les Phénomenes, ou les effets qu'elle produiroit deviendroient ſenſibles. Car que tous les corps tendiſſent les
uns vers les autres.

1°. (*Diff. 9. Art.* 22.) Les tems des révolutions des
Planetes les plus éloignées du Soleil, deviendroient plus
courts que ceux que demanderoit la loi de Kepler, &
ſuivant Kepler lui-même, ces tems ſont vérifiés beaucoup plus longs.

2°. (*Diff*. 3. *Art*. 14.) Les Planetes subalternes au-roient dû tourner contre l'ordre des Signes autour des Planetes principales avec lesquelles elles se sont asso-ciées.

3°. (*Diff*. 9. *Art*. 26.) La proportion des chutes de la Lune vers la Terre, & de celle des corps qui sont voi-sins de nous, ne subsisteroit plus.

4°. (*Diff*. 9. *Art*. 47.) La figure qu'auroit la Terre seroit différente de celle que lui donne le rapport des pesanteurs nécessairement proportionnel à celui des dif-férentes longueurs du Pendule.

5°. (*Diff*. 9. *Art*. 48.) Il faudroit que l'axe de Jupiter fût au diametre de son Equateur, comme 6 à 7 ; c'est-à-dire, qu'il faudroit que cette Planete fût beaucoup plus applatie qu'on ne la trouve par le moyen du Mi-crometre.

6°. (*Diff*. 4. *Art*. 26.) Il arriveroit tôt ou tard que tous les corps répandus dans l'Univers se ramasseroient autour de leur centre commun de gravité.

Ainsi les Phénomenes se trouvent par-tout en con-tradiction avec le principe de la gravitation mutuelle ; ce n'est donc qu'en pure perte que M. Newton l'intro-duit dans son sistême, dans un sistême qu'il prétend d'ailleurs n'avoir établi que sur des principes d'expé-rience.

Cependant il en faut convenir, l'idée que cet illustre Géometre nous donne de la pesanteur est beaucoup plus supportable que celle qu'en ont la plûpart de ses par-tisans ; par-tout ils la regardent comme l'effet propre d'une qualité attractive qu'ils jugent devoir être essen-tiellement attachée à tous les corps ; aussi ont-ils soin d'insinuer qu'on n'est point sûr que la matiere ne puisse

avoir d'autres proprietés que celles que nous lui connoiſſons.; précaution dangereuſe ; car que le doute dont
ils font naître l'idée fût fondé, peut-être émaneroit-il
lui-même de quelqu'une des proprietés qu'auroit la matiere à notre inſçû.

ECLAIRCISSEMENT

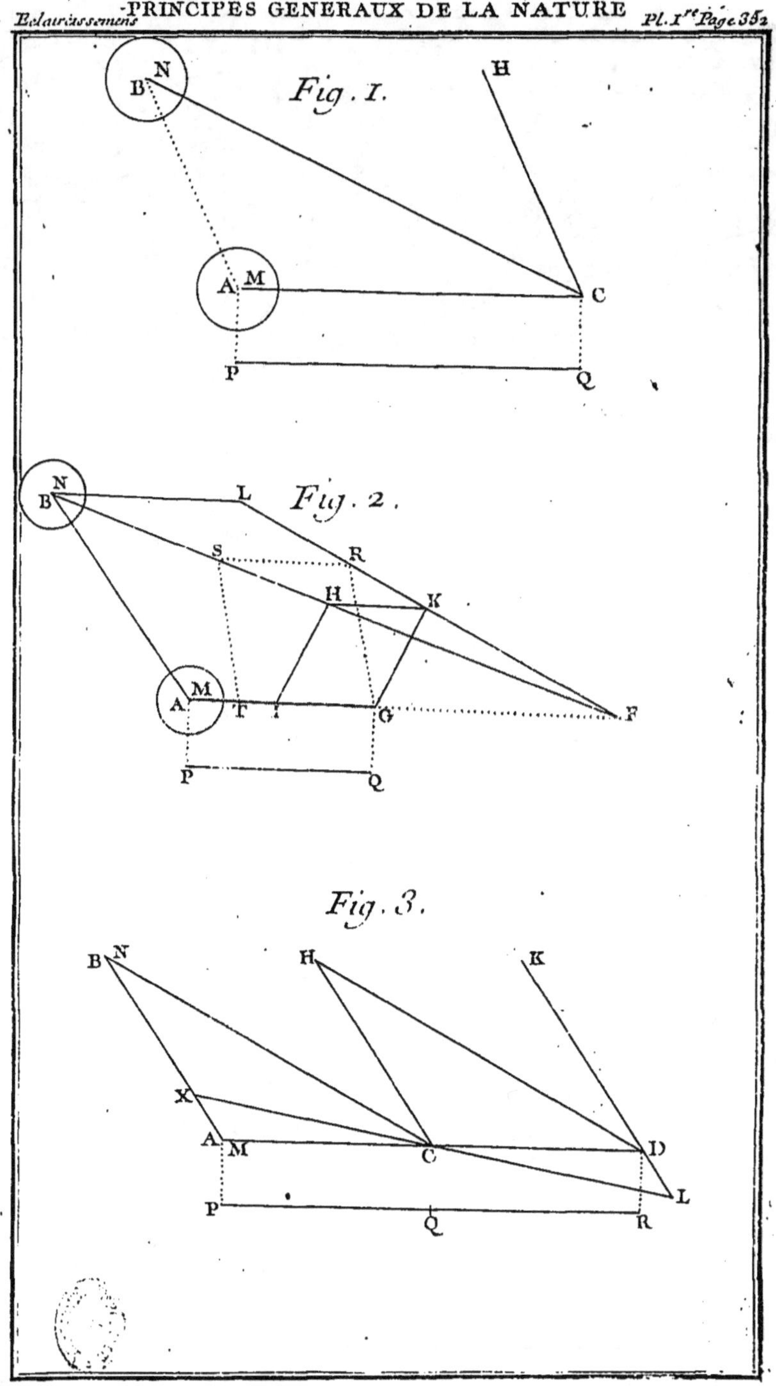

Fig. 1.
N
B
H
A M
C
P
Q
Fig. 2.
N
B
L
S R
H K
A M
T I G
F
P Q
Fig. 3.
B N
H
K
X
A M
C
D
L
P
Q
R

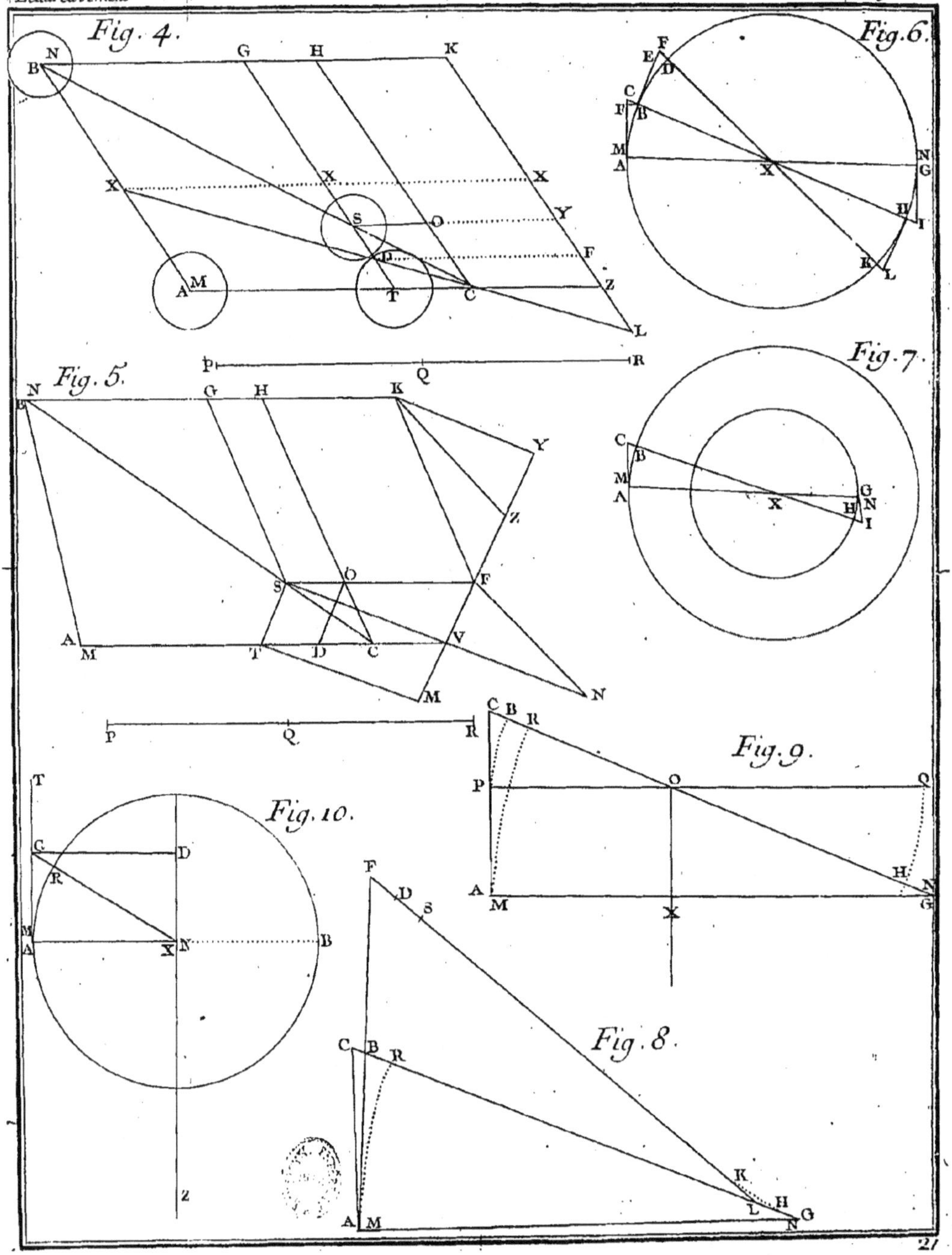

Fig. 4.
Fig. 6.
Fig. 5.
Fig. 7.
Fig. 9.
Fig. 10.
Fig. 8.

ECLAIRCISSEMENT

*Sur la pesanteur réduite & sur la grandeur du dégré *.*

QUe l'Ellipse AB*ab* (*Fig.* **1.**) représente un des méridiens du spheroïde applati, sur les élémens duquel les différentes directions de la pesanteur réduite seront perpendiculaires, si on connoît le rapport du demi-axe CA au demi-axe CB, & qu'on prenne l'angle RKA de la latitude apparente d'un point quelconque R, on déterminera ainsi l'angle que fera la perpendiculaire RK avec le rayon CR.

Nommant *a* & *b* les demi-axes CA & CB, *x* & *y* les coordonnées RX & RY, $\frac{aa}{y}$ & $\frac{bb}{x}$ (*propr. de l'Ell.*) donneront les soutangentes CT & C*t*; or que *g* soit le sinus de l'angle C*t*R égal à l'angle RKT de la latitude apparente, & que *h* exprime le sinus de l'angle de complement CTR, on aura *g*, $\frac{aa}{y}$ :: *h*, $\frac{bb}{x}$ & *x*, *y* :: *gbb*, *haa*; donc le rapport de *x* à *y* sera déterminé ; ainsi on connoîtra l'angle CRY du triangle CYR ; car nommant S le sinus total, *y* sera à *x*, comme S à la tangente de l'angle CRY, & cette tangente qui égalera $\frac{Sx}{y}$ ou $\frac{Sgbb}{haa}$ donnera l'angle CRY ou son alterne RCT ; donc

---

* Ce Mémoire m'a été fourni par une personne à qui je tiens par le Sang, & qui a bien voulu me suivre dans mon travail, & m'aider de ses lumieres.

l'angle de la divergence CRK égal à la différence des angles RCT & RKT, fera déterminé.

ARTICLE II.

Cherchons maintenant le point qui fera le fommet de la plus grande divergence.

Les mêmes chofes fuppofées que dans l'article précédent on aura $TX = \dfrac{aa}{y} - y = \dfrac{aa-yy}{y}$ & RX (*propr.* de l'Ell.) $= \dfrac{b}{a} \sqrt{aa-yy}$; mais à caufe du triangle rectangle KRT, la perpendiculaire RX fera moyenne proportionnelle entre KX & XT ; donc on aura RX $= \dfrac{bby}{aa}$, & la perpendiculaire RK fur la tangente RT $= \dfrac{b}{aa} \sqrt{a^4-aayy+bbyy}$; or qu'on abaiffe KD perpendiculaire fur RC, cette perpendiculaire fera à RK comme le finus de l'angle cherché au finus total.

Maintenant pour avoir KD, on obfervera que les triangles KDC & CYR étant femblables, les côtés CR & CY feront proportionnels aux côtés CK & KD ; mais CK égalera CX — KX ou $y - \dfrac{bby}{aa} = \dfrac{aay - bby}{aa}$; donc cette proportion CR, CY :: CK, KD, donnera KD $= \dfrac{\overline{aay - bby} \times b\sqrt{aa-yy}}{aa\sqrt{aayy-bbyy+aabb}}$; ainfi le rapport de KD à RK fera exprimé par $\dfrac{\overline{aay-bby} \times \sqrt{aa-yy}}{\sqrt{aayy-bbyy+aabb} \times \sqrt{a^4-aayy+bbyy}}$ qui fera un plus grand & dont la différentielle égalera 0 ; c'eft-à-dire qu'on aura

$$\left. \begin{array}{c} \dfrac{\overline{aady - bbdy} \times \sqrt{\overline{aa - yy}}}{\sqrt{aayy - bbyy + aabb} \times \sqrt{a^4 - aayy + bbyy}} \\[2ex] \dfrac{\overline{- aayydy + bbyydy}}{\sqrt{aa - yy} \times \sqrt{aayy - bbyy + aabb} \times \sqrt{a^4 - aayy + bbyy}} \\[2ex] \dfrac{\overline{- a^4yydy + 2aabbyydy - b^4yydy} \times \sqrt{\overline{aa - yy}}}{aayy - bbyy + aabb \times \sqrt{aayy - bbyy + aabb} \times \sqrt{a^4 - aayy + bbyy}} \\[2ex] \dfrac{\overline{+ a^4yydy - 2aabbyydy + b^4yydy} \times \sqrt{\overline{aa - yy}}}{a^4 - aayy + bbyy \times \sqrt{a^4 - aayy + bbyy} \times \sqrt{aayy - bbyy + aabb}} ; \end{array} \right\} = 0.$$

d'où on tirera $yy = \dfrac{aa}{2}$ & $xx = \dfrac{bb}{2}$; donc le sommet de l'angle de la plus grande divergence se trouvera au point où les coordonnées y & x seront entr'elles comme le grand axe au petit axe.

ARTICLE III.

Sur cela M. de Cury Professeur de Mathématiques au College Royal, a fait observer à l'Auteur du Mémoire que dans le cas de la plus grande divergence, l'ordonnée RY passe par le 45e dégré de l'arc B*i* quart du cercle inscrit, & que le rayon CR partage le quart de l'Ellipse en deux parties égales, ce qu'on peut démontrer ainsi,

Nommant z la partie YZ de l'ordonnée RY, ces deux proportions, $y, x, :: a, b,$ & $y, z :: a, b,$ donneront $x = z$; donc l'ordonnée RY passera par le 45e dégré de l'arc B*i*. Deplus, puisque l'aire ACB sera à l'aire *i*CB comme a à b, & que les triangles mixtilignes ACR & *i*CZ suivront la même proportion, il est clair que *i*CZ étant la moitié de l'aire *i*CB, ACR sera de même la moitié de l'aire ACB.

ARTICLE IV.

L'angle RKA de la latitude apparente d'un point quelconque R étant déterminé, fi on connoît les demi-axes CA & CB, on connoîtra auffi la longueur du rayon CR ; car le rapport des rayons CA & CB, donnera (*Art.* 1.) l'angle CRK de la divergence, & par conféquent les angles RCY, CRY ou fon égal RCA, & l'angle CRt ; ainfi nommant r le rayon CR, S le finus total, g le finus de la latitude obfervée, h le finus de fon complement CTR, m, n, v, les finus des angles CRY, RCY & CRT ou CRt ; nommant encore a & b les demi-axes CA CB, x & y, les coordonnées RX & RY, on aura h, $r :: v$, $\dfrac{aa}{y}$ (CT), d'où on tirera $y = \dfrac{haa}{rv}$, ou $yy = \dfrac{hha^4}{rrvv}$; on aura auffi n, $m :: y$, x, d'où on tirera $x = \dfrac{my}{n}$ ou $xx = \dfrac{mmyy}{nn}$; donc $xx + yy$ égalera $\dfrac{mmyy + nnyy}{nn} = \dfrac{SSyy}{nn} = rr$ ce qui donnera $yy = \dfrac{nnrr}{SS} = \dfrac{hha^4}{rrvv}$, $r^4 = \dfrac{SShha^4}{nnvv}$ & $r = \dfrac{\sqrt{Shaa}}{\sqrt{nv}}$.

On trouvera auffi $r = \dfrac{\sqrt{Sgbb}}{\sqrt{mv}}$; car puifque (*Art.* 1.) on aura x, $y :: gbb$, haa, on aura auffi m, $n :: gbb$, haa ; donc aa égalera $\dfrac{ngbb}{mh}$; ainfi cette valeur de aa fubftituée dans le fecond membre de l'Equation précédente donnera $r = \dfrac{\sqrt{Sgbb}}{\sqrt{mv}}$.

ARTICLE V.

Le rayon r étant connu, on connoîtra aussi la grandeur du dégré auquel répondra ce rayon.

Qu'on prolonge la perpendiculaire RK jusqu'au point q de la ligne CP parallele à la tangente ; si on nomme q cette perpendiculaire, & que v exprime le sinus de l'angle RCq égal à l'angle CRt, on aura $q = \dfrac{vr}{S}$; donc (*Diff. 7. Art.* 15.) le rayon de la dévelopée au point R, égalera $\dfrac{aabb \times S}{v^3 r^3}$, ce qui donnera $\dfrac{aabb S^3}{360 \times v^3 r^3}$ $\times \dfrac{6283185530718}{10000000000}$ pour la grandeur du dégré.

ARTICLE VI.

Au reste ce n'est qu'hipotétiquement qu'on peut déterminer les différens dégrés de la Terre, on n'est pas sûr encore de la grandeur de celui auquel on a coutume de les comparer ; du tems de M. Picard l'aberration de la lumiere étoit inconnue, & l'on sçait que cet Astronome négligeoit dans ses observations les corrections qu'il auroit dû faire par rapport aux réfractions & à la précession des Equinoxes.

De plus, parce que la détermination de la longueur des différens dégrés de la Terre se tire du principe de l'équilibre, & que ce principe tel qu'on l'a supposé, demandroit que les pesanteurs fussent partout en raison inverse des quarrés des distances, comme elles le seroient en effet si le tourbillon de la Terre étoit infini & parfaitement sphérique ; il est clair que ce tourbillon ayant des bornes, & devant prendre la forme d'un spheroïde applati à cause de l'inégalité des forces qui le compriment, il faut que le rapport des pesanteurs soit alteré, ce qui doit influer sur la proportion des différens rayons de la Terre. Aussi la figure que lui donne M. de Maupertuis est-elle un peu différente de celle qui se tire des premieres suppositions qu'on avoit faites. Cet Illustre Academicien à qui nous devions déja une excellente Theorie sur la figure des Planetes, ayant été chargé par le Ministere, lui & les mêmes Académiciens qui avoient mesuré le dégré du Meridien vers le cercle polaire de déterminer aussi le dégré pris entre Paris & Amiens, & ayant trouvé celui-ci de 57183 toises, & l'autre de 57437 $\frac{7}{10}$, il suit nécessairement que l'axe de la Terre est au diametre de son Equateur, comme 180 à 181.

PRINCIPES GENERAUX DE LA NATURE

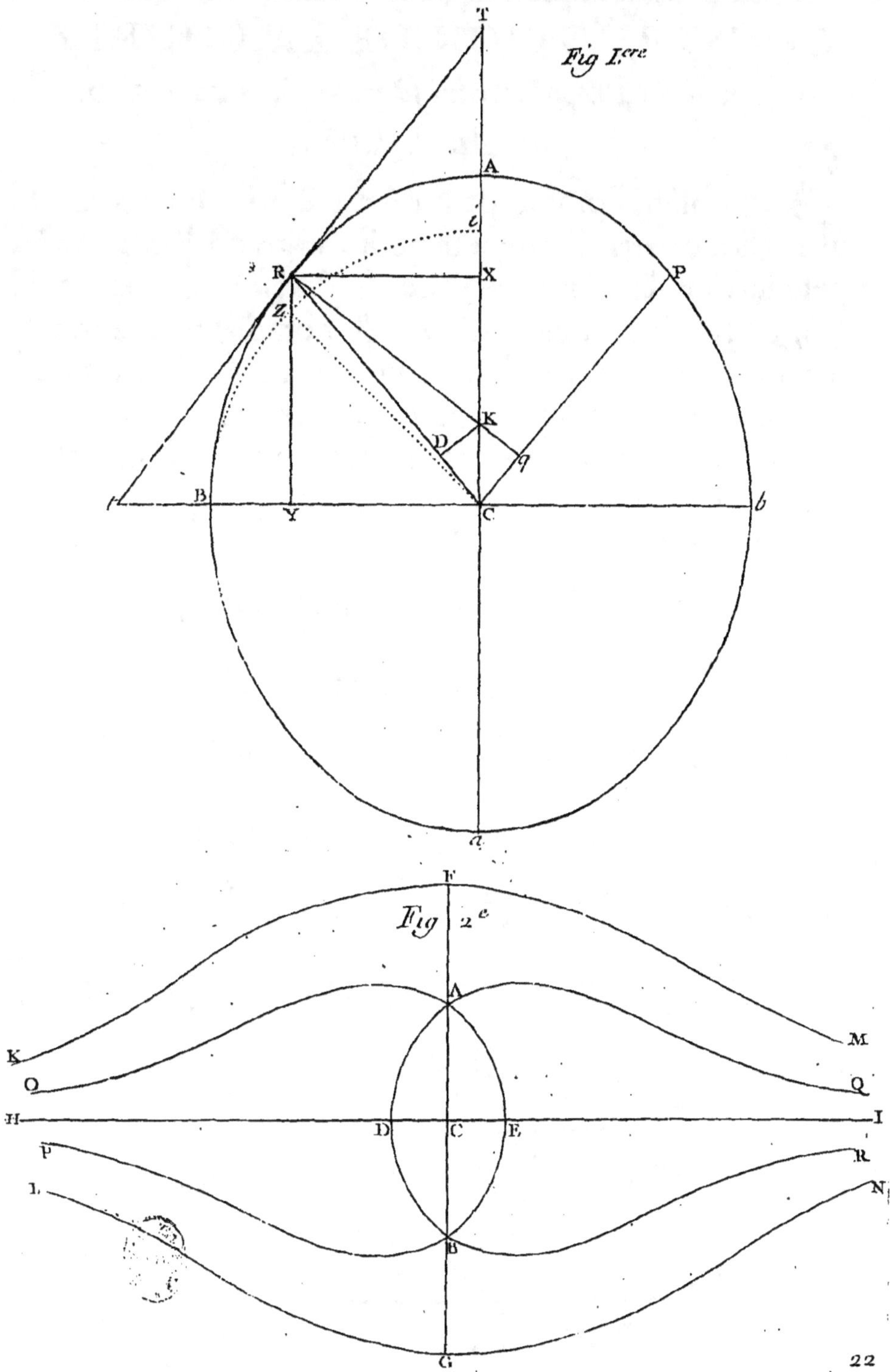

CONSTRUCTION DE LA COURBE,

Tirée de la Proportion qui se trouve à la page 250.
Par M. de CURY.

Uppofant comme dans l'Article 38. Differtation 8. que chaque partie infiniment petite du grand diametre CA pefe fuivant la puiffance n de fa diftance au centre C (*Fig.* 14.) de la maffe ABab, & nommant encore p la pefanteur Ap, & f la force centrifuge Af qu'on fuppofe ne pouvoir furpaffer p, parce qu'autrement le fluide fe diffiperoit, comme fuivant le Méchanifme de la Nature n eft égale à -2, on a $a. b :: 2p + f. 2p$: & la proportion générale $a^{n+1} - b^{n+1}. a^{n+1} :: r^{n+1} - b^{n+1}. y^2 a^{n-1}$.

de l'Article 39. Differtation 8. deviendra $\dfrac{1}{a} - \dfrac{1}{b} . \dfrac{1}{a}$

$:: \dfrac{1}{r} - \dfrac{1}{b} . \dfrac{y^2}{a^3}.$ Or que de l'extrémité R du rayon CR

(*Fig.* 15.) on abaiffe la perpendiculaire Ry fur BC, & qu'on nomme CY (x), & RY (y), on aura $r = \sqrt{x^2 + y^2}$; donc la Propofition précédente fe changera en celle-ci

$$\frac{1}{a} - \frac{1}{b} . \frac{1}{a} :: \frac{1}{\sqrt{x^2 + y^2}} - \frac{1}{b} . \frac{y^2}{a^3} \text{, d'où on tirera}$$

$$y^6 + x^2 y^4 - \frac{2a3}{a-b} x^2 y^2 + \frac{a^6 x^2}{\overline{a-b}^2} = 0 \text{, ou } x^2 y^4 - \frac{2a3}{a-b} x^2 y^2 + \frac{a^6 x^2}{\overline{a-b}}$$

$$- \frac{2a3}{a-b} y^4 + \frac{a^6}{\overline{a-b}^2} y^2 - \frac{a^6 b^2}{\overline{a-b}^2}$$

$$= \frac{a^6 b^2}{\overline{a-b}^2} - y^2 \times y^4 - \frac{2a3}{a-b} y^2 + \frac{a^6}{\overline{a-b}^2} \text{, ou enfin}$$

$$x = \pm \frac{\sqrt{\frac{a^6 b^2}{\overline{a-b}^2} - y^2 \times y^4 - \frac{2a3}{a-b} y^2 + \frac{a^6}{\overline{a-b}^2}}}{y^2 - \frac{a^3}{a-b}}$$

Y y ⅌

Mais parce que b peut avoir une infinité de rapports différens avec a, felon que la force centrifuge f augmente ou diminue par rapport à la pefanteur abfoluë p, on voit que l'équation précédente donnera auffi une infinité de courbes différentes. Par exemple, fi f eft égale à zero a égalera b, & la courbe deviendra un cercle ; & fi f eft égale à p, b égalera $\frac{2}{3}a$, & alors on aura

$$x = \pm \frac{\sqrt{4a^6 - y^2 \times y^4 - 6a^2y^2 + 9a^4}}{y^2 - 3a^2}.$$

C'eft à cette derniere fuppofition qu'on s'arrete.

Suivant cette derniere fuppofition $x = 0$ donne $y^6 - 6a^2y^4 + 9a^4y^2 - 4a^6 = 0$; donc les racines font $y = a$. $y = a$. $y = -a$. $y = -a$. $y = 2a$. $y = -2a$, & fi l'on met a^2 à la place de y^2, on aura $x^2 = 0$, ou $x = 0$, & $x = 0$. Il y a donc un point double au-deffus & au-deffous de $x = 0$, & dont la diftance au centre C eft égale à CA $= a$. On en examinera la nature plus bas.

$x = \infty$, donne $y = \pm a\sqrt{3}$.

$y = 0$, donne $x = \pm \frac{2}{3}a$.

Pour avoir les *maxima* & les *minima* de la Courbe on différenciera fon équation, & l'on aura $\dfrac{dx}{dy}$

$$= \frac{3y^5 + 2x^2y^3 - 12a^2y^3 - 6a^2x^2y + 9a^4y}{6a^2xy^2 - xy^4 - 9a^4x} = \frac{3y^3 + 2x^2y - 3a^2y}{xy^2 - 3a^2x}$$

en ôtant du numérateur & du dénominateur, le divifeur commun $y^2 - 3a^2$.

dx fuppofée égale à zero, donne $y = 0$, & $y^2 + \frac{2}{3}x^2 - a^2 = 0$. Mais on vient de voir que $y = 0$ donne auffi $x = \pm \frac{2}{3}a$, qui eft un des *maxima* de la Courbe. Pour avoir l'autre *maximum* qui vient de la fuppofition de $dx = 0$, il faut conftruire l'équation $y^2 + \frac{2}{3}x^2 - a^2 = 0$ qu'on voit être une équation à l'ellipfe dont le grand axe eft égal à $2a\sqrt{\frac{1}{2}}$, le petit axe à $2a$, & le parametre du grand axe à $\frac{4}{3}a\sqrt{\frac{1}{2}}$; & cette ellipfe conftruite coupera la courbe cherchée aux points doubles ou y égalera $\pm a$.

dy fuppofée égale à zero donne $x = 0$, & $y = \pm\sqrt{3a^2}$. Mais de $x = 0$, on tire, fuivant ce qu'on a vû, $y = \pm a$, & $y = \pm 2a$, qui font deux *maxima* de la Courbe. Et puifque de la fuppofition que dy foit égale à zero on tire $y = \pm a\sqrt{3}$, x deviendra égale à ∞, fuivant ce qu'on vient de démontrer.

Maintenant pour connoître la nature des points doubles dont on a parlé, il faut différencier deux fois l'équation à la Courbe, ce qui donnera $15y^4dy^2 + y^4dx^2 + 6y^3xdydx + 6x^2y^2dy^2 - 36a^2y^2dy^2 - 6a^2y^2dx^2 - 24a^2xydxdy - 6a^2x^2dy^2 + 9a^4dy^2 + 9a^4dx^2 = 0$, ou mettant zero à la place de x, & $\pm a$ à la place de y, on aura $3dy^2 = dx^2$, & $\frac{dy}{dx} = \pm\frac{1}{\sqrt{3}}$

Ainfi ces points feront des points d'interfection, & de cette proportion dy^2, $dx^2 :: 1$, 3, il fuivra que les angles formés par les côtés de la courbe avec l'ordonnée principale à ces points doubles feront chacun de 60 dégrés. Car puifque $dy^2 + dx^2 = 1 + 3 = 4$, on aura du côté de la Courbe à ces points égale à 2. Ainfi 2, 1, $\sqrt{3}$ exprimeront les rapports des petites lignes du, dy, & dx. Donc les deux côtés de la Courbe feront entr'eux à ces points doubles un angle de 120 dégrés.

De tout ce qu'on vient de dire, il fuit que fi on prend HCI (*Fig.* 2.) pour la ligne des coupées (x) dont on fuppofe l'origine au point C, & que GCF foit l'ordonnée principale ou la ligne des ordonnées (y), la Courbe paffera par les points D & E, où l'on aura x égale à $\pm\frac{2}{3}a$, aufquels points cette courbe fera perpendiculaire à la ligne HCI; elle paffera auffi par les points A & B, ou $y = \pm a$, aufquels points la Courbe étant oblique à la ligne des x; la tangente fera avec la ligne des coupées de part & d'autre du centre C des angles de 30: dégrés. Enfin paffant par les points F & G, ou $y = \pm 2a$, la courbe fera à ces points parallele à la ligne des x. Et attendu que quand x eft égale à ∞, y vaut $\pm a\sqrt{3}$, ce que donne auffi la fuppofition de dy égale à zero, il eft clair que les branches KF, LG, FM, & GN auront chacune un point d'inflexion, puifqu'aux points extrêmes H & I, ces branches feront encore paralleles à la ligne des x.

Tant que x eft plus petite que CD ou CE $\left(\frac{2}{3}a\right)$, y a fix valeurs réelles, trois pofitives & trois négatives; la petite pofitive égale à la petite négative, la moyenne négative égale à la moyenne pofitive, & la grande pofitive égale à la grande négative. Lorfque x eft plus grande que CD ou CE $\left(\frac{2}{3}a\right)$, y a deux valeurs imaginaires, une pofitive & une négative, égales entr'elles, & quatre valeurs réelles deux pofitives & deux négatives, la petite pofitive égale à la petite négative, & la grande pofitive égale à la grande négative. Donc la partie de la Courbe qui eft au-deffous de HCI eft entierement égale & femblable à la partie de la même Courbe qui eft au-deffus. Enfin on trouvera que la ligne HCI eft affymptote des branches AO, AQ, BF & BR.

Le calcul néceffaire pour avoir les points d'inflexion eft fi long, qu'on a crû devoir le fupprimer.

Au refte, il faut remarquer qu'il n'y aura que la partie ADBEA de la Courbe qui donnera le méridien de la Planete dans l'hypotèfe que la force centrifuge f foit égale à la pefanteur p.

TABLE
DES MATIERES.

A

C

E

E

F

I

L

R

S

T

V

Fin de la Table des Matieres.

ARchitecture de Palladio, où l'on traite des cinq Ordres, des Temples, des Bâtimens publics, des Escaliers, des Ponts, des grands Chemins & des autres Edifices des Anciens, traduit par Jean Leoni, avec les belles figures de Bernard Picart, nouvelle Edition, *in-folio*, en deux vol. grand papier, à la Haye 1726.

Architecture de Scamozzy, contenant les regles des cinq Ordres, avec la description de plusieurs Maisons publiques & particulieres, suivant la maniere des Anciens ; le tout enrichi de plusieurs beaux Edifices de Rome, *in-folio*, la Haye.

Maniere de dessiner les cinq Ordres & les parties qui en dépendent, d'après l'antique, par Ab. Bosse, *in-folio*, en plus de cent Planches.

L'Art de bien bâtir, par M. le Muet, Architecte du Roy, *in-folio*, en cent Planches.

Les Oeuvres d'Architecture d'Antoine le Pautre, Architecte du Roy, contenant la description de plusieurs Châteaux, Eglises, Portes de Ville, Fontaines, &c. de la composition de l'Auteur, *in-folio*, avec soixante Planches.

Traité de Perspective pratique avec des remarques sur l'Architecture en général, par M. Courtonne, Architecte du Roy, *in-folio*, avec quantité de Planches.

Architecture Moderne, ou l'Art de bien bâtir pour toutes sortes de personnes, *in-quarto*, deux volumes, grand papier, avec cent cinquante Planches qui représentent les Plans & Elévations de 60 distributions differentes.

De la Décoration extérieure & intérieure des Edifices modernes, & de la distribution des Maisons de Plaisance, Ouvrage dans lequel on trouvera un détail exact de tout ce qui a rapport à la distribution des Parcs & Jardins de propreté ; au Jardinage, à la Sculpture, à la Serrurerie, à la Menuiserie, & à la Décoration des Appartemens de parade : par Jacques-François Blondel. Enrichi de Vignettes, Lettres grises, Fleurons & Culs de Lampe, executés par les plus habiles Graveurs ; & de 155 Planches dessinées & gravées dans la derniere perfection, deux vol. *in-quarto*, grand papier.

Traité de Stereotomie, ou la Théorie & la Pratique de la coupe des pierres & des bois, par M. Frezier, Ingenieur en chef à Landau, *in-quarto*, en trois vol. avec quantité de figures, Strasbourg 1738.

Nouveau Cours de Mathématiques appliqué à l'usage de la guerre, par M. de Belidor, Commissaire Provincial d'Artillerie, & Professeur Royal de Mathématique à l'Ecole de la Fére, *in-quarto*, 1725. avec 34. Planches qui sortent.

Idem. La Science des Ingenieurs dans la conduite des travaux de Fortification, & d'Architecture civile, *in-quarto*, grand papier, avec 53. Planches.

Idem, suite. Architecture Hydraulique, ou l'Art de conduire, d'élever &

de ménager les Eaux pour tous les befoins de la vie. Premiere partie, qui contient le détail des Pompes, foupapes, Piftons, Rouës à eaux, Chapelets, & généralement de toutes les machines qui fervent à élever l'eau, foit par le moyen d'une chute ou d'un courant, foit par celui du vent ou du feu, foit enfin par le moyen des hommes ou des animaux, *in-quarto*, grand papier, en deux vol. avec 100. Planches.

Chryft-Wolfii Mathefeos univerfæ Elementa, in-4°. en 4. vol. *Genevæ*.

Cours de Mathématique, qui comprend les parties de cette Science les plus utiles à un homme de Guerre, par M. Ozanam, de l'Académie des Sciences, en 5. vol. *in-octav*. avec plus de 200. Planches.

Idem. Récréations Mathématiques & Phyfiques où l'on trouve plufieurs Problêmes curieux d'Arithmetique, de Géometrie, d'Optique, de Méchanique, de Gnomonique, de Cofmographie & de Phyfique, avec un Traité des Horloges élementaires, des Lampes perpetuelles & des Phofphores, & la defcription des tours de Gibeciere, derniere édition en quatre vol. *in-8°*. avec plus de 100 Planches.

Recueil des Pieces, qui ont remporté le Prix de l'Académie Royale des Sciences, depuis leur fondation en 1720. jufqu'en 1732. en 2. vol. *in-quarto*, avec quantité de Planches.

La nouvelle Mécanique ou Statique, par M. Varignon de l'Académie Royale des Sciences, en 2. vol. *in-quarto*, enrichis de 65 Planches.

L'Arithmétique des Géometres, contenant l'Arithmétique, l'Algebre, l'Analyfe, les progreffions, &c. & généralement tout ce que l'on renferme fous le nom d'*Elemens de Mathématiques*, par M. l'Abbé Deidier, *in-quarto*.

La Science des Géometres, ou la Théorie & la Pratique de la Géometrie, qui renferme les Elemens d'Euclide, la Trigonometrie, la Longimetrie, le Nivellement, la Planimetrie, la Géodefie, les Sections Coniques, la Stereometrie, & généralement tout ce qui concerne les proprietés des lignes, des furfaces & des folides, foit rectiligne, foit curviligne, par M. l'Abbé Deidier, *in-quarto*, enrichi de 47. Planches.

Principes généraux de la Nature, appliqués au Mécanifme Aftronomique, & comparés aux Principes de la Philofophie de M. Newton. Par M. de Gamaches, Chanoine Regulier de Sainte-Croix de la Bretonnerie, & membre de l'Académie Royale des Sciences, *in-quarto*, enrichi de très-belles Vignettes & Culs de Lampe.

Le Parfait Ingénieur François, ou la Fortification réguliere & irréguliere, fuivant les trois Syftemes de M. de Vauban, & ceux de Meffieurs Coëhorn, Pagan, de Ville, &c. avec l'attaque & défenfe des Places *in-quarto* avec plus de 40. Planches, par M. l'Abbé Deidier, Paris, 1736.

Effay fur l'application des Forces centrales aux effets de la poudre à canon, par M. Bigot de Morogues, *in octavo*, 1737.

Nouveaux Elemens de Fortification, par M. le Blond, Maître de Mathematique des Pages du Roy, *in-douze*, avec figure.

On trouve chez le même Libraire toutes fortes de Livres d'Architecture, de Mathematique, de Géometrie, de Fortification, & autres.

PRIVILEGE DU ROY.

d'amende contre chacun des contrevenans, dont un tiers à Nous, un tiers à l'Hôtel-Dieu de Paris, l'autre tiers audit Expofant, & de tous dépens, dommages & interêts; à la charge que ces prefentes feront enregiftrées tout au long fur le Regiftre de la Communauté des Imprimeurs & Libraires de Paris dans trois mois de la date d'icelles; que l'Impreffion dudit Ouvrage fera faite dans notre Royaume & non ailleurs ; & que l'Impétrant fe conformera en tout aux Réglemens de la Librairie, & notamment à celui du dix : Avril mil fept cent vingt-cinq; & qu'avant que de l'expofer en vente, les Manufcrits ou Imprimés qui auront fervi de copie à l'impreffion dudit Ouvrage, feront remis dans le même état où les Approbations y auront été données, ès mains de notre très-cher & féal Chevalier le Sieur Dagueffeau, Chancelier de France, Commandeur de nos Ordres, & qu'il en fera enfuite remis deux Exemplaires dans notre Bibliotheque publique, un dans celle de notre Château du Louvre, & un dans celle de notredit très-cher & féal Chevalier Chancelier de France le Sieur Dagueffeau, Commandeur de nos Ordres ; le tout à peine de nullité des prefentes ; du contenu defquelles vous mandons & enjoignons de faire jouir l'Expofant, ou fes ayans caufe, pleinement & paifiblement, fans fouffrir qu'il leur foit fait aucun trouble ou empêchemens. Voulons qu'à la copie defdites prefentes, qui fera imprimée tout au long, au commencement ou à la fin dudit Ouvrage, foit tenuë pour dûëment fignifiée, & qu'aux copies collationnées par l'un de nos amez & féaux Confeillers Sécretaires, foy foit ajoutée comme à l'original : Commandons au premier notre Huiffier ou Sergent, de faire pour l'exécution d'icelles, tous Actes requis & néceffaires, fans demander autre permiffion, & nonobftant clameur de Haro, Charte normande, & Lettres à ce contraire ; CAR tel eft notre plaifir. Donné à Verfailles le dix-neuviéme jour du mois de Décembre, l'an de grace mil fept cens trente-huit, & de notre Regne le vingt-quatriéme. Par le Roy en fon Confeil.

SAINSON.

Regiftré fur le Regiftre dix de la Chambre Royale des Libraires & Imprimeurs de Paris, N°. 153. fol. 139. conformément aux anciens Reglemens, confirmés par celui du 28. Fevrier 1723. A Paris le 2. Janvier 1739. LANGLOIS, *Syndic.*